时空与相对论

主　编　李　颂
副主编　杨建华　谭志中　周　玲
主　审　方靖淮

U0379032

西安电子科技大学出版社

内容简介

本书是一本有关相对论的通俗读物。本书分为上、下两篇，上篇阐述了时空观念演变的历史过程以及相对论的基本概念和基本原理；下篇通过严密的数学推导，提示了相对论原理的合理性，论证了相对论理论的正确性。本书既能满足文、理各科学生对相对论基本知识(第一、二、三章)初步了解的要求，又能满足理科学生对相对论基本理论(第四、五、六章)掌握的要求，其中所用到的数学推导，只需读者具备一般的微积分知识即可读懂。

本书既可作为相对论初学者的入门教材，也可作为相对论爱好者及一般科技人员和中等以上学校物理教师的普及读物。

图书在版编目(CIP)数据

时空与相对论/李颂编. 一西安：西安电子科技大学出版社，2015.6

ISBN 978-7-5606-3690-0

Ⅰ. ① 时… Ⅱ. ① 李… Ⅲ. ① 时空一相对论一研究 Ⅳ. ① O412.1

中国版本图书馆 CIP 数据核字(2015)第 112528 号

策划编辑　秦志峰
责任编辑　买永莲　秦志峰
出版发行　西安电子科技大学出版社(西安市太白南路 2 号)
电　　话　(029)88242885　88201467　　邮　　编　710071
网　　址　www.xduph.com　　电子邮箱　xdupfxb001@163.com
经　　销　新华书店
印刷单位　陕西华沐印刷科技有限责任公司
版　　次　2015 年 6 月第 1 版　2015 年 6 月第 1 次印刷
开　　本　787 毫米×960 毫米　1/16　印张　13.5
字　　数　276 千字
印　　数　1～2000 册
定　　价　28.00 元

ISBN 978-7-5606-3690-0/O

XDUP 3982001-1

前　言

笔者隐约记得一九七九年全世界曾隆重纪念一位伟大的科学家——阿尔伯特·爱因斯坦，那一年是其诞辰一百周年，而那一年自己也正好考上了大学。在大学里，笔者对爱因斯坦和相对论怀有极大的好奇心，因此于一九八三年初在大学毕业前选修课程时，毫不犹豫地选修了“广义相对论”这门课程，尽管当时学完的结果是云里雾里（课时太少只能了解），但也了却了笔者的心愿。三十多年过去了，最近几年，笔者猛然发觉如今的大学生同样面临笔者当年的情形，那就是对爱因斯坦和相对论有着同样的好奇心，但遗憾的是他们和当时的笔者一样，没有机会系统地学习相对论，而此课程只有在读研究生时才有可能触及（特别是广义相对论），因此他们只能无奈地通过课外阅读，一知半解地自学，了解一点相对论来欺骗和满足自己的求知欲。笔者个人以为，时至今日，特别是在广义相对论建立约一百年后的今天，大学没有专门开设“相对论”的课程，尽管原因很复杂，也不能不说是一种缺陷。

鉴于此种情形，笔者决定编写一本适合大学生实际需求的简明的相对论方面的教材。在编写的过程中，笔者翻阅了国内有关相对论的书籍，发现这类书虽然不少，但不是专著就是人物传记和科普性质的读物，要么难度大，要么简单通俗，都不适合作教材。因此，笔者将本书定格在这样一个框架下：（1）主要对象是文、理各科大学生，主要内容是相对论的初步知识；（2）教材内容由浅入深、循序渐进，注重讲解、论述和推导，杜绝演绎模式，既适合作教材，又适合读者自学；（3）由于相对论涉及的内容较多，读者在学习时经常会碰到读不懂的内容，或需要参阅其他书籍，这样就常因资料短缺而导致学习中断，本书尽力弥补这一不足，编入相对论（狭义、广义）的基本内容及读者需要用到的数学知识，以方便读者随时查阅资料，顺利完成学习。所以本书实际上也具有工具书的特点。

为了增加读者的亲切感，笔者觉得应将相对论的内容与接近实际生活的一般观念相结合，这样自然就想到了时空观，而时空观的发展过程就是相对论的发展过程，也是物理学的发展过程，想到这里，全书贯穿的一条主线——物理学的发展史就清晰地展现出来了。读者可以从时空观演变和发展的视角，来考察物理学的发展过程，并顺利得出相对论的科学结论，从而理解、掌握相对论的有关内容，完成相对论的学习。所以，从物理学发展史的角度学习相对论是本书的又一特点，这样，本书的书名也就应运而生了。

希望本书出版后能够对广大读者有一定的使用价值，但在编写本书的这段时间里，笔者才逐渐发现要达到理想的预期是何等艰难。虽然经过多次的整理和修改，但终因自身条件的限制，无论是科学性还是逻辑性甚至知识性等方面都无法达到理想的水准，错误之处更是难免，因此恳请读者朋友们见谅并给予批评指正，笔者期待能够再向前迈进一步。

本书的编写得到了学校有关部门的支持，特别是南通大学教材建设项目和理学院的经费资助。感谢杨建华、谭志中、周玲等教授在本书编写过程中给予的多方支持、帮助和建议，如果没有他们的参与，本书不会这么快就与读者见面。理学院的方靖淮教授不论在工作中还是在学术上都给予了极大的帮助，而且在百忙中抽出时间对本书进行了审阅，在此深表敬意。本书在出版的过程中，还得到了理学院纪宪明教授的关心和支持，同时也得到了王全副教授的支持和帮助，在此一并致谢！承蒙各位的厚爱，谢谢了！

编　者

2014 年 9 月

于狼山脚下

目　　录

上　篇　时空观的演变

下　篇　相对论基础

上篇

时空观的演变

时间和空间是物质存在的基本形式，是物质的固有属性。人类的一切活动都离不开时间与空间，一切客观过程总是在时间、空间中进行的，对时间和空间的认识是人们认识物质世界的极为重要的方向，而时间和空间观念的演变过程就反映着人类的进步历程。

在研究物质和物质运动的规律中，人们逐渐形成了时间和空间的概念。随着对物质及其运动规律研究的深入，时间和空间的概念也在不断发展和完善。

人类对时间的感知，离不开物质和物质的运动。从一切事物发展的持续性、阶段性与顺序性之中，都可以感知到时间的存在。可以设想，在一个没有任何物质存在的空荡荡的死寂世界之中，时间还有什么意义？任何物质的一定形态都会持续一段时间，任何物质的运动形式也有这种特性，这就是它们的持续性。大到星系、太阳或地球，小到分子、原子甚至基本粒子都能持续一段时间，这就是它们各自的年龄。时间就是物质持续存在的形式。任何物质或物质的任何运动过程都有开端和终了，这就是它们的阶段性。在物质自身运动的各个阶段之间，在不同物质的运动之间也存在着顺序性。没有了阶段性和顺序性，物质世界将是单调的、死寂的和一成不变的，在这样的世界中，时间概念也不会出现。可以用一个参量描述事物发展的持续性、阶段性和顺序性，这个一维参量就是时间。

选择某一种事物的变化周期作为标准去比较另一种事物的变化所持续的时间，就可以计时。被选作周期标准的就是时钟。比如，普通的时钟是将单摆的摆动周期作为标准的，称为 1 秒；地球钟则是将其自转周期作为标准的，称为 1 天，用这个标准计量地球绕太阳公转一周持续的时间，就会得出“1 年等于 365.25 天”的结论。

同样，人类对空间的感知也离不开物质和物质的运动。我们周围的物体都有各自的形状、大小和远近，这些常被称做物质的伸张性和广延性；同时，在不同物体之间，甚至在一个物体的这部分与那部分之间，也表现出顺序性，这些都是物质存在的空间特性。一般来说，可以用三个参量(上下、前后、左右)来表述事物的空间特性，因而常称空间是三维的。

像测量时间一样，也可以选择一个空间的周期来比较被测量空间的大小，例如，利用有标度的尺去测量被测物的长度。

用时钟测量时间或用尺测量长度是生活中司空见惯的事。比如使用一只尺测量火车车身的长度或用一只时钟测量这辆车行驶一段距离所花费的时间，并不是什么困难的事。有人以为，只要在测量中遵守一定规程或选择充分精确的计量标准，就完全可以使结果达到预想的精度。但是事实并不这么简单，当选择时钟和尺作为计量标准时，人们自然希望在测量过程中，时钟和尺能保持不变；同时还希望，在用它们对不同的对象进行测量时，标准也不变，即无论在什么情况下，一米长度总是一样的，一只时钟的快慢也不发生变化，因为只有这样，才能把它们当作公认的计量标准。然而这个愿望是不可能实现的，这就是时间和空间所具有的奇特性质。

时间、空间和物质密不可分，它们的性质随着物质和物质运动的变化而变化，物质的存在与分布方式，都直接影响到其所在区域中的时间和空间；物质运动状态的改变，也会使时间和空间受到影响。由于世界上物质的分布与运动状态的千变万化，不存在长度绝对不变的尺与速率不变的时钟，也就是说绝对精准的测量是不存在的。

我们在研究物质结构、物质相互作用和运动规律时，必须将时间和空间作为物质存在及其任何形式的相互作用和运动进行的基本前提，讨论物质的相互作用和运动规律，都不可能脱离时间和空间这两个因素，不管研究者自己的愿望如何，在其研究工作中，都自觉或不自觉地反映着他们的时空观。从历史的发展来看，时空观和物理学的发展息息相关，一个旧理论所出现的危机，往往表现在与它相应的时空观的局限上；物理学的重大变革与进展，又往往伴随着新时空观的诞生，从亚里士多德到牛顿、从牛顿到爱因斯坦的几次重大进展，无不证明了这一点。

第一章 文明诞生初期的时空观

1.1 四大古文明

在历史的黎明期，文明首先在几条大河流域从蒙昧中诞生出来，这是由于水及其周围的环境提供了生存所必需的各种基本条件，四大古文明也由此诞生：中国(黄河)，古巴比伦(幼发拉底河、底格里斯河)，古印度(印度河)，古埃及(尼罗河)。居住在这些流域的各民族当中，有关古埃及人民和古巴比伦人民的活动，主要来自希腊历史学家著作中的记载。[①]

原始人在生产活动中为了在迁徙和夜间活动中辨别方向，或为了确定时间和季节，首先选取的参照物就是天空中的太阳、月亮和行星，这些参照物在运行中的一些周期性的变化很容易观察到，并且恒星的方位相对固定。经过长期观察，人类逐渐积累并形成了最初的天文学知识。这些知识相当重要且对生活具有促进作用，其中就包含了人们对时间和空间的认识。

1.1.1 古巴比伦

公元前 4000 年左右，古巴比伦人对时间进行了系统的测量。随着农业的发展，耕种谷类需要适应季节，又需要大量的水，因此，掌握有关季节的知识变得愈来愈重要，历法变得不可或缺。当时的居民已能区分恒星和行星，并留下了对金星、火星、木星运动的观察记录。[②]公元前 4700 年左右，古巴比伦人已将一年定为 360 天，或 12 个月，时常还加入闰月，作必要的调整。同时，他们还发明了简单的日晷(一根直立的表杆)来标志时间，把从日出到正午和从正午到太阳落山的时间段各分为 6 等份，这样，就将太阳照射的白天又分为 12 小时。到新巴比伦时期(公元前 627 年—公元前 539 年)，人们已能预测日、月甚至行星在一定时刻的位置和新月及满月的时间，这被认为是古代世界最伟大的科学成就之一。这时，阴历也改进成一年 12 个月，共 354 天；每个月分为 4 周，每周 7 天，分别与 7 个星神即月神、火星神、水星神、木星神、金星神、土星神和太阳神相对应。他们还规定一天为 12 时辰，每个时辰为 120 分钟，每分钟为 120 秒。这一计时体系成了全人类计时方法的基础，后来也只是把每天 12 小时变成了 24 小时。到公元 4 世纪，置闰已正规化，每 19 年置

---

① (英)丹皮尔 W C. 科学史：上册. 李珩，译. 北京：商务印书馆，2009：33.

② 陈晓红，毛锐. 失落的文明：巴比伦. 上海：华东师范大学出版社，2001：137.

7 个闰月。[①]

公元前 2500 年以前，古巴比伦人就已经认识到固定的度量衡单位的重要性，于是就利用王室的权威，公布了长度、重量和容量的标准。古巴比伦的长度单位是“指”，约相当于现在的1.65厘米或$\frac{2}{3}$英寸；1 尺等于 20 指，1 腕等于 30 指；1 竿等于 12 腕，而单位“绳”则等于 120 腕；1 里是 180 绳，等于 6.65 英里。（在重量单位方面，1 粟等于 0.046 克；1 舍克等于 8.416 克；1 达伦等于 30.5 千克或 67 $\frac{1}{3}$磅。）

古巴比伦人以为宇宙是一个密封的箱子或小室，大地是它的底板；底板中央矗立着冰雪覆盖的区域，幼发拉底河就发源于这些区域；大地四周有水环绕，水之外复有天山，以支撑蔚蓝色的天穹。不过，随着观测和记录的不断深入，有些古巴比伦星象家已经认识到地球是一个球体。

1.1.2　古埃及

古埃及文明的最初阶段，距今已有一万多年了。公元前 8000 年，当时的埃及使用初级历法，规定一年有 12 个月，每月 30 天，共 360 天。到公元前 4000 年左右，他们对自己原有的历法做了修订，变成了 365 天，每年在岁末加上 5 个附加日，这 5 个附加日是分别献给俄赛里斯家族诸神的。[②] 同时还使用恒星年：古埃及人注意到，当尼罗河水上涨到孟斐斯城附近时，天狼星和太阳会同时出现在东方的地平线上，于是就把这一天当作一年的开始。这样一个恒星年共分为 365 天，36 周，每周 10 天。阴历由月亮月（约 29.5 天）来确定（每月 29 天或 30 天），12 个月总共约 354 天，一年大约要少 10 天，因此通常是每三年加一个 13 月来补上。

古埃及人把一天分成 24 小时，即 12 个“白天小时”和 12 个“夜间小时”。划分白天或夜晚的时刻，其测定方法各种各样。白天，若晴天则采用最简单明了的影钟（或称日晷）进行粗略的测定。夜间，除观察星象外，主要使用水钟测定。水钟是一个形如花盆状的容器，使用时，将水灌至一个特定记号处，然后让水从底部附近的一个小孔逐渐滴出，水平面降至某一刻度，即表示夜间某一时刻。

古埃及的度量单位极其复杂，几乎每一种事物都使用特殊的度量标准。古埃及最重要的长度单位是钦定的腕尺，长度是从肘至中指尖，约合 20.62 英寸。虽然在王朝时代初期就已非常精确，但当时的测量仪器却没有留存下来，现在见到的是第十八王朝（公元前 1570—公元前 1295）的木制腕尺，标有很深的刻度。容量的实际测量至迟在阿姆拉

---

① 黄民兴. 中东国家通史：伊拉克卷. 北京：商务印书馆，2002：62.

② （德）汉尼希. 人类早期文明的“木乃伊”：古埃及文化求实. 朱威烈，等，译. 杭州：浙江人民出版社，1988：307.

(Amratian)时代(公元前3000年以前)就开始了，当时已经能制作土制量具。古埃及人主要的容量单位是合努(henu)，合29.0±0.3立方英寸，10合努为1合加特(heqet)。(在重量计量方面，古埃及人早在公元前5000年以前就发明并使用了天平。)

古埃及人心目中的宇宙大体上和古巴比伦人心目中的宇宙一样。他们认为宇宙是一个方盒，南北的长度较长，底面略呈凹形，古埃及就处在凹形的中心；天是一块平坦的或穹隆形的天花板，四方由四个天柱(即山峰)所支撑，星星是用链缆悬挂在天上的灯；在方盒的边沿上，围着一条大河，河上有一条船载着太阳来往；尼罗河是这条河的一个支流。

1.1.3　中国

中华文明大约在公元前10 000年至公元前3000年间出现了仰韶文化、红山文化、龙山文化等。仰韶文化是黄河中游地区重要的以农业为主的新石器时代文化；红山文化是辽河流域的农业文化；龙山文化泛指中国黄河中下游地区新石器时代晚期的一类文化。大约公元前700年成书的中国最早农事历书《夏小正》，就已记载了以正月为岁首，一年十二个月，提到了干支以及天上星象与季节的关系，还有草木鱼虫的生长及四时农作物所宜，说明公元前1600年以前中国夏代已有历法和农事，已经掌握了回归年的长度，但因文字记载罕有，故其内容还处于研究之中。从殷商时期开始(约公元前1300年)，干支纪日方法就已普遍采用且较为成熟，该方法一直延续至今，未曾中断，是与中国文明史相伴随的历史悠长而有效的纪日法。[①] 大约在春秋末期战国初期(公元前500年以前)，中国已定出一个回归年为365天，并发现了19年设置7个闰月的方法。

公元前211年，秦始皇统一中国后便统一“度量衡”，当时人们通常将中指的指端到第一横纹的长度定为一寸，拇指和中指之间的距离(即一拃)定为一尺，两臂伸开长为八尺，称为一寻。后来又细化为：蚕吐丝为忽，十忽为一丝，十丝为一毫，十毫为一厘，十厘为一分，十分为一寸，十寸为一尺，十尺为一丈，十丈为一引，五十尺为一端，四十尺为一匹，六尺为一步，二百四十步为一亩，三百步为一里。容量单位分为斛、斗、升、合、龠，其关系是，两龠为一合，十合为一升，十升为一斗，十斗为一斛。重量单位有黍、铢、两、斤、钧、石等，其关系是一百黍为一铢，二十四铢为一两，十六两为一斤，三十斤为一钧，四钧为一石。

中国古代的宇宙学说主要有盖天说、浑天说与宣夜说。秦以后的1000多年中，在它们的基础上又派生出许多支系。后来，浑天说以其解释天象的优势，取代了盖天说而上升为主导观念(后面章节将详细讨论)。

1.1.4　古印度

早在公元前2000年以前，在印度河流域就产生了印度河文明，它是在哈拉帕遗址上首

---

① 陈美东．中国科学技术史：天文学卷．北京：科学出版社，2003：19.

先发现的，因而又称“哈拉帕文化”。公元前1000年以前已成书的印度上古文献的总集《吠陀》中，就有十三个月的记载。古印度人不间断地观察太阳的运动，以太阳的视运动为依据，把一年定为360天，又以月亮的圆缺变化为依据，把一个月定为30天，以此编制历法。月亮运行一周不足30天，所以有的月份实际上不足30天，古印度人称为消失一个日期，大约一年要消失5个日期，但习惯上仍然称一年为360天。

位于印度河下游的摩亨佐，有公元前1800年以前的达罗遗址，曾发现古印度人使用的石尺，因此尺可能是古印度人最早发明的。

吠陀时代人们就认为须弥山为天地的正中央，日月环绕须弥山运动而不入地下，日绕行一周为一昼夜。在一个相当长的时期内，佛教在古印度传播很广，佛经中表述的传统宇宙观念，与中国古代的盖天说较为接近。印度最著名的天文学历法著作《太阳悉昙多》(悉昙多是一切义成的意思)成书于公元5世纪左右，据说在佛教产生的时代就已具雏形，此后几百年中经历代学者的增改，成了印度天文学的范本。这本书相信大地为球形，北极是众神的住所，称为墨路山顶，一股宇宙风驱动日月和五星旋转，一股更大的宇宙风驱动所有的天体旋转。不过，此书中的内容已经充分吸收了希腊—罗马人的知识。

1.2　东方文明之时空观的形成和发展

在四大古文明中，只有中华文明独树一帜，延续数千年，未曾间断。其文化体系的连续性、积累性、严密性和深邃性，是其他古文明所没有的；其地下文物的埋藏量和出土文物之多，古迹留存之广，古文献积存之丰，世界上也是没有一个民族和国家能与之相比的。宋、元(1200—1300)时期以前，中华文明的成就在很多领域都占据世界文明的最高峰，是与西方文化体系相对应的强大的东方文化体系的代表，是靠中华民族自己的辛勤劳动创造出来的，没有如西方文化体系的发展温床(建筑在其他民族灵魂与智慧的结晶之上)，其辉煌成就始终散发着中华大地的泥土气息和人民汗水的芳香。

1.2.1　东方文明的宇宙学说

1. 盖天说

盖天说可能起源于殷周时期甚至更早，约成书于公元前100年的《周髀算经》记载：“天圆如张盖，地方如棋局。天旁转如推磨而左行，日月右行，天左转，故日月实东行，而天牵之以西没。譬之于蚁行磨石之上，磨左旋而蚁右去，磨疾而蚁迟，故不得不随磨以左回焉。天形南高而北下，日出高故见，日入下故不见。天之居如倚盖，故极在人北，是其证也。极在天之中，而今在人北，所以知天之形如倚盖也。日朝出阴中，暮入阴中，阴气暗冥，故从没不见也。夏时阳气多，阴气少，阳气光明，与日同晖，故日出即见，无蔽之者，故夏日长也。冬时阴气多，阳气少，阴气暗冥，掩日之光，虽出犹隐不见，故冬日短也。”其意思是说天是圆的，像一顶华盖(大伞)；地是方的，像一块棋盘。天向左侧运转好像推磨一样，太阳和月亮向右旋转，但它们又随着天体的旋转而向左转，所以太阳和月亮实际上是向东运行的，都因受天体牵制而向西沉没。就好像蚂蚁在磨盘上爬行，磨盘向左旋转而蚂蚁向右爬，磨盘转得快，蚂蚁爬得慢，所以不得不随着磨盘的方向向左边转去。天体的形状是南面高而北面低，太阳从高处升起，所以能看见；它向低处隐没，所以看不见。天的整体形状就像一个倾斜的大伞，所以极点在人的北面，这就是证明。

极点本来在天体正中，天绕着这个中心(极点)向左旋转，而现在又在人的北面，所以可以知道天的形状就像一个斜倚着的大伞。早晨太阳从阳中升起，晚上落入阴中，阴气幽暗冥晦，所以隐没看不见。夏天阳气盛，阴气弱，阳气光照明亮，与太阳一样辉煌，所以太阳一出来就可以看见，没有能遮蔽它的，所以夏季白天的时间就长。冬天阴气盛，阳气弱，阴气幽暗冥晦，掩蔽住了太阳的光辉，太阳虽然出来了，但还是像隐没看不见，所以冬季白天的时间就短。这就是古老的天圆地方说，显然，这里也清楚表明了方形的大地是静止的，如图 1-1 所示。

图 1-1　盖天说示意图

随着古人生活经验的逐渐积累和活动范围的不断扩大，地“方”的说法难以让人信服，由于天地要相连接，不能是天圆地方，就变成了天地都是圆的，发展成为后来新的盖天说：“天似盖笠，地法覆盘，天地各中高外下。北极之下为天地之中，其地最高，而滂沲四隤，三光隐映，以为昼夜。”其意思是说天像一顶斗笠，地像一个反扣的盘子，天和地都是圆的，中间高而四周低。北极是天穹的中央，是最高处，就像笠顶一样，天以北极为中心旋转，地上的雨水向四周低处流淌，日月星辰随着天盖一起旋转，近见远不见，形成了昼夜变化，如图 1-2 所示。该学说还认为太阳在随天旋转的同时，还要变换轨道，一年中向南变换六次，再向北变换六次，所以太阳共有七条轨道。此说认为天地都是穹形，其间相距八万里。夏至日时，没有表影处距地理北极 11.9 万里。冬至日时，没有表影处距地理北极 23.8 万里。中国则距地理北极 10.3 万里。盖天说还认为，太阳光的照射范围是有限的，其范围半径只有 16.7 万里。同时，人所能看见的距离也是 16.7 万里，这意味着在此范围以外的天体不会引起视觉反应。

图 1-2　盘状大地示意图

用盖天说进一步描述天体的运动规律时，遇到了许多无法解释的问题。譬如春分和秋分时，太阳夜晚转的速度比白天的快一倍；而冬至日时太阳的运动速度要比夏至日时的快一倍。再譬如太阳绕到北极以北不可见，而星星绕到北极以北则可以见到。所以，盖天说经不起推敲。

2. 浑天说

在解释天文现象上，浑天说似乎更高一筹，得到了更多的拥护。

浑天说可以从中国东汉时期的科学家张衡(78—139)所著《浑天仪图注》中得知“浑天如鸡子，天体圆如弹丸，地如鸡中黄，孤居于内，天大而地小。天表里有水，天之包地，犹壳之裹黄。天地各乘气而立，载水而浮”，如图1-3所示。其意是说天是一个球壳，天包着地，像蛋壳包着蛋黄，天外是气体，天内有水，地漂在水上。该学说认为整个天空是一个球形，其一半盖在地上，一半环于地下，所以，南极和北极整整相差半个圆周。整个球圈分为$365\frac{1}{4}$度，天旋转一个周期就是一年，需$365\frac{1}{4}$天。天的旋转正像滚动的车轮，没有停止的迹象。

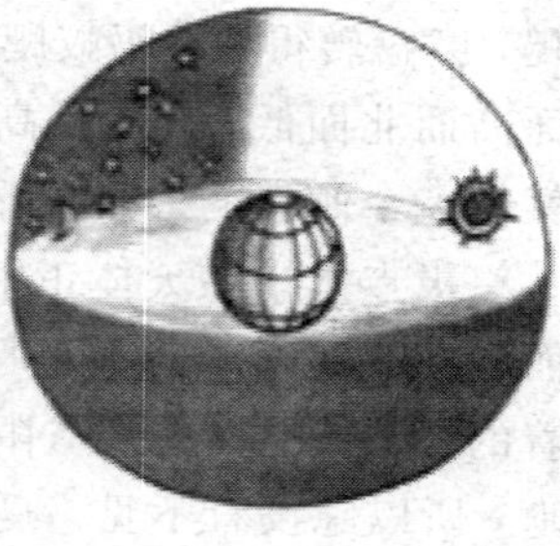
图1-3　浑天说示意图

浑天家制作的浑仪(测量天的运行)和浑象(演示天的变化)能很好地演示和说明浑天说。盖天说能够演示的天象，浑天说同样能够演示；盖天说不能演示的天象，浑天说也可以。所以，浑天说在表现天体运动的可视性方面是无懈可击的。

然而，古人很难接受“地是漂浮(不稳)的”和“日、月、星辰夜晚会浸泡在水里”的说法，即使后来改成了“地在气中”、“地有升降”，也仍不能使人信服。当然，还有诸如为何一天之中早晚凉而中午热，为什么早晚太阳有大小之类的问题，以致浑天说和盖天说之争相持了很长一段时间，直到唐朝开元十二年(724)和尚一行(俗名张遂，约683—727)带领南宫说等人经过实地测量和论证，否定了盖天说“南北两地，日影千里差一寸”的传统假设，从此，浑天说便为大多数人所接受，成为中国古代正统的宇宙学说。

另外还需补充说明的是，浑天说对地的形状也有两种看法，一种认为地如卵中黄是圆的，另外一种认为地是半球形，地表是平的，下面是圆的。

3. 宣夜说

有关宣夜说的文字记载流传下来的很少，据唐代天文学家李淳风(602—670)所著《晋书·天文志》记载：“宣夜之书亡，惟汉秘书郎郄萌记先师相传云：天了无质，仰而瞻之，高远无极，眼瞀精绝，故苍苍然也。譬之旁望远道之黄山而皆青，俯察千仞之深谷而幽黑。夫青非真色，而黑非有体也。日月众星，自然浮生虚空之中，其行其止皆须气焉。是以七曜或逝或住，或顺或逆，伏见无常，进退不同，由乎无所根系，故各异也。故辰极常居其所，而北斗不与众星同没也；摄提、填星皆东行，日行一度；月行十三度。迟疾任情，其无所系著可知矣，若缀附天体，不得尔也。”这是关于宣夜说的一段最完整的史料，它包含了有关宣夜说的众多内容。首先，宣夜说起源很早，西汉时期(约公元前100年)的郄萌只是记下了先师传投的东西。第二，宣夜说认为天是没有形体的无限空间，因无限高远才显出苍色。

第三，远方的黄色山脉看上去呈青色，千仞之深谷看上去呈黑色，实际上山并非青色，深谷并非有实体，以此证明苍天既无形体，也非苍色。第四，日月众星自然浮生虚空之中，依赖气的作用而运动或静止。第五，各天体运动状态不同，速度各异，是因为它们不是附缀在有形质的天上，而是漂浮在空中。

从这段史料看，宣夜说称得上是中国古代相当先进的宇宙结构说，它承认天是没有形质的，天体各有自己的运动规律，宇宙是无限的空间，这三点即使在今天也是有意义的，是非常深刻、进步的认识。宣夜说在深入思考"天"的时候，并非忘记了日、月、星辰之间那种稳定的相互关系，日、月、五星运动有较为稳定的速率和轨道，这种稳定的秩序正是天文计算、预测的基础，或许正因为缺乏强大的理论支持，只能使它停留在思想领域，成为一种思辨的假说。试想，一个无限的宇宙空间已是难以想象，更何况众多的天体都毫无依赖地飘浮在空中各自运动呢？其思想超前于当时人们的认识水平太远，不可能为多数人所接受。随着时间的流逝，人们对宣夜说的观点也就渐渐淡漠了。

1.2.2　东方文明最早的时间计量

1. 计时方法

1）干支记日法

中国早在夏代(公元前 2070—公元前 1600)已有天干记日法，即用甲、乙、丙、丁、戊、己、庚、辛、壬、癸十个天干周而复始地记日。[①] 其后的商代(公元前 1600—公元前 1100 年)又把十天干与十二地支(即子、丑、寅、卯、辰、巳、午、未、申、酉、戌、亥)相组合，组成甲子、乙丑……癸亥等六十干支，也就是通常所说的"六十甲子"，并把它用于循环记日，在许多商代甲骨卜辞中，都记有占卜之日的日干支。

2）十二时辰记时法

殷商(公元前 1600 年)以后，六十干支记日法又被应用到记年中(一周期六十年)，并把十二地支用于计时，这样一昼夜就有十二个时辰(见表 1－1)。

表 1－1　十二时辰与 24 小时记日法的对应关系

十二时辰	24 小时	十二时辰	24 小时	十二时辰	24 小时
子时	23～1 时	辰时	7～9 时	申时	15～17 时
丑时	1～3 时	巳时	9～11 时	酉时	17～19 时
寅时	3～5 时	午时	11～13 时	戌时	19～21 时
卯时	5～7 时	未时	13～15 时	亥时	21～23 时

3）百刻时制(漏壶记时制)法

百刻时制法采用日晷或漏壶将一昼夜分为十时，一时分为十刻。"刻"为漏壶的基本记

① 杜石然，等. 中国科学技术史稿：上. 北京：科学出版社，1982：67.

时单位，在竹或木制的箭上刻划出 100 等份，其高度正好等于一昼夜漏壶滴水的高度，1 刻等于现在的 14.4 分钟。隋唐以后，百刻时制与十二时辰制配合使用。

2. 测时仪器

1）圭表

圭表是利用太阳投影指示时间的仪器，由圭和表垂直构成。表为直立的杆子，圭为一平板，板上有刻度。将表基向北延伸放置，利用太阳正午时表在圭上影子的长短，来测定二十四节气。其中表影最长之日为冬至，表影最短之日为夏至。由表影长短的周期性变化，可以确定一年的日数，如图 1－4 所示。

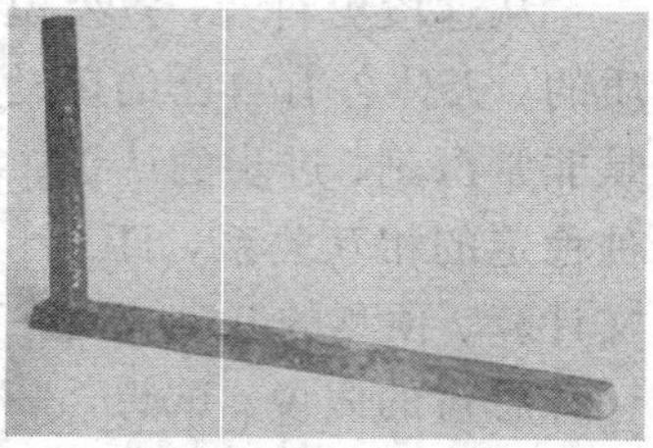
图 1－4　古代的圭表

相传从尧舜到春秋时期中国古人就已“立表测影”进行天文授时。据《史记》（公元前 91 年成书）记载，黄帝时代已有专门测定日影的人员，在周代使用圭表就有了规范，“表”规定长为 8 尺，“圭”长则为 1 丈 3 尺。汉代开始有铜表，据《三辅黄图》记载：“长安灵台有铜表，高八尺，长一丈三尺，广一尺三寸。题云：太初四年立。”

2）日晷

日晷是一种利用太阳投影的方向指示时刻的仪器，由晷盘和晷针组成，晷针安在晷盘中央，并垂直于晷盘，晷盘上有刻度。一天之内针影随太阳运转而移动，刻度盘上的不同位置即表示出一天中较为准确的不同时刻，如图 1－5 所示。

图 1－5　古代的日晷

关于日晷的最早记录是唐太宗贞观十年（公元 636 年）成书的《隋书・天文志》中提到的袁充于隋开皇十四年（公元 594 年）发明的短影平仪，即地平日晷。

3）漏刻（又称刻漏）

圭表、日晷只能在有太阳的晴天使用，在阴天与黑夜则无法测时。于是，中国人在实践中发明了一种用水滴漏的计时方法，这种测时仪器就是漏刻。关于漏刻的最早的文字记载是《周礼・夏官司马第四》（约公元前 470 年成书）①：“挈壶氏掌挈壶以令军井。……皆以水火守之，分以昼夜。”挈壶氏即掌管漏刻的记时官，挈壶就是上部有一提梁的漏壶。冬至，昼漏四十刻，夜漏六十刻；夏至，昼漏六十刻，夜漏四十刻；春秋二分昼夜，各五十刻。说明至春秋时，漏刻的使用已较为普遍。

漏壶有两种形式：泻水型和受水型。中国最早的西汉青铜挈壶为泻水型漏壶，只有一把，出水口在壶底侧。由于挈壶里水位不同时出水速度不同，后来又发展出受水型，并逐

① 沈长云，李晶．春秋官制与《周礼》比较研究．历史研究，2004：6.

渐由最初的两壶发展成多壶，如图 1-6 所示。

浮漏是宋代沈括(1031—1095)在多级漏壶的基础上发明的，每昼夜误差小于 20 秒。

宋代燕肃(961—1040)制作的莲花漏改进了刻箭的刻度方法，精度提高到 14.4 秒；宋代赵友钦(1279—1368)则将精度提高 6 秒。

图 1-6　四级漏壶

4) 机械计时器

东汉时期的张衡(78—139)于公元 117 年发明浑天仪，用于测定天体位置。为了使浑天仪自己能转动，张衡采用一组齿轮系统把浑象(表示天象的仪器)与漏壶(表示时间的仪器)联系起来，利用滴水的力量发动齿轮，齿轮带动浑象绕轴旋转，一天转一周。后经唐朝一行和尚和梁令瓒的改进，到了宋代，苏颂(1020—1101)和韩公廉于 1088 年造出了水运仪象台，成为世界上最早的天文钟。它高约十二米，宽七米，分三层。上层放浑仪，用来观测日月星辰的位置；中层放浑象，是一个球体，在球面布列天体的星宿位置，浑象一昼夜自转一圈；下层设木阁，又分成五层，每层有门，到一定时刻，门中有木人出来报时，木阁后面装置漏壶和机械系统，起到控制水轮运转速度的作用，使水轮只能间歇运转，而转速由漏壶的流量决定。

1.2.3　东方文明最早的空间计量

1. 计量单位

中国古代对长度的计量总是和容量、重量的计量联系在一起，并统称为“度量衡”：度(长度)、量(容量)、衡(重量)。“度量衡”一词源于《虞书》(约成书于公元前 500 年)的记载：“协时月正日，同律度量衡。”[①]公元前 211 年，秦始皇统一中国后，在商鞅变法的基础上对“度量衡”进行了统一，制发了一大批“度量衡”标准器，对后世产生了深远的影响。

长度单位：

(1) 据《孔子家语》(约公元 80 年成书)记载：“布指知寸，布手知尺，舒肘知寻，斯不远之则也。”其意为从中指的指端到第一横纹为一寸，拇指和中指之间的距离(即一拃)为一尺，两臂伸开长八尺，叫一寻。

(2) 据《汉书・律历志》(约公元 80 年成书)记载：“度者，……本起于黄钟之长，以子谷秬黍中者，一黍之广，度之九十分，黄钟之长。”“黄钟”是中国古代的音律名之一，相当于现在乐音中的 C 调。这里以能吹出黄钟音调之笛管长度的九十分之一作为长度“一分”的计量标准，显然是运用了声音的波长与律管长度成正比的关系，“十分为寸，十寸为尺，十尺为丈，十丈为引。”这种长度基准方法毫无疑问在当时是世界领先的。

---

① 蔡宾牟，袁运开. 物理学史讲义：中国古代部分. 北京：高等教育出版社，1985：50.

(3) 南北朝的《孙子算经》(约公元400年成书)中说："度之所起，起于忽。欲知其忽，蚕所生，吐丝为忽。十忽为一丝，十丝为一毫，十毫为一厘，十厘为一分，十分为一寸，十寸为一尺，十尺为一丈，十丈为一引；五十尺为一端；四十尺为一匹；六尺为一步。二百四十步为一亩。三百步为一里。"

容量单位：《汉书·律历志》中记载："量者，……本起于黄钟之龠，用度数审其容，以子谷秬黍中者，千有二百实为龠，以井水准其概。合龠为合，十合为升，十升为斗，十斗为斛。"(当然，重量的基本单位与进率也得到了确定："权者，……本起于黄钟之重，一龠容千二百黍，重十二铢，两之为两(二十四铢为两)，十六两为斤，三十斤为钧，四钧为石。")

2. 计量器具

长度量具：商代的牙尺，等于现在的16.95 cm；战国的铜尺，合现在的23.0 cm；公元9年，新莽时期的铜卡尺，长度为14.22 cm，分固定尺和活动尺两部分，相当于现在的游标卡尺。另外还有唐朝的镂牙尺(0.3 m)、鎏金雕花铜尺，以及宋朝的木尺、铜尺、黄钟玉尺等。远距离长度计量器具有唐宋时期的丈杆、测绳、步车，特别是记里鼓车利用车轮的转动，间接而自动地记录车行里数。

容量量具：秦始皇统一度量衡后，采用商鞅方升为标准量具之一，其制作精度在1%以内。容量单位分斛、斗、升、合、龠五个。(重量量具：中国古人把各种测重仪器统称为衡。衡的形式包括等臂天平、不等臂天平、杆秤。权就是砝码或秤砣。1954年在湖南长沙战国楚墓出土了我国最早的等臂天平和砝码，天平为木杆，杆端有两盘，还有以两为单位的一套九个砝码，在半两范围内比较准确。)

1.2.4 东方文明对时间、空间和运动的认识

1. 时间与空间

时间和空间是物理学中两个带有根本性的普遍概念，自古以来就是哲学家和科学家十分关注与争论不休的问题。

中国古代最早的空间概念是老子(生活在春秋末年)提出的，他说："天地之间，其犹橐龠乎？虚而不屈，动而愈出。"(出自《道德经》，大约成书于公元前400年)其意思是说：天地之间这个大空间，不正像一个大风箱吗？虽然空虚却不会穷尽，越推拉风量越大。

大约成书于公元前388年的《墨经》最早给出了"宇宙"的定义，书中描述"久宇"："久，弥异时也"；"宇，弥异所也"(弥：遍及的意思)。在《经说上》中对"久"、"宇"进行了解释："久，合古今旦莫；宇，东西家南北"。

约成书于西汉(公元前200)的《尸子》记载，战国时期的魏国人尸佼(公元前390—公元前330)对时间和空间的定义是："上下四方曰宇，往古今来曰宙。"这里宇就是空间，宙就是时间。约成书于公元前200年的《庄子·杂篇·庚桑楚》对宇宙的解释是："有实而无乎处者，宇也；有长而无本剽者，宙也。"其意即宇是实在的和无处不在的；宙有长短但无始终。

2. 时空之间的联系和有限、无限

关于时间和空间的联系，约成书于公元前 200 年的《管子 · 宙合》中说得很明确："天地，万物之橐也；宙合，又橐天地。" 其意是天地包裹着万物，天地又包裹在宇宙之内。《管子》中的"宙合"比老子的"天地"层次多了一些，内容也更丰富了些。《管子》还进一步对其意义作了一些引申："上通于天之上，下泉于地之下，外出于四海之外，合络天地，以为一裹。"可见，中国古代对时间和空间的理论更强调其统一性。对时间、空间的有限性与无限性的统一关系也有精彩的论述。墨翟说："久，有穷，无穷。"(《经说下》)其意是就一段具体时间而言，是有穷的，就整个时间的绵延来说是无穷的。庄子曰："天与地无穷。" 张衡说："宇之表无极，宙之端无穷。" 宋元时期，无神论者邓牧在《伯牙琴》中说："天地大矣，其在虚空中不过一粟耳。……虚空，木也；天地，犹果也。虚空，国也；天地，犹人也。一木所生，必非一果；一国所生，必非一人。谓天地之外无复天地焉，岂通论耶？" 所以说中国古代就认为时空是无限的。当然，这里要注意区别"宇宙"与"天地"两个词的含义。

3. 运动与静止

《墨经》中曰："动，域徙也。" 其意是说物体从空间某一位置移动到另一位置，即物体位置发生变化的过程，称为运动。又曰："止，以久也。" 其意是说物体在空间某一位置停留一段时间，这种停留状态称为静止。

4. 运动与时空的关系

有关运动与时空相关性的认识，《墨经》中曰："宇域徙，说在长宇久。" 其意是说空间的位置变动发生在一定间隔的空间和时间内，时间愈长，移动的空间位置愈远。

有关物体运动和静止的相对性，中国古代的学者也早有认识。先秦著作《吕氏春秋》(成书于公元前 239 年)中记载有"刻舟求剑"的故事："楚人有涉江者，其剑自舟中坠于水，遽契其舟，曰：'是吾剑之所从坠。'舟止，从其所契者入水求之。舟已行矣，而剑不行，求剑若此，不亦惑乎！"

再譬如，《春秋纬 · 元命苞》(约公元 200 年以前成书)中曰："天左旋，地右动。"《隋书 · 天文志》中曰："乘船以涉水，水去船不徙也。""仰游云以观，日月常动而云不移。"(晋代束皙，约 262—301)。《抱朴子 · 塞难》(约公元 340 年成书)："见游云西行，而谓月之东驰。"(晋代葛洪，284—363)。特别值得一提的是《尚书纬 · 考灵曜》(约公元 200 年成书)中，对运动相对性的描述更为透彻："地恒动不止，而人不知，比如人在大舟中，闭牖而坐，舟行而人不觉。"

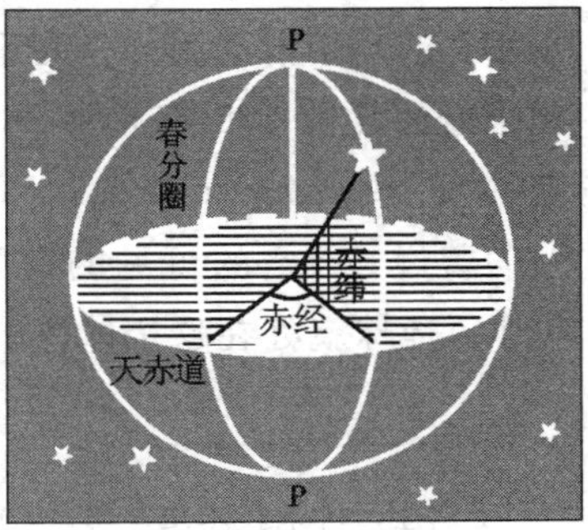

图 1－7　东方古代空间观

综上所述，古老的东方文明基本认同这样的时空观：世间万物(所有)都存在于宇宙(空间和时间)之中。空间分上、下、左、右、前、后，其中上和下是确定的，前、后、左、右是相对的(如图 1－7 所示)，空间包裹着万物。时间在均匀流失。时间和空间是无限的，并且它们是个统一的有机整体。

1.3　西方文明之时空观的形成和发展

公元前 4500 年至公元前 3000 年，古希腊最南端的克里特岛上已有人类居住，这时正是埃及人在尼罗河畔创建统一国家的时候，也是苏美尔人在两河流域南部开始形成城市国家群的时期。古代埃及法老的铭文及后来希腊古典作家的记述都证明，克里特岛上在公元前 2000 年出现了欧洲最早的国家，也一度成为地中海一带欧亚非贸易的中间站。传说中，克里特岛的米诺斯王曾称雄爱琴海，迫使雅典纳贡。[①] 克里特文化中的很多元素都与尼罗河流域文化和两河流域文化有关。从历史资料来看，古希腊文明，无论哲学、天文学、历法、数学、几何学、历史学、建筑、雕塑和文学艺术等，无不深受埃及、巴比伦和印度古文化的深刻影响。公元前 8 世纪到公元前 4 世纪（史称“古希腊时期”），古希腊学派林立，智者云集，包括科学在内的希腊文化达到了奴隶社会的巅峰，诞生了光芒四射的古希腊文明，这就是西方文明。可以说，古埃及和古巴比伦两地的古文化不仅促使了后起亚述帝国[②]（公元前 935—公元前 605）和波斯帝国（公元前 559—公元前 480）文化的发展，而且更为重要的是促进了古希腊和古罗马文化的发展与繁荣，从而形成了西方的文化体系。

1.3.1　西方文明的宇宙学说

1. 米利都学派的观点

古希腊第一个享有世界声誉的学者泰勒斯（Thales，约公元前 624—公元前 547）的宇宙观是圆形的大地浮在水上。他认为水是万物的本原，万物都由水变化而成，最后又复归于水。水沉淀则成泥，泥干了则成土，土稀薄则化为气，气加热则变火，任何事物都源于水，这是宇宙成因的一元论学说。据传他曾成功地预报过公元前 585 年 5 月 28 日出现的日全食。阿那克西曼德（Anaximander，约公元前 610—公元前 546）曾说：天空的可见的穹隆是一个完整的球体的一半，地球就处在这个球体的中心，地是一个有限的扁平圆筒（见图 1－8），最初由水、空

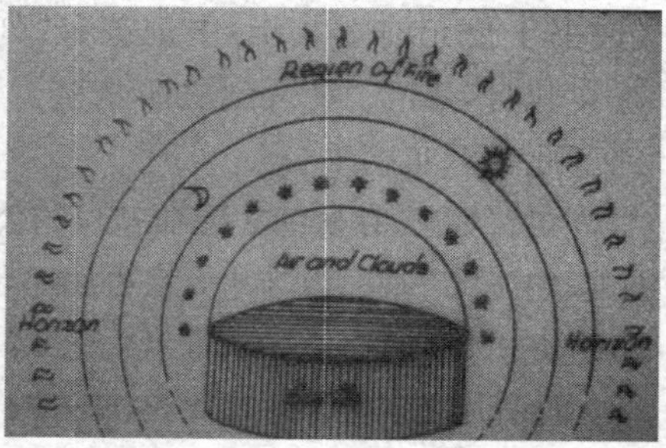

图 1－8　柱状大地

① 王鸿生．科学技术史．北京：中国人民大学出版社，2011：41．

② （英）沃尔夫．世界简史．盛文悦，都建颖，译．北京：当代世界出版社，2010：30．

气和火的外衣包围着，浮游在天球之中，没有什么东西支撑它。月亮并不是自身发光，而是反射的太阳光，太阳和大地是一样大的，是一团绝对纯粹的火，系在圆形诸天之上，并且随着圆形诸天绕地球转动，夜间就转到地下面去了。阿那克西美尼(Anaximenes，约公元前585—公元前528)认为天体是固定在某种实体之上的，就像冰晶穹隆上的钉子一样，在凝聚的坚固空气推动之下，各个天体才在它们的轨道上循环。他也认为天体是环绕大地运动的。

2. 毕达哥拉斯学派的观点

由毕达哥拉斯(Pythagoras，公元前584—公元前501)创立的学派(毕达哥拉斯学派)，主要从数的观点思考宇宙，认为圆球形是最完美的立体几何形状，圆是最完美的平面图形。因此，宇宙必定是球形的。他们认为，日、月、五大行星(水、金、木、火、土)等天体都是球形的，并悬浮在太空中，沿圆形轨道作匀速圆周运动。他们还猜想天体的数目必定是十个，并认为宇宙的中心天体是“中心火”。地球、太阳和五大行星都在绕中心火运行。但当时只知有包括水、木、金、火、土、日、月、地球、恒星在内的九大天体，还差一个。他们设想还有一个天体叫“对地”，永远处于中心火的另一侧和地球对着的位置，因此从地球上永远看不到它。太阳和月亮都是由于反射中心火的光才明亮的。

3. 欧多克斯的地球中心说

唯心主义哲学家柏拉图(Plato，公元前427—公元前347)受到毕达哥拉斯学派的影响，建立了天体的运行轨道是圆形的、宇宙外形是球形的这一宇宙结构的基本思想。柏拉图认为宇宙是以地球为中心的一层层同心球壳，地球居于同心球壳的中央不动。他的学生欧多克斯(Eudoxus，约公元前408—公元前355)继承了柏拉图的这一思想，并且改进了同心球的宇宙结构模型。欧多克斯与他的老师相反，柏拉图推崇数学，反对研究具体事物，而欧多克斯既观察天象又研究几何学，从而建立了世界上第一个宇宙几何模型。他提出的以地球为中心的壳层球模型认为：地球是宇宙的中心，日、月和水、金、木、火、土五大行星以及恒星分别附着于一些同心透明的球形壳层之上，这些球形壳层各自绕自己的轴且按不同的速度旋转(见图1-9)。这些轴的取向又各不相同，里面的球的轴置于外面球的内表面上，若选择适当的倾角和各球取不同的旋转速度，就可以解释行星的复杂视运动。也就是说，欧多克斯是把任意曲线的非等速的运动用许多等速的圆运动来趋近。这个模型开了天文学史上宇宙几何模型研究的先河。在欧多克斯的宇宙模型中同心球多达26个。

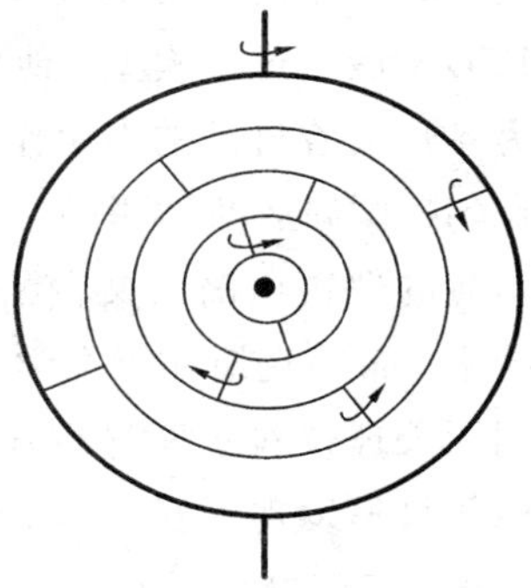
图1-9 欧多克斯同心球宇宙模型

亚里士多德(Aristotle，公元前 384—公元前 322)也是柏拉图的学生，他几乎完全承袭了柏拉图宇宙结构的思想。亚里士多德在他的《形而上学》一书中，把同心球增加到 56 个。他把宇宙分为八个天层，地球居于中心，向外依次为月球、水星、金星、太阳、火星、木星、土星诸天层，最外一层为恒星天层。亚里士多德认为一个物体的运动需要另一个物体和它直接接触来推动它，所以有第一推动者推动了天上最外层的球壳，以便把运动逐次传递到日、月、五星上，这个第一推动者就是上帝。亚里士多德以简单而明确的方式证明地球为球形，这是他对宇宙理论的积极贡献。他说月蚀时可以在月亮上看到地球的影子的一部分或全部，而影子的形状是圆周的一部分或整个圆。

4. 赫拉克雷迪斯、阿里斯塔克和阿基米德的太阳中心说

古希腊天文学家赫拉克雷迪斯(Heracleides，公元前 388—公元前 315)第一个提出地球自转问题，他认为如果天空静止不动，让地球绕地轴从西向东每天自转一周，就会观察到同样的情况。天体运转是围绕一个看得见的实体太阳，而不是围绕一个像“中心火团”那样神秘的看不见的东西运转。阿里斯塔克(Aristarchus，约公元前 310—公元前 230)将毕达哥拉斯关于地球运动的观点和赫拉克雷迪斯关于一些行星围绕太阳运转的论点结合在一起，在公元前 260 年前后，提出一切行星包括地球在内围绕太阳运行，同时，地球又绕自己的轴每天自转一周，而太阳和其他恒星都是不动的。不过，阿里斯塔克提出的太阳中心说不为同时代的人们所理解，而是被批判和抵制，如当时的斯多葛派哲学家克雷安德斯就曾控告他犯了渎神罪而要求处死他。后来的古希腊大科学家阿基米德(Archimedes，公元前 287—公元前 212)也认为地球是圆球状的，而且是围绕太阳转动的。

5. 阿波罗尼乌斯和希帕克斯的本轮-均轮模型

古希腊后期亚历山大城的阿波罗尼乌斯(Appollonius，约公元前 262—公元前 190)在欧多克斯同心球宇宙模型的基础上提出了本轮-均轮模型。接着，先后在罗得斯岛和亚历山大城工作的古希腊天文观测家和数学家希帕克斯(Hipparchus，约公元前 190—公元前 125)发展了这个模型。他抛弃了同心球模型，地球仍被认为是宇宙的中心。各天体被设想为各自沿着自己的本轮作匀速圆周运动，这些本轮的中心又沿着各自的均轮以地球为中心作匀速圆周运动(见图 1-10)，而且逆行问题也得到了很好解决(见图 1-11)。希帕克斯在爱琴海的罗得斯岛天文台工作了 35 年之久，他的模型是他数十年的天象观测和精密构思的结果。希帕克斯在天文学上还有其他许多成就，曾创造和改良了许多观测仪器。希帕克斯利用天球仪对星座进行长期系统的观察，编制了一个不少于 850 个恒星的星表(已失传)。他还最早发现了岁差，并定出每年岁差值为 36 秒，比实际值少了 14 秒；他测得一个太阳年等于 365 天 5 小时 55 分 12 秒，比现代值约长 6.5 分钟。

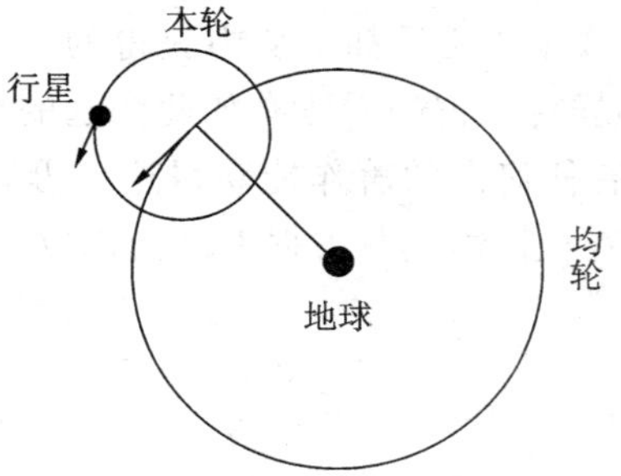

图 1－10　本轮-均轮运动

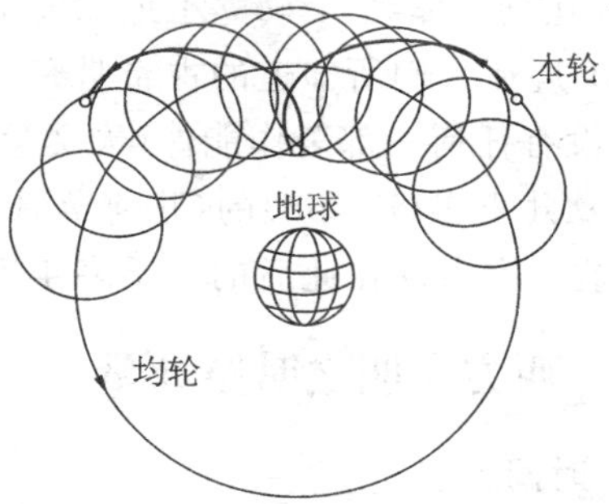

图 1－11　本轮-均轮运动所产生的逆行现象

6. 托勒密与地心宇宙体系的建立

古罗马时期，著名的天文学家、地理学家、数学家和物理学家克罗狄斯·托勒密(Claudius Ptolemaeus，85—168)是地心宇宙体系的创立者。他的工作实际上也是古希腊人工作的继续，他继承了古希腊希帕克斯的工作，并于公元 130 年总结出版了《天文学大成》一书。这部长达 13 卷的巨著，实际上是到当时为止天文学与数学成就最好的总结。书中，托勒密提出了一个完整的宇宙体系(见图 1－12)，他认为地球是宇宙的中心，其外层依次是月球、水星、金星、太阳、火星、木星、土星，最后是恒星天球(原动天)，提出了天体运动的均轮-本轮模型，列举了证明这种体系的所有观测事实，同时列出了推算日月食、预报行星未来位置的方法，并附有包含 1022 颗恒星的位置与亮度的星表，从而建立了地心说宇

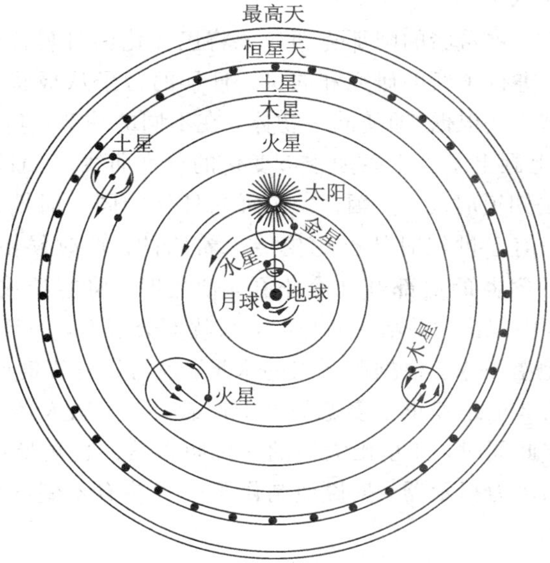

图 1－12　托勒密的宇宙体系

宙体系(托勒密体系)，确立了地球处于宇宙中心静止不动的理论。这部巨著后来成了西方的经典，现在人们所知道的古希腊有关宇宙的科学成就，几乎都是从中获得的。在整个希腊时期没有任何一部著作能像《天文学大成》一书那样对宇宙的看法有如此深远的影响，并且除了欧几里得(Euclid)的《几何学原本》之外，没有任何别的著作能获得这样毋庸置疑的威信。这一宇宙观在此后的一千多年里，一直产生着积极影响并占据着统治地位。

1.3.2 西方文明之时空计量

1. 时间计量

古希腊是城邦制国家，没有统一的度量衡，据文字记载，有关时间和空间的计量都是参考并延续了古埃及和古巴比伦的知识。

古希腊天文学家默冬(Meton of Athens，约公元前460—？)在公元前432年发现，235个太阴(月球)月恰好为19年，这意味着若在19年中，把12年安排为每年12个太阴月，把其他7年安排为每年13个太阴月，这样的阴历正好与四季相配合，被称为默冬周期。古希腊的历书就是以默冬周期为基础，每隔19年重复一次。后来，罗马独裁者儒略·恺撒(Julius Caesar，公元前100—公元前44)依靠亚历山大城的希腊人索斯吉斯(Sosigenes，公元前90—？)，在公元前45年修订和推行了每年为$365\frac{1}{4}$天的儒略历，这是以古埃及和古巴比伦的历法为基础的。以后又发展为奥古斯都历，到1582年又发展为格利高里历，这便是今天大多数国家通用的公历。

公元前550年左右，古希腊的阿那克西曼德将巴比伦的日晷传到了希腊。为了天文观测，古希腊人对日晷又进行了新的研究和改进。日晷的台子从板状改为了半球形、蜘蛛网形或圆锥形等多种形状，并根据“即使同一物体，在不同的季节，其影子的长度也是不相同的”这一道理，在台子上画上了若干条随季节变化的分度曲线。[①] 日晷虽然很方便，但阴天或者人在屋里时就无法知道时间了。因而，在研究日晷的同一时期也研究了漏刻。漏刻和日晷一样，都是在公元前5世纪时从巴比伦传入希腊的。那时候使用的漏刻，简单地说，是在一个类似长颈瓶的容器的底部开几个小孔，使用时，将容器放入水中，待充满水后，用手堵住瓶口，再从水中取出。手堵住瓶口时，水就不会落下，一旦松开手，容器内的水通过底部的孔会一滴滴地落下来。根据落下来的水量，就可以计算时间。

此外，根据公元前2世纪亚里士多德的书中记载，古希腊人还发明了将漏刻与指示器组合在一起的闹钟。与此同时，亚里山大城的一位叫古蒂西比奥斯(生平不详)的杰出的发明家，发明了压力泵和水力指示器。据说他制作了一种装有木偶的漏刻，由木偶的指针指

---

① (日)山田真一. 世界发明发现史话. 王国文，王之夫，肖云龙，等，译. 北京：专利文献出版社，1989：171.

示刻度，能准确地读出时间，后来又进一步发展，安装了调节水流速度的装置和木偶吹笛报时装置。

从公元前2000年的用阿卡德文记录下来的楔形文字的泥板上可以看出，古巴比伦人很早就已经是十进位制和六十进位制并用了。直到公元前2世纪，希腊天文学家(希帕克斯)才把一个圆周分为360度。我们现代生活中所用的时间和角度的单位里还保留着六十进位制的痕迹，例如1小时＝60分钟，1分钟＝60秒，1度(1°)＝60分($60'$)，1分($1'$)＝60秒($60''$)，这些都来自古巴比伦的六十进位制。

2. 空间计量

据记载，公元前776年，在希腊奥林匹克村举行的第1届古代奥林匹克运动会上就有了短跑比赛项目，当时的距离是176～192米，也称为一个“斯太地”(长度为600个脚长)；第14届古代奥运会上，跑的长度增加到两个“斯太地”，同时也使用“腕尺”(长度约为46.2厘米)，以及指、掌、足、肘、阶、步等计量单位。

1.3.3　西方文明早期的科学

古希腊科学的形成有两个重要的历史地理条件：其一是由于希腊没有大河和大面积富饶的冲击平原，水利工程的规模较小，地理环境决定了其农业生产水平的相对落后，古希腊与古埃及和两河流域又是近邻，因此，古希腊人用当地盛产并加工的葡萄酒和橄榄油换取粮食，商品贸易变成了非常重要的生存手段，这一活动极大地促进了文化、思想的交流，从而吸收了很多古埃及、古巴比伦的技术和知识，使古希腊人开阔了眼界、解放了思想；其二是古希腊的奴隶制社会是由各自独立的城邦组成的，就像希腊的群山把它的土地分割成许多隔离的谷地一样，希腊文明在政治上是分散的。一个地区的城邦政府只有有限的被侵蚀的土地，能够集中的财富有限，没有形成大一统的政治局面。这些因素都有利于不同的学术思想的形成和发展，有利于自由讨论、互相影响、互相促进，这就在古希腊形成了一个百家争鸣、生动活泼、百花齐放、绚丽多彩的局面。

几乎所有古代文明中都有科学的萌芽，甚至科学的体系。但多数文明中的科学萌芽总是和迷信交织在一起的，科学的体系常与宗教的信仰重叠渗透，最多只是一些具体实用的知识在世俗生活中呈现出独立的形态。而古希腊人的科学之树，在刚刚栽植的时候，就向文明的天空伸出了理性的嫩枝，这在人类文明史上是独一无二的。希腊科学独具特点，最引人注目的是希腊人发明了科学理论，即“自然哲学”或者说“关于自然界的哲学”，它是关于自然界及其内在本质的哲学研究，在当时指的是自然知识的总汇和统称，其目的是获得自然界的完整图像。

恩格斯说：“最早的希腊哲学家同时也是自然科学家。”[①]古希腊人对宇宙的思索和对

① 恩格斯. 自然辩证法. 于光远，译. 北京：人民出版社，1984：35.

抽象知识的非功利追求，其努力是没有先例的。[①] 虽然希腊人的科学研究是在继承和融汇了古埃及和两河流域等东方地区的科学成就的基础上发展起来的，但古希腊人强调理性，强调逻辑，重视真理本身价值的态度，使得原先零散的、实用的自然知识成为一种对于世界的体系化的理性建构。

1. 自然哲学的形成

古希腊文化的一个重要特点是自然科学在发展的初期，还没有从哲学中分离出来，自然科学知识与哲学思想往往交织在一起，形成了古代文化史上占有重要地位的古希腊自然哲学。古希腊的自然科学同哲学相结合，既有利于自然科学形成自己的理论体系，发育成为独立的学科，也有利于哲学思想的丰富发展。古希腊的自然科学和哲学对后世都有深刻的影响。

古希腊的自然哲学起源于公元前6世纪初的米利都学派，其代表人物是泰勒斯、阿那克西曼德和阿那克西美尼。他们的代表作有《论自然》、《论天球》等。他们的自然哲学的特点是原始科学的和唯物主义的。公元前6世纪中叶的毕达哥拉斯学派，从原始数学的视角来洞察自然界。公元前6世纪末和公元前5世纪初，赫拉克利特学派又提出了具有朴素辩证法思想的自然哲学，其代表作是《论自然》。公元前5世纪后期的留基伯和德谟克利特提出了原子论的自然哲学，其代表作是《小宇宙系统》。公元前5世纪末之后，苏格拉底否定个体性，追求普遍性，贬斥感性，推崇理性，并把哲学研究对象扩大到人，这是哲学发展的一次有深远影响的转折。柏拉图师从苏格拉底，建立了庞大的理念论体系，成为唯心主义思想的创始人，其自然哲学的代表作是《蒂迈欧篇》等。从泰勒斯到柏拉图，经过了250年，为后来的亚里士多德综合出一个完备的自然哲学体系准备了大量的素材。

2. 几何学的形成

古巴比伦和古埃及的数学都是从解决实际问题中产生的。早期的数学计算方法包含在解决实际问题的过程当中，数学还没有从实际问题中被抽象出来，因而也就谈不上什么证明和推导了，只是一种萌芽状态的数学。但是早期的数学已经解决了很多社会需要解决的问题，如兴建运河、堤坝等工程需要的土方、人数、工时的计算，分配收获物，核算税额以及由贸易的发展而引起的利息(单利和复利)的计算等。其中，古埃及人在几何方面长于古巴比伦人，因为尼罗河每次泛滥之后都需要重新划分地界，所以埃及人经常遇到测量和计算面积的问题；希罗多德(Herodotus，约公元前484—公元前425)承认希腊人是从埃及人那里学会几何的。尽管如此，埃及人只是会测量和计算面积，而不会做任何证明问题。严格地讲，几何只是从古埃及人(包括古巴比伦人)丈量土地的经验的基础上逐渐抽象出来的

① (美)詹姆斯·E·麦克莱伦第三，哈罗德·多恩. 世界科学技术通史. 王鸣阳，译. 上海：上海科技教育出版社，2007：76.

一门科学，作出主要贡献的则是古希腊人。[①]

泰勒斯被认为是希腊几何学的始祖。他应用相似三角形的对应边成比例的道理，测得了金字塔的高度，是第一个从技术中抽象出科学的科学家。

以欧几里得(Euclid，公元前330—公元前275)几何学和阿波罗尼乌斯关于圆锥曲线的研究为代表的希腊数学，达到了古代科学的高峰，并在整个人类的历史中留下了光辉的篇章。他们的功绩，就是把人类长期在生产实践活动中积累的对于空间的形体及其性质的感性认识上升到理性认识，从而产生了理论科学，这是人类认识史上的一件大事。在欧几里得之前，希腊几何学经过几百年的发展，已臻于成熟，欧几里得在总结了从泰勒斯到毕达哥拉斯、欧多克斯和所有前人的数学成果后，写出了闻名于世的《几何原本》。他的方法是公理化方法：从一些公认的、不证自明的公理出发，以严密的逻辑推演出一系列定理，整个内容构成一个严整的逻辑体系。这本书的影响之大，使得人们把三维平直空间称为欧氏空间，相应的几何学称为欧氏几何学。

阿里斯塔克是第一个在观察事实的基础上考察了宇宙的几何学尺度的科学家。在流传下来的《论太阳同月球的大小和距离》一书中，他非常巧妙地把一些几何学原理运用到这个问题上来。如图1-13所示，用E、M、S分别代表地、月和日的中心。当月亮恰好为半圆时，$\angle EMS$应当是$90°$，因此，阿里斯塔克发现，要寻求图中三角形的形状，只需在月亮为半圆的时候，测量$\angle MES=\angle\alpha$即可。他测出$\angle\alpha=87°$，当时尚没有三角学，但是，通过天才的几何推理，他计算出日地距离是月地距离的18～20倍。他的方法完全正确，但计算的误差却很大。$\angle MES$实际上是$89°51'$，误差是$2°51'$，致使日地距离与月地距离的比值产生很大误差，这个比值的正确值实际上是400∶1。

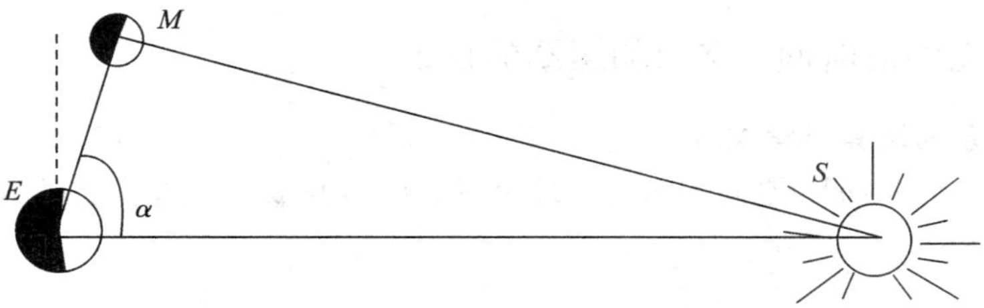

图1-13　太阳和月球的大小与距离

由于他既没有精确的测量角度的仪器，也不能精确地判断月亮半圆的时刻，所以，产生如此大的误差是完全可以理解的。即使这样，其结果仍告诉我们，太阳比月亮离我们要远得多，也大得多。而这项工作本身也于无意中明确了用几何学来描述运动天体之间的空间关系，间接反映出当时人们的空间观念。

① 仓孝和. 自然科学史简编. 北京：北京出版社，1988：63.

后来，埃拉托色尼(Eratosthenes，公元前 276—公元前 194)测定了地球的周长。他认为逆尼罗河而上的希恩(今埃及的阿斯旺)位于亚历山大城的正南方。希恩有口深井，仲夏日太阳映在水井里，意味着这一天的中午太阳正好处在希恩的正天顶上，于是他测量同一时刻的亚历山大城太阳光线对于铅垂线的倾斜度，发现其值为 7.5°(见图 1-14)，A 代表亚历山大城，S 代表希恩，O 是地球球心，而直线 NAO 是亚历山大城的铅垂线，太阳光线 BS 和 PA 可以认为是平行的，这样已知 7.5°的$\angle PAN$ 等于其同位角$\angle AOS$，因为 7.5°是 360°的 1/48，弧$\widehat{AS}$就等于地球周长的 1/48。对埃拉托色尼来说，最大的困难是测量弧$\widehat{AS}$的长度。他最后确定两地的距离大约是 5000 斯太地，如按雅典的长度计算，1 斯太地＝185 米，则地球周长为 46 620 千米，多了 16.3%；若按埃及的长度计算，1 斯太地＝157.5 米，则地球周长为 39 690 千米，其误差小于 2%，与现代的测量结果 40 000 千米非常接近。

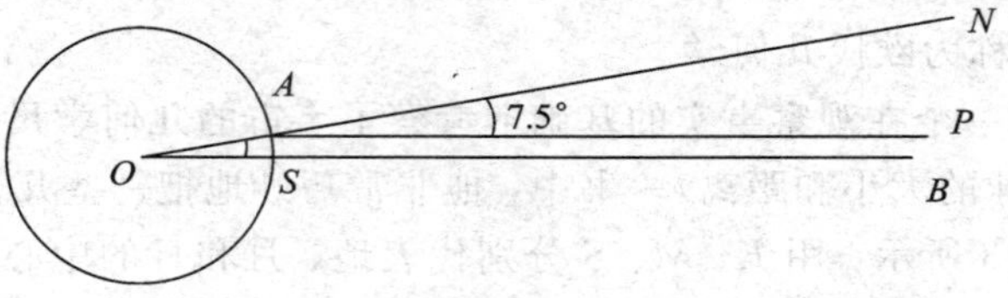

图 1-14　测定地球周长

这里存在三大误差：希恩实际上并不在亚历山大城的正南方，太阳在仲夏日也并不正好通过希恩的天顶，希恩到亚历山大城的距离测定并不精确。但埃拉托色尼很幸运，可能是这几大误差相互抵消，导致了他的测量结果的准确，现在来看都如此。所有这些都反映了希腊几何学的辉煌成就。

1.3.4　西方文明对时间、空间和运动的认识

1. 亚里士多德及其科学成就

在古希腊，有关时间、空间和运动的理论研究的最高成就，几乎全都体现在亚里士多德的学说中。

1) 生平简介

亚里士多德(图 1-15)是古希腊著名的科学家和哲学家。公元前 384 年，亚里士多德诞生于爱琴海北岸的斯特基拉城，这座城市是希腊的一个殖民地，与正在兴起的马其顿相邻。他的父亲是马其顿国王腓力二世的宫廷侍医，从家庭情况看，属于奴隶主阶级中的中产阶层。亚里士多德从小对自然科学有着特别的爱好，也很喜欢钻研。父亲经常教给他一些解剖和医学的知识，他有时也帮助父亲做一些外科手术。

图 1-15　亚里士多德

亚里士多德 17 岁时前往雅典，师从古希腊著名哲学家柏拉图，学习哲学二十年(公元前 427—公元前 347)。这一时期的学习和生活对他一生产生了决定性的影响。在雅典的柏拉图学园中，亚里士多德表现得很出色，他好学多问，才华横溢，成绩突出，柏拉图夸他是“学园之灵”。

苏格拉底是柏拉图的老师，亚里士多德又受教于柏拉图，这师徒三代都是哲学史上赫赫有名的人物。不过，在学院期间，亚里士多德在思想上跟老师逐渐有了分歧，在柏拉图的晚年，他们师生间的分歧更大了，经常发生争吵。公元前 347 年，柏拉图去世，亚里士多德在雅典继续呆了两年。此后，他开始游历各地。公元前 343 年，他受马其顿国王腓力二世的聘请，担任太子亚历山大的老师，当时亚历山大 13 岁，亚里士多德 42 岁。公元前 340 年亚历山大摄政，亚里士多德回到家乡。

公元前 335 年他重返雅典，在雅典受到了很多的优待，除了在政治上的显赫地位以外，他还得到了亚历山大和各级马其顿官僚大量的金钱、物资和土地资助。他创办了吕克昂学园，占有阿波罗吕克昂神庙附近广大的运动场和园林地区。学园有当时第一流的图书馆和动植物园等，并逐步形成、创立了自己的学派，这个学派的老师和学生们习惯在花园中边散步边讨论问题，因而得名“逍遥派”。据说，亚历山大为他的老师提供的研究费用为八百金塔兰(每塔兰重合黄金六十磅)。亚历山大还为他的老师提供了大量的人力，并命令他的部下为亚里士多德收集动植物标本和其他资料。

公元前 323 年夏天，亚历山大大帝从印度回师巴比伦的途中病故。从此，亚里士多德在政治上开始不得志。他决定离开雅典，离开吕克昂学园，回到母亲的故地过隐居生活。公元前 322 年亚里士多德因病逝世，葬在卡尔基，终年 62 岁。

2) 科学成就

亚里士多德是希腊古典文化的集大成者，集古代知识于一身，是最后一个提出完整世界体系的人。在他以前，科学家和哲学家都力求提出一个完整的世界体系，来解释自然现象；在他以后，许多科学家放弃提出完整体系的企图，转入研究具体问题。亚里士多德的著作据说有近千部(大部分已失传)，研究领域涉及方方面面，是古代的百科全书，恩格斯称他是最博学的人，现在可以见到的主要有《工具论》、《形而上学》、《物理学》、《伦理学》、《政治学》、《诗学》等等。亚里士多德认为任何事物的生成和存在都有四种缺一不可的根本原因，提出了四因说，即质料因、形式因、动力因和目的因；通过研究思维的形式和规律，提出了著名的“三段论”，认为一个三段论就是一个包括大前提、小前提和结论三个部分的论证，把逻辑学发展成为一门科学。亚里士多德也是公理化思想的创始人，他认为，一个成熟的科学理论是可以被组织在一个演绎化的体系中的，其中可以将少量的、基本的命题作为出发点即公理，将剩下的大量的命题作为派生的定理。

对物理学的发展而言，亚里士多德初步提出以物质运动及其与时间、空间，与周围物体的关系及物质本原为研究对象，以形成一门独立的自然学科，重视对近身事物的具体观察，强调思维逻辑的作用等。亚里士多德是第一个全面研究物理现象的人，创造了这门学科的名称。“物理”一词的现代拉丁文“Physica”是他从希腊字 φνσιζ(自然)一词推演而来的，并撰写出了世界上最早的《物理学》专著。

亚里士多德认为感觉和观察是有效的，它们是通往知识的唯一途径。从《物理学》书中可以看出，他的观点总是与我们所知道的日常观察和生活中常见现象相吻合(不像现代科学常常与日常观察相抵触，需要重新学习感觉才能接受)，因此，他的自然哲学基本上没有科学实验的基础，而且更符合常识。

亚里士多德的《物理学》，从研究方法看，全书几乎完全是逻辑推论和文字叙述，是从理论的高度研究自然界的总原理，论述物质世界运动变化的总规律。该书也体现了他逻辑学所达到的一个非常成熟的高度和系统的科学研究的方法论。例如，关于变化与运动的分析：“既然一切变化都由一事物变为另一事物(‘变化’这个词就表明了这个意义：在某一事物之后出现另一事物，也就是说，先有一事物，后又有一事物)，那么变化事物的变化有下列四种可能方式：或(1)由是到是，或(2)由是到否，或(3)由否到是，或(4)由否到否。(我这里所说的‘是’代表以肯定判断表示的事物。)因此必然，上述这四种方式只有三种能成立：由是到是、由是到否和由否到是。由否到否不算变化，因为这里不存在反对关系：既没有对立，也没有矛盾。……既然凡是运动都是变化，又，变化只有上述三种，而其中产生与灭亡两种不是运动(它们是矛盾的事物)，那么，必然只有由是到是的变化才是运动。”①

2. 时间与运动

亚里士多德在《物理学》中对时间以及时间与运动的关系作了详细的论述。②

时间的定义：“时间不是运动，而是使运动成为可以计数的东西。”

时间的性质：“变化总是或快或慢，而时间没有快慢。因为快慢是用时间确定的：所谓快就是时间短而变化大，所谓慢就是时间长而变化小。”“尽管运动是不同的和分离的，在任何地方，它们的时间是同一的，因为相等的和同时的数在任何地方都是同一的。”“既然‘现在’是时间的终点和起点，但不是同一时间的终点和起点，而是已过时间的终点和将来时间的起点，那么就像圆的凸和凹在某种意义上是同一的，时间也一样，永远在开始和终结之中。也因为此，它显得总是不同，因为‘现在’不是同一段时间的开始和终结，否则它将同时而为同一事物的对立两面了。时间也不会消灭，因为它总是在开始着。”

时间与运动的关系：“我们不仅用时间计量运动，也用运动计量时间，因为它们是相互确定的。”“一切变化和一切运动事物皆在时间里。”

可见，亚里士多德认为：时间没有起点，也没有终点，时间是无限的。时间的流失是均匀的，时间也不能脱离运动。

---

① (古希腊)亚里士多德. 物理学. 张竹明，译. 北京：商务印书馆，2011：131-132.
② (古希腊)亚里士多德. 物理学. 张竹明，译. 北京：商务印书馆，2011：113-127.

3. 空间与运动

亚里士多德的物质理论沿袭了恩培多克勒(公元前490—公元前430)和柏拉图的观点，也认为存在着土、气、火、水四种基本元素，不过，他认为这些元素由更为基本的几个属性热、冷、湿、干配对结合而成，如图1-16所示。属性湿和冷构成元素水，热和干构成火，湿和热构成气，冷和干构成土。元素可变，也可相互转化，如火的热转变为冷，火就转化为土；水的冷转变为热，水就转化为气；等等，四种元素不同的结合构成世界万物。

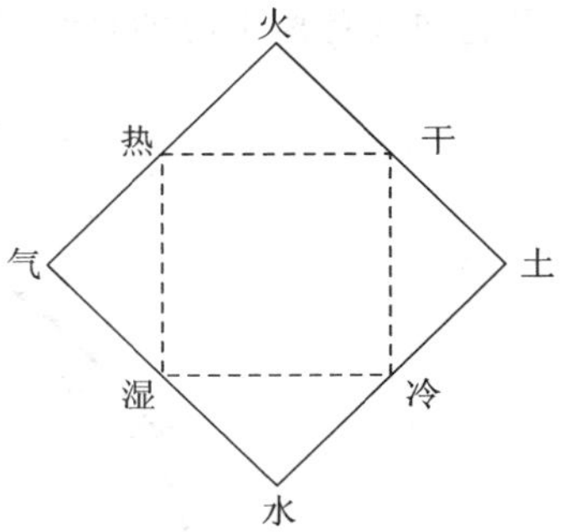

图1-16　亚里士多德的元素说示意图

由于有这样的物质观，亚里士多德的宇宙观和宇宙运动的学说就变得容易理解了，并且从逻辑的角度看，也好像是一种必然。亚里士多德认为，我们生活在其上的地球基本上是球形，而且整体处在宇宙中心保持不变。如果能设想出一种特别的实验，把地球从中心位置移开，它一定会自然地回到中心，重新处在那里，就像高处的石块要穿过空气，穿过水回到它的自然位置一样。于是，亚里士多德的地心宇宙说，即认为球形地球在宇宙中心保持不动的想法，就得到了物理学权威的支持，而且证实了我们感受到的大地静止而天体运动的那种经验。例如，亚里士多德曾以日食期间地球投射到月亮上的阴影来证实地球为球形；再如，竖直向上抛掷一只球，它会回落到原来的地点，说明地球的静止，如果地球运动，球就会掉在靠后的地方等。

亚里士多德认为运动有三类，即质方面的运动、量方面的运动和空间方面的运动，而且论证了圆周运动是无限的、单一的、连续的唯一运动形式。他把有关空间方面的运动按照每一种元素的特点与之配合起来：土和水是重的，自然要向宇宙中心(也就是地球)运动；气和火是轻的，自然背离中心运动，也不需要解释或说明这种运动，因为它是固有运动。因此，每一种元素都要在宇宙中找到一个位置，即所谓的自然位置：土位于中心，外面是分层的水、气和火的同心球层。这样，他的理论分析与我们在自然界中所看到的现象就一致了，如湖泊和海洋在大地的上面，水中的气泡会上升，大气在水和大地的上面，以及火好像在空气中上升和流星闪着亮光在天空一划而过，等等。

因为在地球区发生的自然运动(向上或向下)和在天体区发生的自然运动(总是圆形)截然不同，亚里士多德的宇宙说严格区分了这两个区域的物理学。地上的物体如果作自然运动，那就是说，运动的开始和维持都不需要某个活的或者外部的推动者，它们的运动或向上或向下，也就是或背离或向着地球的中心，这取决于它们是轻还是重。地上王国或者说月下王国，指的是月球轨道下面的世界，在这里，四种元素都趋向它们的自然位置。月球上面的天空是第五元素的天国，这第五元素是第五种基本物质，亚里士多德称它为以太。第五种元素与其他四种元素不同，它不与后者结合，不会腐败，仅以纯粹态存在，独自处在它自己的天体王国中。亚里士多德也把一种自然运动与以太联系起来，那种自然运动不是趋向或背离中心的直线运动，而是围绕中心作完美的圆周运动，如图 1-17 所示。

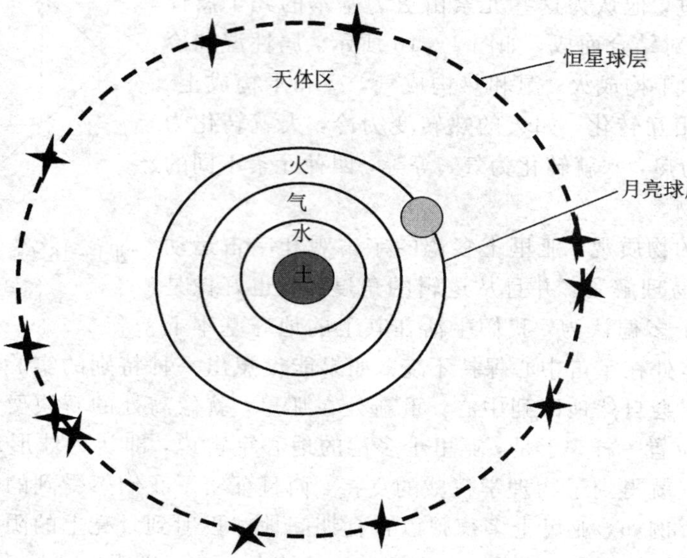

图 1-17　亚里士多德的宇宙说示意图

我们从自己这个始终流动和变化着的世界观察到天上恒定而不变的模样，是由于以太具有不变的特性。从这些教条式的理论我们可以明显感觉到亚里士多德所崇尚的自然主义的观察和经验，因为天上的物体看起来就是球形，而它们也像是(至少每天的运动)在围绕着地球作完美的圆周运动(并且是永恒的圆周运动)，这种地上王国和天上王国有着不同的运动定律的二重物理学，也同日常的经验和观察相一致。

亚里士多德对空间的论述如下：①

空间的定义："空间是包围物体的限面。"

空间的性质："空间虽然有三维：长、宽、高——它们是定限一切物体的，但空间不能是物体，因为在同一空间里不能有两个物体。""在自然界里确定的每一种空间都是固定的，不受我们所处位置的影响。""我们认为：(1) 空间乃是一事物(如果它是这事物的空间的话)的直接包围者，而又不是该事物的部分；(2) 直接空间既不大于也不小于内容事物；(3) 空间可以在内容事物离开以后留下来，因而是可分离的；(4) 此外，整个空间有上和下之分，每一种元素按本性都趋向它们各自特有的空间并在那里留下来，空间就根据这个分

① (古希腊)亚里士多德. 物理学. 张竹明，译. 北京：商务印书馆，2011：82-95.

上下。”“恰如容器是能移动的空间那样，空间是不能移动的容器。”

空间与运动：“因此，一切事物都在宇宙里，因为宇宙就是‘万有’。空间不是宇宙，而是宇宙的一个与运动物体接触的静止的内限。”“不是任何事物都是在空间里，只有能运动的事物才在空间里。”

亚里士多德认为空间是有限的：“但是，除了‘宇宙万物’(或曰‘万物总体’)而外再无别的什么更大的东西包在外边了。”“因此地在水里，水在空气里，空气在以太里，以太在宇宙里。但宇宙再不能在别的事物里了”，并且认为上、下、左、右、前、后是人为定义的，具有相对性(就和我们的关系而言，它们不是永远同一的，而是随着我们运动所产生的相对位置而定的，因此同一位置可以是右也可以是左，可以是上也可以是下，可以是前也可以是后)。

亚里士多德还认为什么也没有的空间即虚空是不存在的：所有运动的传播都暗示着接触，运动仅能通过两种方式传播——推和拉。因此，自然运动不能在虚空中发生，至于受迫运动，例如抛射体在虚空中的运动就等价于没有动因的运动，因为虚空不是一个媒介，它本身不能运动，也不能传递运动和维持运动，而且在虚空里，没有更优越的位置和方向。

可见，亚里士多德认为：空间是固定的也是有限的，空间不同于物体，空间可以与它包围的运动物体分离开来，但运动的物体不能脱离空间，也不存在虚空。

4. 运动与静止

亚里士多德对运动的定义是：“潜能的事物(作为潜能者)的实现即是运动。例如，能质变的事物(作为能质变者)的实现就是性质变化；能够增多的事物及其反面——能够减少的事物(这两者没有共通的名称)的实现就是增和减；能产生的事物和能灭亡的事物的实现就是生与灭；能移动的事物之实现就是位移。”

对静止的论述是：“当一个自然能运动的事物在按其自然应该在运动着的时间里不在运动着时，它就是静止着。其次，当一个事物的现在的状况和以前的状况没有改变时，我们也说它是静止着，因此判断事物是否静止着不能仅用一个限点而需要用两个限点。”

综上，古代西方文明对时空的观点基于时间没有起点，也没有终点，时间是无限的。时间的流失是均匀的，时间也不能脱离运动。空间是三维的，并且各个方向性质相同，因此，空间具有相对的性质。但空间是有限的，空间和运动不能分离。

1.4　东西方古代时空观之异同

由于古代人类尚处在文明形成的萌芽时期和经验的积累时期，没有现代意义上的“科学实验”，当时人们普遍认为感觉和观察是最有效认识自然的途径，得出的观点总是与日常观察和生活常识相吻合，所以古代东西方在时空的认识上有些观点是一致的，如：

(1) 时间没有起点，也没有终点，时间是无限的。

(2) 时间的流逝是均匀的，具有各向同性。

(3) 时间不能脱离运动，物质也不能脱离时间。

(4) 空间不能脱离运动，物质也不能脱离空间。

(5) 虽然空间具有相对的性质，但地心是一个绝对不动的宇宙几何点，所以空间具有绝对意义。

虽然古代中国和欧洲(希腊周边)的天文学家面对的是同样的天体，同样的运动规律，但由于生活环境和生活方式的不同，导致思维方式不同而产生文化的差异，造成他们对时空的一些认识也不相同，主要表现在：

(1) 古代中国将人与自然两者看做统一的有机整体，崇尚"天人合一"，这种注重整体的思维方式认识时空的直接结果便是时间和空间的有机统一，两者相互联系，相依相存，密不可分，所以得出两者都是无限的观点。欧洲则将人与自然隔离开来，奉行"二元论"，弘扬个性，注重对局部个体的具体分析，推理严密，比较擅长逻辑思维，因此对时间和空间进行具体分析和讨论时，得出了时间无限和空间有限两个截然不同的观点。

(2) 注重局部，对个体进行逐一具体分析、逻辑推理的欧洲，认为天是多层次多中心的水晶球结构，而注重整体、全局的古代中国则认为天是单层球结构。所以，两者的空间概念也不同。因此，欧洲古代便用几何方法来解释天象，中国古代则用代数方法来模拟天象。

(3) 东方文明认为空间可分为上、下、左、右、前、后方向，其中，前、后、左、右方向是相对的，可以改变，而上和下方向是确定的，如同天尊地卑，水向低处流，此顺序不能变，这也是整体思维的必然结果。西方文明则认为空间有三维，即长、宽、高，可以分为上、下、左、右、前、后方向，它们是人为定义的，具有相对性，都可以改变，因此同一位置可以是右也可以是左，可以是上也可以是下，可以是前也可以是后，所以，从局部来讲，也是完全正确的。

注：更深入的研究表明，欧洲比较注重空间，中国比较注重时间，这里不再赘述。

思 考 题

1. 古代东方的宇宙学说有哪些？
2. 古代东方对时间、空间的认识有些什么特点？
3. 古代东方是如何用音调定长短的？
4. 泰勒斯最伟大的贡献有哪两点？
5. 简述亚里士多德的四元素论。
6. 谈谈亚里士多德的宇宙观与地心说的关系。
7. 托勒密宇宙体系的建立有何意义？
8. 古代东西方文明有哪些不同？

第二章 经典时空观

2.1 欧洲的中世纪

在辉煌的古希腊科学与近代科学之间，欧洲经历了被认为是在科学发展史上最为黑暗的年代，就是所谓的欧洲中世纪，它是指从古典文化的衰落到意大利文艺复兴之间长达一千年左右的漫长的历史阶段。整个中世纪，欧洲的发展都深深地打上了基督教的烙印，在学术上、思想上占统治地位的是基督教神学，其主要关注点不是研究现实的世界和人，而是探索人与上帝的关系；其目的也不是为了呈现世人的快乐和利益，而是如何将人从罪恶中拯救出来，到达绝对快乐的天堂。这应该是中世纪科学无法得到很好发展的根本原因。

据传，公元前 754—前 753 年罗慕路斯(Romulus，约公元前 771—公元前 717)在台伯河畔建立罗马城，并开始了王政时代，从而氏族公社解体，父权制家庭产生，阶级社会形成。公元前 510 年王政时代结束，罗马共和国建立。公元前 6 世纪末，罗马城邦征服了伊达拉里亚人而成为意大利境内最强盛的势力，在公元前 3 世纪初统治了整个意大利半岛。公元前 2 世纪中期，罗马人继续向外扩张，先后战败了迦太基人和马其顿人，公元前 30 年又灭了希腊人统治下的古埃及托勒密王朝，占领了古希腊人活动的全部领土，进入了帝国时代。至此，古罗马形成了地跨欧、亚、非三大洲的奴隶制大帝国。古罗马帝国在其极盛的公元 1、2 世纪期间，其版图北面囊括了欧洲现在的英国、德国、匈牙利、罗马尼亚等地，东翼到达两河流域一带，南面据有了整个北非，西面占据了西班牙和葡萄牙。

公元 1 世纪中叶，基督教兴起，2、3 世纪迅速传播，3 世纪奴隶制的政治经济转入危机时期，封建势力开始萌芽并增长。330 年，罗马帝国皇帝君士坦丁大帝向东迁都拜占庭，并将拜占庭改名为君士坦丁堡。395 年，罗马帝国分裂为东西两部，东罗马以君士坦丁堡(即原拜占庭，现为土耳其境内的伊斯坦布尔)为首都，西罗马则仍以罗马为首都。476 年，自中欧南下的日耳曼人和起义的奴隶们一起摧毁了西罗马帝国。这一事件标志着西罗马奴隶制的终结，也标志着欧洲开始进入中世纪。东罗马帝国也逐渐进入封建社会，直到 1453 年东罗马帝国(即拜占庭帝国)为信仰伊斯兰教的奥斯曼土耳其人占领，东罗马帝国灭亡，从而标志着欧洲即将迎来思想解放运动和科技革命的曙光。

2.1.1　基督教

基督教是由地中海东岸巴勒斯坦地区的犹太人所创立的宗教。犹太民族原本生活在幼发拉底河一带，公元前1200年左右迁移到埃及，后来无法忍受法老的统治，在摩西率领下离开埃及，来到巴勒斯坦南部地区，建立了自己的国家。后来被并入罗马帝国，成为罗马庞大帝国所统治的诸多民族之一。然而就是在这个政治、军事上微不足道的民族却产生了一位对人类历史和文化有着重大影响的人物，他就是大约在公元元年左右诞生的耶稣(Jesus)(公元前4—公元30)。

耶稣所创立的基督教脱胎于犹太人的传统的民族宗教，但是做出了重大的发展。其中关键一点就是宣称自己就是犹太教旧约中所预言的将犹太人拯救出来的基督(救世主)，是上帝的独生子。耶稣批评注重外在律法的法利塞人，强调内心的洁净远远胜过外在戒律的遵守。和犹太教提倡“以牙还牙、以眼还眼”不同，耶稣提倡宽恕敌人。犹太教的耶和华是威严、有绝对控制权的父亲的形象，而耶稣则突出地强调了上帝慈爱、普施恩惠、庇护一切的父亲的新形象。耶稣宣布自己的国在天上，强调“上帝的归上帝，凯撒的归凯撒”，坚持基督教的拯救不是在现实的政治军事层面的斗争，而是灵魂的得救。耶稣所传播的新教义，对传统的犹太教构成了有力的挑战，所以犹太教的保守派将他抓起来送给罗马地方长官彼拉多，彼拉多将耶稣钉死在十字架上。

耶稣死后不久，他的门徒和崇拜者便传言说耶稣复活，并开始传播其教义，作为宗教的基督教开始诞生。后来在门徒保罗(原名扫罗，Saul，3—67)等的极力弘扬之下，基督教开始走出犹太民族的狭小范围，向各民族传教，成为普世宗教。在基督教创立的前200年中，罗马帝国为了捍卫自己宗教的地位，对基督教进行压制和迫害，但效果甚微，基督教迅速传播。另一方面，基督教提倡的忍让精神，服从世俗统治者的教义，也让罗马统治者觉得可以利用，所以君士坦丁正式承认了基督教的合法地位，后来成为罗马帝国的国教。在进入封建社会以后，基督教又进而转变为欧洲封建统治的支柱势力，基督教教会趁封建社会初期各国国王力量微弱之机，大肆发展它的势力。罗马主教自称教皇，到8世纪时罗马教皇实际上取得了世俗政权的最高权力，他凌驾于各国国王之上，不仅有权任免各国主教，甚至还可以废除各国的国王和皇帝。在当时，教会教条同时就是政治信条，圣经词句在各法庭中都有法律效力。在经济上，教会自己还是最有势力的封建领主，拥有天主教世界地产的整整三分之一。他们不仅利用土地直接剥削农奴，还向居民征收税赋，通过各种手段搜刮钱财。

基督教在中世纪对科学发展的一个最重要的阻碍作用就是权威主义和缺乏宽容。基督教在传播过程中，总是处于和各种异教乃至教内各种异端的激烈思想斗争之中。再加上基督教教义的一大特色是高度强调神的唯一性，否定其他一切事物的神圣性，强调惟有信仰耶稣基督才能得到拯救，所以基督教在基本教义上总是表现出极强的战斗性和排他性。尤其是后来中世纪欧洲教会对于世俗政权具有压倒性的统治地位时，思想的垄断和专制就难以避免了，例如宗教法庭残酷地迫害异端，使大批有识之士惨遭杀害。这当然与希腊人所熟悉的自由、理性讨论的气氛完全不同。作为探索性活动的科学，在这样的环境中自然就难以发展了。

2.1.2 经院哲学的产生

在罗马帝国的末期，曾出现一种为教会服务的“教父哲学”，它企图从哲学上来解释基督教教义的“学问”。到中世纪以后，教会又改造并炮制出一种唯理论体系，把一切自然知识都纳入到一个既定的框架体系中，这显然不利于实验科学的发展，这就是在8—13世纪形成的经院哲学。早期的经院哲学由于教会高僧们的反对和提防异端，而不得不保持一种严肃的表面形式。因此早期的经院哲学缺乏大胆思想，它所不敢说出的思想常用暗示来表达，它所讨论的都是些根本上极为重要的事。

后来，随着古希腊科学文化在欧洲的重新出现和广为传播，引起了罗马教会的惊慌，其中影响最大的是亚里士多德的学说，它不久就被罗马教会斥责为异端，1209年法国巴黎大主教管区会议就曾命令禁止亚里士多德学说的传播，但事隔不久，1225年巴黎大学便把亚里士多德的一些著作列为大学生的必读书。面对这种公开的反抗情绪，罗马教会被迫改变手段，为了巩固基督教在人们心目中的地位，他们不再简单地反对，而是采取了歪曲吸收和同化亚里士多德学说的办法，去其合理的内核，取其僵化的外壳，把亚里士多德学说改造融合到经院哲学体系中，从此以后，亚里士多德就成为仅次于上帝最高权威的偶像，谁反对亚里士多德就是反对上帝。这样，原来对科学发展有所贡献的亚里士多德却变成了人们思想的桎梏和精神的枷锁。而完成这一改造工作的是当时有很大影响的意大利神学家、经院哲学家托马斯·阿奎那（Thomas Aquina，1225—1274），他试图建立一种使亚里士多德哲学同天主教神学相协调的混合思想体系，并取得了成功，其代表作有《神学大全》和《箴俗哲学大全》。这些书是为了向无知者阐明基督教知识而写的，是中世纪后期经院哲学的百科全书，一直被教会奉为权威著作。经阿奎那改造后的经院哲学主张理性服从信仰，哲学是“神学的婢女”，其目的在于论证基督教的教条，维护教会和封建主的统治。经院哲学看待一切问题都以《圣经》为出发点和终极真理，完全不讲经验和实践，根本不研究自然界的问题。如阿奎那利用亚里士多德的“四因说”，宣传上帝是一切形式的形式，上帝创造宇宙万物，一切都要服从上帝，他还把亚里士多德和托勒密的地球中心说加以歪曲和利用，说地球是上帝特意安排供人类居住的宇宙中心，并把地心说改造成披着自然科学外衣的神学体系（如天堂、人间、地狱）。

2.1.3 经院哲学的衰落

如果说托马斯·阿奎那代表了经院哲学的主流的话，那么同时代的罗吉尔斯·培根

(Roger Bacon，1214—1292)就代表了中世纪欧洲在精神上更接近近代科学的先驱人物。

培根思想的最大特点是，他明确地提出了只有实验方法才能给科学带来确实可靠的进步，这是科学观念的伟大革命。培根虽然博览群书，知识渊博，但却并不满足于转述权威人士的观点，或者仅仅从权威观点中推出逻辑结论，而是强调只有实验和观察才能证明前人的观点是否正确。他说："聪明人通过实验来认识理智和物的原因，没有实验，什么东西也不能令人满意地得到了解。"他认为产生错误的原因有四种，即对权威的过分崇拜、习惯、偏见以及对于知识的自负等。培根另外一个与近代科学思想比较接近的观点就是把数学的重要性提到了原则的高度。

邓斯·司各特(Duns Scotus，1265—1308)认为托马斯·阿奎那给予理性的地位过高，自由意志是人的基本属性，地位远在理性之上，而要把主要的基督教教义建立在神的独断意志基础上。这样一来，阿奎那所构造的信仰和理性、宗教和哲学之间的完美和谐就被彻底打破了。这对于经院哲学的发展来说，固然是一种威胁，理性和哲学的地位也遭到了贬斥。但是，这样一来，应用理性的哲学和神学的结合慢慢地就开始松动了，理性既然不再能证明上帝的存在，不再能为神学充当"婢女"，理性和哲学自由独立发展的可能性也就开启了，哲学就有可能与实验结合，而产生独立的科学。

威廉的奥卡姆(William of Occam，1288—1348)同样认为神学教义不可以用理性来证明，他主张双重真理，即一方面凭借信仰得到教会的真理，另一方面凭借理性获得哲学的真理，两方面的真理是并行不悖的。他主张"用较少的即可做到的，用较多的反而无益"，"不要增加超过需要的实体"，即被后人称为"奥卡姆剃刀"的原则。他力图用这把剃刀剃掉经院哲学家们的种种繁琐无聊的臆造，这是反对繁琐经院哲学的一种有效方法，也是现代人反对不必要的假设的先声。这一思想对后来自然科学的产生和发展有着积极的影响。减少不必要的假设，使理论表述简要清晰，逐渐成为自然科学的一条准则。

在促使经院哲学向近代思想转变过程中发挥重要作用的还有一位神学家，即库萨的尼古拉主教(Nicholas of Cusa，1412—1464)，他的代表作是《有学识的无知》。他认为在全知全能的上帝面前，人的一切学识实际上只是无知的表现。尼古拉在具体科学上同样也有独特的贡献。例如，他用天平证明植物生长是从空气里吸取了一些有重量的物质。他建议改良历法，尝试将圆化为正方形来计算面积，拥护地球自转的观点，主张宇宙无限等，在许多观点上成为哥白尼和布鲁诺的先驱。他认为运动是相对的，而数是绝对的，为近代数理科学的发展铺平了道路。

2.2　文艺复兴和哥白尼革命

欧洲的文艺复兴运动兴起于14—16世纪，最早开始于意大利的热那亚、威尼斯、米兰和佛罗伦萨等地，佛罗伦萨成为古代艺术重新发现、重新兴起和效法模仿的中心，以后又扩展到欧洲的法国、荷兰、英国等一些国家。文艺复兴运动以封建制度的解体和城市的兴起为基础，是新兴资产阶级为维护和发展其资本主义经济利益，在意识形态领域反宗教、反神学的思想文化运动，是为资产阶级在政治上取代封建统治制造舆论、制造精神武器的运动，也是一次科学思想解放的运动。这一运动因为是以复兴古典学术和艺术为口号的，故称为文艺复兴运动。但它的目的决不是回到古代，而是要从古代文化中吸取那些适合资产阶级要求的思想，造成一种新的世界观，在意识形态上同封建制度的精神支柱——宗教世界观相抗衡。

文艺复兴是从学习和研究希腊古典文化开始的，人们发现在这些古典文化中蕴藏有民主思想、探索精神、理性主义和世俗观念等，这些正是资产阶级所需要的精神食粮，他们从这些文化遗产中归纳、升华和酝酿出人文主义思想，作为文艺复兴运动的灵魂和指导思想。人文主义一词起源于15世纪的“人文学科”，本来是指以希腊文、拉丁文为基础的那些学科，如修辞学、逻辑学和天算学等，以区别于中世纪大学中传统的神学、法学科目。人文科目的设置推翻了中世纪以来神学在学术上的垄断地位。人文学者们利用古代学术知识批判经院哲学，提倡以“人”为核心的世俗世界观，反对以神为核心的宗教哲学和禁欲主义。他们提出的口号是“我是人，人的一切特性我无所不有”。他们强调人类个性的价值，关心个人的幸福，要求把目光从天堂转向尘世，主张用人的观点而不是用神的观点去考察一切，实际上是要求建立适合于资产积极要求的道德观念、文学艺术和经济制度等。所有这些就是“人文主义”的世界观。人文主义对于打破宗教的禁锢，解放思想，发展文学、艺术、科学、教育和哲学等无疑都起了巨大的促进作用。文艺复兴运动创造了资产阶级的“古典”文学和艺术，同时也孕育了近代自然科学。

2.2.1 导致变革的要素

1. 技术的改进和普及

科学技术的改进和普及是导致欧洲发生文艺复兴运动的要素之一。改造水车和风车的动力机械技术取得了显著的进步，并向大型化和复杂化发展，从而提升和增强了动力，以及船舶的尾舵、风帆的改进，指南针的使用，冶金技术的发展等等，极大地促进了全球贸易的发展。在这里要特别强调的就是中国古代的四大发明，指南针、造纸术、印刷术和火药在欧洲中世纪向近代的变革中也被公认为发挥了巨大的作用。马克思曾经写道：“这是预告资产阶级社会到来的三大发明，火药把骑士阶级炸得粉碎，指南针打开了世界市场并建立了殖民地，而印刷术则变成新教的工具，总的来说变成了科学复兴的手段，变成对精神发展创造必要前提的最强大的杠杆。”①

① 马克思. 机器、自然力和科学的应用. 北京：人民出版社，1978：67.

2. 地理大发现

15、16 世纪欧洲人的航海探险及其所导致的地理大发现，对近代科学的诞生产生了深远的影响。关于那些伟大的壮举，人们经常谈论着如下三个重要的事件和相关人物。首先是葡萄牙人瓦斯科·达·伽马(Vasco da Gama，约 1460—1524)率领的船队成功地绕过非洲，由此开拓了通往东方的新航路；其次是克里斯托弗·哥伦布(Christophe Columbus，约 1451—1506)勇敢地横跨大西洋，登上了美洲——这块当时不为人知的新大陆；再就是费迪南德·麦哲伦(Ferdinand Magellan，1480—1521)率领的船队环球航行一周，从而证明了大地是球形的学说。地理大发现在地理上和精神上都极大地拓展了那个时代人们的视野，为人们的思想和生活赢得了更加广阔的空间，而被禁锢着的心灵也由此开始挣脱枷锁，从而将更多的注意力从天堂转向了现实生活。

3. 大瘟疫

14 世纪上半叶的那场席卷欧洲的大瘟疫——黑死病的发生，其波及范围之广，持续时间之长，造成的损害之大，均超过了历史上的任何记载，因而带给人们心灵和思想的震撼也尤其巨大。

黑死病发端于俄罗斯或中亚，据说是里海源头周围地区在飞鼠和其他小啮齿类动物间流传的一种疾病在人体上发病的结果。一艘驶往热那亚的商船将这种病菌带到了西欧，接下来又蔓延到小亚细亚、埃及、北非和英国。据英国历史学家赫伯特·乔治·威尔斯(Herbert George Wells，1866—1946)所说，这次瘟疫最终导致了占欧洲总人口 1/4 到 1/3 的 2500 万人的死亡，英国的牛津大学死了 2/3 的学生。这场大灾难前后持续了 20 年之久，在当时崇尚神灵、传统与权威的年代，面对眼前出现的恐惧与困境，人们开始意识到那些神灵和无所不通的权威几乎发挥不了任何作用，从那些经典作家们的著述中也寻找不到任何解决问题的答案，从而使中世纪的医学乃至整个学术开始了向近代的转变。

2.2.2　文艺复兴

1453 年，土耳其人攻入了东罗马帝国的首都君士坦丁堡，一批希腊学者带着大批古希腊的典籍逃到了意大利的北部，他们使那些洋溢着自由探讨精神的古代思想和语言，在经过了近千年之后，又重新展现在人们面前，并使得搜集、整理、翻译和研究这些典籍成为那个时代的时尚和人们的需求。在争相获得并收藏那些珍贵的古代手稿的同时，人们也感受到了其中所蕴含着的那种自由探索的活力。尤其在中世纪那个封闭、僵化的思想世界里，对于渴望冲破精神禁锢的人们来说，这种活力充满了反抗现实和开创未来的强大动力。

最早吹起文艺复兴运动号角的是佛罗伦萨的佩脱拉克(Petrach，1304—1374)，他所写的 14 行体的抒情诗中，充满了对于现实生活的热爱，表现了人世间的情感之美。另一位文艺复兴的先驱薄伽丘(Boccaccio，1313—1375)，也写了许多作品，其中最著名的是《十日谈》。他歌颂人世生活之美，歌颂纯洁的爱情，反对禁欲主义，勇敢地抨击天主教会的罪恶，挞伐封建贵族的腐败。此外还有达·芬奇、米开朗基罗、拉斐尔、哥白尼、布鲁诺、拉伯雷、莫尔等等。这是一个需要巨人而且也产生了一批巨人的时代。在此我们仅列举几位当时有名的画家的代表作，以领略文艺复兴时代精神和思想上的新气息。

佛罗伦萨画家波堤切利(Botticelli，1445—1510)于1478年完成的名作《维纳斯的诞生》(如图2-1所示)，是一幅预示着新时代到来的伟大作品。画家使维纳斯这位古希腊罗马艺术中的美丽女神重新从贝壳中站起，她那洋溢着青春与活力的形象将美丽重新带给人间，体现了那个时代人们对中世纪禁欲主义的抗争和追求现实幸福的愿望。

图2-1　维纳斯的诞生

列奥纳多·达·芬奇(Leonardo da Vinci，1452—1519)创作于1503年—1506年的杰作是《蒙娜丽莎》(如图2-2所示)，完满而充分地表达了作者的人文主义思想。禁欲主义时代视人的肉体为“灵魂的牢狱”、“罪恶欲念的根源”，而在达·芬奇看来，人是最神圣之物，人体是自然中最美的对象。他以为，不尊重生命的，就不配拥有生命。因此《蒙娜丽莎》这幅作品，以一个年轻女性温雅的微笑，赞颂了生命的可爱和新时代人性的觉醒。

图2-2　蒙娜丽莎

图2-3　西斯廷圣母

拉斐尔(Raffaello Sanzio，1483—1520)的代表作《西斯廷圣母》(如图2-3所示)完成于1512年—1513年，该作品反映了作者的人道主义精神和那个时代人们的审美趣味。圣母玛丽亚有着丰健而优美的体形，而她的简朴的衣着和赤裸的双足又让人感到她的确是一位人间的慈母。尽管宗教在那个时代仍然主导着人们的生活，然而拉斐尔在这里所带给人们的却已是一种更近于人性和人情的基督和圣母。圣母带着她那温柔而又悲悯的目光托起怀中的婴儿，似准备把他献给多难的人间；而逗人喜爱的圣婴眼中似乎也含有一种非同寻常的严肃，仿佛已经决心作出牺牲。

如果说中世纪那些哥特式的建筑曾唤起人们一种缥缈虚幻的情绪和向往天堂的感觉，

那么从上述文艺复兴时期的这些代表性的艺术创作中，我们已明显地感受到了一种关怀人性与注重现实的崭新气息。这种气息体现了那个时代人们心理上的变化，对于科学史上正在揭开的新的一幕说来，这种变化既是明显的前兆，又是必要的前提。

2.2.3　哥白尼的革命

在科学史上，揭开近代科学序幕的“哥白尼革命”，就其思想和方法而言，既拥有着典型的“文艺复兴”时代的性格，又是“文艺复兴”运动所带来的重要成果。

1. 托勒密“地心说”的危机

经过托马斯·阿奎那歪曲修改后的托勒密的地心说，完全变成了封建教会宣传神学的工具，并用以解释上帝的创世说。关于地球的绝对不动和宇宙有限的学说也变成维护教会权威的理论支柱。但是，实践是检验真理的唯一标准。到16世纪初，大量的天文观测表明，托勒密的地心说与实际观测不符，地心说陷于危机之中。

2. 哥白尼创立“日心说”

尼古拉·哥白尼(Nikolaus Copernicus，1473—1543)是一位德国血统的波兰天文学家和数学家。他出生于波兰的商业城市托伦，父亲是波兰人，一位当过市长的商人，母亲是德国人，一位富商的女儿。他10岁丧父，在舅父抚养下长大成人，1491年进入波兰哥拉科夫大学学习，这里是当时欧洲的学术中心之一。哥白尼的老师沃依捷赫·勃鲁泽夫(Albert Brudzewsk，1445—1497)是一位具有进步思想的著名的数学家和天文学家，他使哥白尼获得了良好的启蒙教育。1496年起，哥白尼到文艺复兴的策源地意大利留学。在那里，哥白尼受到了文艺复兴思想和精神的洗礼。哥白尼先到帕多瓦大学攻读法律、医学和神学，接下来又到波伦亚大学，跟从著名的数学家和哲学家诺瓦拉(Maria de Novara，1454—1504)深入探讨了数学和天文学问题。诺瓦拉对当时占支配地位的托勒密地心体系的批判，尤其是他认为这个体系太复杂，不符合数学谐和原理的思想，给哥白尼留下了深刻的印象。同时，他接触到古希腊的日心说，从中受到启发，逐渐形成了日心说的思想。1506年，他回到波兰，在波罗的海边的佛劳恩堡担任牧师职务。从此，哥白尼以主要精力在业余进行天文学研究，一面完善他的日心说，一面进行天文观察，用观察和计算核对和修正自己的学说。1512年以前，哥白尼写了一个日心说的提纲——《试论天体运行的假设》，抄送给他的朋友。他从1516年开始撰写《天体运行论》，大约1525年完成。但是，由于他的新体系主张地动日心说，与教会所支持的托勒密的地心说针锋相对，他担心发表后会受到宗教裁判所的残酷迫害，书写好后，迟迟没有发表。后来几经修改，在朋友们的大力支持下，于1543年5月24日正式出版，而这时哥白尼已双目失明，更因脑溢血病恶化而昏迷不醒，正值弥留之际。

哥白尼在该书序言中明确表示，对于那些对数学一窍不通的无聊的空谈家摘引《圣经》的章句加以曲解来对其著作进行非难和攻击，绝不予以理睬。可惜的是，哥白尼写的这一序言，在出版时竟被出版者自己撰写的序言取代了，直到300年后，哥白尼的原序才得以公之于世。

哥白尼在《天体运行论》一书中，阐述了他的学说的要点：地球不是一个静止不动的天体，它也不在宇宙的中心位置上，地球是一颗普通的行星，既有绕自转轴的自转，又有和其他行星一起绕中心体的旋转。太阳处在宇宙的中心，它照亮整个宇宙，并驾驭着周围的行星。天体的视运动中包含着地球运动的因素，因为我们站在运动着的地球上观测天象，就像我们站在行驶的船上观测岸上的事物一样。

基于上述观点，哥白尼认为太阳东升西落是地球自转的反映，而太阳和行星的周年视运动是地球和其他行星绕太阳作周年运动的结果。他还根据地球和其他行星的相对运动解释了行星的顺行、逆行和停留的现象。他写道，我们把太阳的运动归之于地球运动的效果，把太阳看成静止的，恒星的东升西落并不受影响。然而行星的顺行、逆行和停留则不是行星本身的运动，却只是地球运动的反映。于是，我们认为太阳是宇宙中心。哥白尼根据地球自转运动解释了岁差，并在测定了行星的公转周期后，重新安排了太阳系诸天体的排列顺序。他还指出，太阳系的行星在各自的圆形轨道上围绕太阳旋转，它们的轨道大致处于同一个平面上，且公转方向一致。月亮围绕地球旋转，并和地球一起绕太阳旋转(如图 2－4所示)。

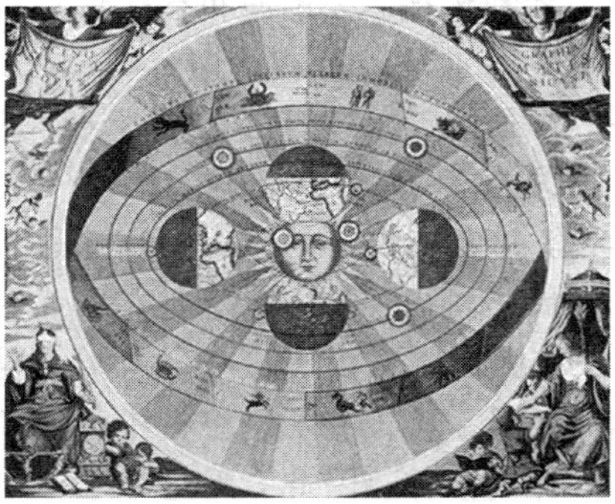

图 2－4 日心说

哥白尼的地动日心说使以前看来极不协调的种种天象变得简单而合理。他把太阳系中各天体的视运动归因于一个统一的原因，即地球的自转和其绕太阳的公转。日心说的发表是近代科学史上一件划时代的大事，它标志着科学革命取得了决定性的胜利，并颠覆了一千多年来占统治地位的宇宙观，为人类描绘了一幅关于太阳系的科学图景，为近代天文学奠定了坚实的基础。哥白尼把行星运动的坐标参照系由地球移到恒星上，从而引起了天文学、物理学和数学上的一场革命。它不但摧毁了经院哲学的托勒密学说，而且极大地影响了人们的思想和信仰。它宣告了神学宇宙观的破产，开创了自然科学从神学奴役下解放出来的第一次科学革命，它以叛逆教会权威的姿态向世人表明：既然传统的天文观不是亘古不变的绝对真理，那就没有什么信条不可怀疑，没有什么学说不可改变，因而宗教神学的绝对权威是不可信的。这一界限一旦被打破，思想解放的潮流就像决堤的洪水势不可挡。

当然，由于受到历史条件和自然科学发展水平的限制，哥白尼的地动日心说也存在难以避免的弱点和不足，主要表现在：第一，科学理论上的不足。它没有回答由于地球的运动而在动力学上产生的一系列问题，仅仅从数学上向人们提供了一个几何学上简单而完美的宇宙模型(实为太阳系模型)。第二，科学方法上的保守性。哥白尼一生中始终坚持古希腊人毕达哥拉斯、亚里士多德和托勒密等人提出的天体运动必然是圆周匀速运动的观点，认为各行星沿圆周轨道绕太阳作匀速圆周运动。在说明行星运动的不均匀性时，又不得不仍然借用托勒密的本轮-均轮方法。

3. 布鲁诺和伽利略在宣传和传播哥白尼学说方面的重大贡献

哥白尼的《天体运行论》以拉丁文发表之初，因只有极少数人能够读懂拉丁文著作，且只有对数学感兴趣的人才对这本书关注，故它的影响很小，也没有引起宗教当局的注意。然而，哥白尼的学说经过布鲁诺和伽利略等人的宣传之后，日心说不仅在知识界成为众所周知的事，就是在意大利的普通人中也广为流传，形成了一股强大的社会潮流。自此，哥白尼学说的声威引起了教会势力的严重不安，他们于是利用宗教法规加害新学说的积极宣传者和传播者，遂使布鲁诺惨遭杀害，伽利略被终身监禁。

乔尔丹诺·布鲁诺(Giordano Bruno，1548—1600)，原是意大利天主教多米尼教派的一个修士，通过自学获得博士学位。1575年，因抨击教会的黑暗和经院哲学的虚伪而被指控为异端，3年后被迫流亡国外。布鲁诺是一个泛神论者，他在国外到处宣传哥白尼的学说，并发表自己的宇宙无限论思想。他在1584年出版的《论无限性、宇宙和世界》一书中，发展了哥白尼的学说。他指出，宇宙是无边无际的，因而宇宙没有中心，太阳只是太阳系的中心而不是宇宙的中心，宇宙中存在着无数个太阳系一样的天体。因此，天主教会对他又恨又怕，并在1592年，通过诱骗手段将他逮捕入狱。经过长达8年之久的审讯拷问之后，布鲁诺仍不屈服，终被教会打成异教徒，于1600年2月17日在罗马鲜花广场被活活烧死，如图2-5所示。布鲁诺为自己的哲学，为坚持自己的信念，为宣传哥白尼学说，为科学的解放事业付出了生命的代价。

图2-5 布鲁诺英勇就义

伽利略·伽利莱(Galileo Galilei，1564—1642)是意大利文艺复兴后期伟大的天文学家、物理学家、力学家和哲学家，也是近代实验物理学的开拓者。他是为维护真理而不屈不挠的战士，恩格斯称他是“不管有何障碍，都能不顾一切而打破旧说，创立新说的巨人之一”。在天文学研究方面，他拥护哥白尼的学说，并对哥白尼学说的传播起了更为突出的作用。1609年，伽利略听说一位荷兰人发明了一种能把远处物体放大的镜子，他立刻根据光的折射原理设计制造出世界上第一架天文望远镜，使放大率增加了30倍。他用自制的天文望远镜进行天文观测，于是一系列天文新发现接踵而来。伽利略发现：月球的表面布满了斑点，这说明月球上有崎岖的山脉和荒凉的山谷；木星有四颗卫星伴随；太阳有黑子；茫茫银河由无数发光的恒星所组成。伽利略用观察到的天文事实直接或间接地证明了哥白尼学说的正确性。1610年，伽利略出版了以天文观测成果为主要内容的《星际使者》，1613年发表了论文《关于太阳黑子的信》，1632年出版了《关于托勒密和哥白尼两大世界体系的对话》(简称《对话》)①。《对话》一书中，伽利略用充分的论据阐述了哥白尼的新学说，深刻批判了教会所支持的托勒密的旧宇宙观，故引来了教会对他的迫害，1615 年和 1633 年两次被罗马教皇的宗教裁判所传讯，并在第二次传讯中，被裁判所判处终身监禁，他的《对话》一书也被教会列为禁书。1642 年，伽利略在囚禁中病死。强权是改变不了真理的，随着时间的推移，历史终于对伽利略做出了公正的判决，1992 年 11 月 31 日，教皇保罗二世为伽利略冤案平反，不再视他为“罪犯”，不再把他的著作《对话》视为异端邪说。

2.3 经典力学(近代科学)诞生的脉络

2.3.1 运动学研究

1. 伽利略及其科学成就

欧洲的思想解放运动，对近代科学的影响首先在伽利略身上就体现得非常明显，他重视实验方法和逻辑推理的数学方法，如用望远镜观察月球的运动来肯定哥白尼的学说，用斜面实验来否定亚里士多德的运动理论，并关注运动怎样发生，从而将距离和时间的概念给予确切的数学表述，找出关于运动的距离和时间的关系的定律。自伽利略之后，空间和时间的概念在物理学中就具有了根本性的重要意义。伽利略倡导的科学方法敲开了近代科学的大门并预示着近代科学的诞生。

1）生平简介

伽利略(图 2-6)1564 年 2 月 15 日出生于意大利西部海岸的比萨城，原籍佛罗伦萨，出身没落的名门贵族家庭。伽利略的父亲是一位不得志的音乐家，精通希腊文和拉丁文，对数学也颇有造诣。因此，伽利略从小受到了良好的家庭教育。

图 2-6 伽利略

伽利略在 12 岁时，进入佛罗伦萨附近的瓦洛姆布洛萨修道院，接受古典教育。17 岁时，他进入比萨大学学医，同时潜心钻研物理学和数学。由于家庭经济困难，伽利略没有拿到毕业证书便离开了比萨大学。在艰苦的环境下，他仍坚持科学研究，攻读了欧几里得和阿基米德的许多著作，做了许多实验，并发表了许多有影响的论文，从而受到了当时学术界的高度重视，被誉为“当代的阿基米德”。

伽利略在 25 岁时受聘为比萨大学的数学教授。他在手稿《论运动》中就批评了亚里士多德的物理学。两年后，伽利略因为著名的比萨斜塔实验，触怒了教会，失去了这份工作。

① (俄)鲍·格·库兹涅佐夫. 伽利略传. 陈太先，马世元，译. 北京：商务印书馆，2001：339.

伽利略离开比萨大学后，于 1592 年在威尼斯的帕多瓦大学任教，一直到 1610 年。这一段时间是伽利略从事科学研究的黄金时期。在这里，他在力学、天文学等各方面都取得了累累硕果。

1610 年，伽利略把他的著作以通俗读物的形式发表出来，取名为《星际使者》，这本书在威尼斯出版，轰动了当时的欧洲，也为伽利略赢得了崇高的荣誉。伽利略被聘为“宫廷哲学家”和“宫廷首席数学家”，从此他又回到了故乡佛罗伦萨。伽利略在佛罗伦萨的宫廷里继续进行科学研究，但是他的天文学发现以及他的天文学著作明显地体现出了哥白尼日心说的观点。因此，伽利略开始受到教会的注意。1615 年，伽利略开始受到罗马宗教裁判所长达二十多年的残酷迫害。

伽利略的晚年生活极其悲惨，照料他的女儿赛丽斯特竟然先于他离开人世。失去爱女的过分悲痛，使伽利略双目失明。即使在这样的条件下，他依然没有放弃自己的科学研究工作。

1642 年 1 月 8 日凌晨 4 时，伟大的伽利略——为科学、为真理奋斗一生的战士、科学巨人离开了人世，享年 78 岁。在离开人世的前夕，他还重复着这样一句话：“追求科学需要特殊的勇气。”

2）科学成就

伽利略是近代科学史上划时代的人物，也是近代第一个系统研究物理学的人。他对近代科学的主要贡献表现在以下三个方面：第一，创立了实验与数学相结合的科学研究方法（观察质疑→提出假设→数学推论→实验检验→修正和推广），这对近代科学的产生和发展有着重大意义。第二，在天文学方面，他的工作对哥白尼学说的确立和发展起了关键性的作用。第三，在经典力学的创立方面，他做了先导性的基础工作。例如，发现了摆的等时性；深入研究了自由落体运动，推翻了亚里士多德的理论；通过著名的斜面实验，得出自由落体定律，其推论已经包含了牛顿第一和第二定律的基本内容；提出了力学相对性原理。

2. 自然运动

古希腊在物理学说方面有两大学派，一派以哲学家亚里士多德为代表，另一派则以自然科学家阿基米德为代表。两人皆是古希腊著名的学者，但由于两人的观点和方法不同，其科学结论也就各异，并形成了鲜明的对立。亚里士多德学派的观点基本是唯心的，他是凭主观思考和纯推理方法得出结论的，所以充斥着谬误。而阿基米德学派的观点基本是唯物的，他完全依靠科学实践方法得出结论，如当时就发现了著名的杠杆平衡原理和浮力定律。

伽利略对亚里士多德的物理学持怀疑态度，而特别重视对阿基米德物理学的研究，重视理论联系实际，注意观察各种自然现象，思考各种问题。早在 1589 年，伽利略在比萨大学任教时，就对亚里士多德的自然运动产生了怀疑：为什么木头在空气中下沉，而在水中上浮？说明一个物体轻或者重，升或者降，取决于它周围的环境和它所在的媒质，如果它比媒质重，它就下降；如果比媒质轻，它就上升。物体上升或下降的力（和速度），可通过同样体积的此物体和所在媒质的重量之差准确地测量。这暗含着每一物体有着由单位体积内包含物质多少所决定的绝对重量。这清楚地阐述了"古代"学说关于所有物体都有重量的观点，严格来说，并没有轻的物体。因此，伽利略强调，轻性不是一种性质(重性也不是)，它是一种结果。因而上升运动不是自然的运动。显然，亚里士多德的理论已经遭受到沉重的打击。但此时的伽利略仍然接受唯一的自然运动是有重量的物体朝下的运动、朝地球中心的运动。他甚至认为落体的下落速度只在开始的很短时间内是增加的，随之加速度就逐渐减小，最终以匀速下落。[①]

3. 自由落体运动

1592 年，伽利略来到威尼斯的帕多瓦大学任教，开始了他科学活动的黄金时期。在这一时期，他研究了大量的物理学问题，如斜面运动、力的合成、抛射体运动等。1604 年，他明确得到了相等的时间间隔内下落的距离呈 1、3、5、7……整数开始的奇数序列的规律。[②]至此彻底否定了亚里士多德有关自然运动的学说。

伽利略对物理规律的论证非常严格。他创立了对物理现象进行实验研究并把实验的方法与数学方法、逻辑论证相结合的科学研究方法。下面来看伽利略的科学研究方法。

(1) 他首先从由思想实验得出的一个佯谬入手，对亚里士多德的落体学说提出了质疑。他提出，如果亚里士多德的学说是正确的，即物体的下落速度与其重量成正比，则重物的下落速度比轻物的快，那么可以设想一个简单的实验：把两个轻重不同的物体连在一起下落，由于两个物体原来各自下落的速度不同而相互牵制，它们只能以某个中间大小的速度下落；但两个物体连在一起时，当然要比原来较重的物体更重一些，下落的速度应当比原来那个重的物体速度更大。显然，这两个推论是矛盾的，因此说明亚里士多德的学说是错误的。

(2) 假设。下落的速度满足怎样的关系呢？起初，伽利略设想下落的速度与下落的距离成正比，但很快就意识到这是错误的假设(这样会得出从不同高度下落的所有物体都同时落地)，修正后，提出了匀加速运动的假设，下落物体速度的增量(Δu)与下落的时间(Δu)成正比，即$\dfrac{\Delta u}{\Delta t}=A$(常量)。

(3) 数学推理。伽利略借助如图 2-7 所示的图解方法求出了从静止开始的匀加速运动的距离与时间的关系。图中 AB 表示时间，横线表示各时刻的速度，面积 ABC 表示所通过的距离。显然，这个面积与矩形 $ABFD$ 的面积相等，BF 为末速度的一半，即平均速度，则

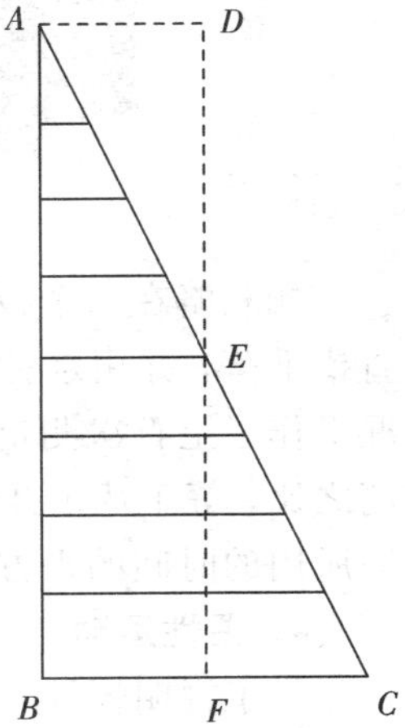

图 2-7 匀加速运动图示

① (法)柯依列. 伽利略研究. 李艳平，张昌芳，李萍萍，译. 南昌：江西教育出版社，2002：46.

② 李艳平，申先甲. 物理学史教程. 北京：科学出版社，2003：97.

平均速度为

$$\overline{U}=\frac{\Delta u}{2}$$

下落的距离为

$$s=\overline{U}\cdot\Delta t=\frac{\Delta u}{2}\cdot\Delta t=\frac{1}{2}A\cdot(\Delta t)^2$$

由此得出，匀加速运动通过的距离与时间的平方成正比，即

$$\frac{s}{t^2}=常量$$

这里不包含任何瞬时值，只要直接测定 s 和 t 即可。

(4) 实验验证。由于竖直方向的自由落体下落的速度很快，所以进行准确测量很不容易。伽利略为了“冲淡重力”、“减缓”下落运动，设计并进行了著名的“斜面实验”，如图 2－8 所示。

图 2－8　伽利略斜面实验

伽利略在一个板条上刻出一条直槽，贴上羊皮纸使之平滑，让一个光滑的黄铜小球沿直槽下落，并用水钟测定下落的时间。他在斜面成不同的倾斜角和铜球滚动不同距离的情况下作了上百次测定，发现“一个从静止开始下落的物体在相等的时间间隔经过的各段距离之比，等于从 1 开始的一系列奇数之比”，从而完全证实了落体“所经过的各种距离总是同所用的时间的平方成比例”。

4. 惯性运动

为了说明惯性，伽利略曾设计了一个无摩擦的理想实验，如图 2－9 所示：在一定点 O 悬挂一单摆，将摆球拉到距竖直位置一定距离的左侧 A 点，释放小球，小球将摆到竖直位置的右侧 B 点，此时 A 点与 B 点处于同一高度。若在 O 点的正下方 E 点、F 点处用钉子改变单摆的运动路线，小球将摆到与 A、B 两点同样高度的点。

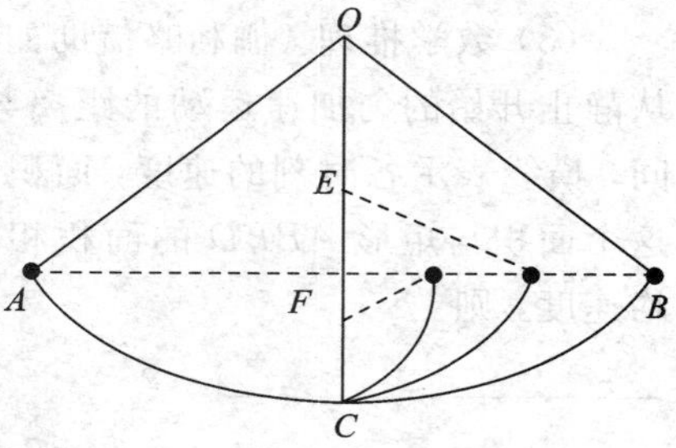

图 2－9　摆的升高实验

伽利略指出，对于斜面会得出同样的结论。他将两个斜面对接起来，让小球沿一个斜面从静止滚下，小球将滚上另一斜面。如果无摩擦，小球将上升到原来的高度。他推论说，如果减小第二个斜面的倾角，小球在这个斜面达到原来的高度就要通过更长的距离。继续使第二个斜面的倾角减小，小球将会滚得越来越远。如果第二个斜面改成水平面 BF，小球就永远达不到原来的高度，而要沿水平面以恒定速度持续运动下去，如图 2－10 所示。

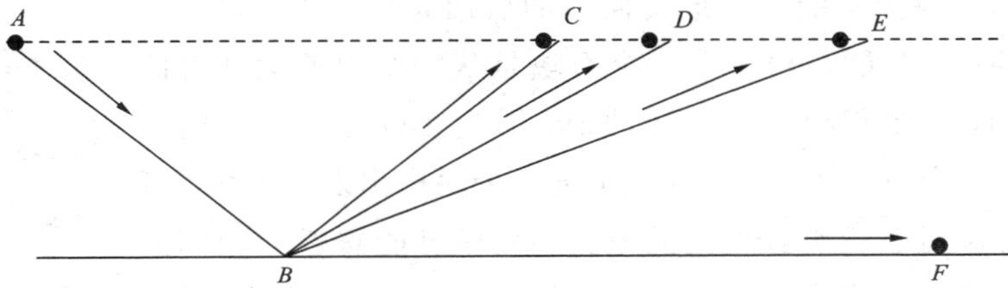

图 2－10　对接斜面的理想实验

“当一个物体在一个水平面上运动，没有碰到任何阻碍时……它的运动就将是匀速的，并将无限地进行下去，假若平面是在空间无限延伸的话。”这就是伽利略关于惯性运动的思想，早在《对话》一书中，他已经表达过这个思想。不过，伽利略还不能想象不受重力作用的物体。正是为了避免重力对运动的影响，他才不得不把物体放在水平面上，这给他的结论带来很大的局限性。伽利略设计的实验虽是想象中的，但却是建立在可靠的事实的基础上的。把研究的事物理想化，就可以更加突出事物的主要特征，化繁为简，易于认识其规律。伽利略的这一自然科学新方法，有力地促进了物理学的发展，他因此被誉为“经典物理学的奠基人”。阿弗烈·诺夫·怀特海（Alfred North Whitehead，1861—1947）认为：“伽利略得益于亚里士多德的地方比我们在他那部《关于两大体系的对话》中所看到的要多一些。他那条理清晰和分析入微的头脑便是从亚里士多德那里学来的。”①

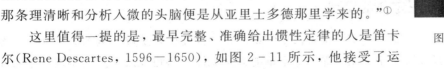

图 2－11　笛卡尔

这里值得一提的是，最早完整、准确给出惯性定律的人是笛卡尔（Rene Descartes，1596－1650），如图 2－11 所示，他接受了运动守恒原理的思想，明确提出：“物体一旦在真空中运动起来，它就将永远运动。”②

5. 相对性原理

在捍卫哥白尼的地动学说，批驳那种认为倘若地球运动就会把地面上的物体抛到地球

① 怀特海．科学与近代世界．何钦，译．北京：商务印书馆，1959：12.

② （法）柯依列．伽利略研究．李艳平，张昌芳，李萍萍，译．南昌：江西教育出版社，2002：93.

后面的谬论时，布鲁诺(图 2-12)就早已指出："我们可以想象有两个人，一个在一艘航行的船上，另一个在这艘船的外面，两个人都把一只手放在空气中的同一点，在这一点，同时地，两人各自分别释放一个石块，而且都不对石块有任何推动。第一个人释放的石块不会有任何落后，也不会偏离垂直的路线，会到达确定的预期地点，而第二个人释放的石块就会不能自制地转向船的后面。这两个石块运动的差异产生的原因，只能是由于第一个石块是从一个由船运载着的人的手中出发的，结果就处于船的运动中，因此有确定的明显的影响效应，而对第二个石块，它从不在船上的人的手中出发，就不具有这一影响；尽管这两个石块有相同的重力，从尽可能靠近的相同的地点出发，受到同样的推动，也是在同样的空气中穿行。从这一差别，我们不能给出任何别的原因，只能认为和船连接或者作为船的附属物的物体是和船处于相同的运动中。"①

图 2-12　布鲁诺

伽利略利用惯性原理指出，从行使着的航船的桅杆顶上落下的石子，仍然会落到桅杆脚下，并不因为船的运动而落到桅杆后面。他凭借谈话人萨尔维阿蒂之口，精彩地描述了在匀速直线运动的船舱里所观察的力学现象。只要船的运动是均匀的，并且不忽左忽右地摆动，人们所观察到的现象将同船静止时的完全一样，人们跳向船尾不会比跳向船头来的远；从挂着的水瓶中滴下的水滴仍然会滴进正下方的罐子里；蝴蝶和苍蝇继续随便地四处飞行，决不会向船尾集中，或者为赶上船的运动而显出疲累的样子；冒出的烟，也像云一样向上升起，而不向任何一边飘动……这些现象表明，在船里所作的任何观察和实验，都不可能判断船究竟是在运动还是停止不动。

这段描述表明，伽利略已经正确地理解了力学中的相对性原理，虽然他还没有做出明确的概括。这个原理的发现，是人类科学认识史上的一个重大飞跃。

2.3.2　行星运动三定律的发现

就在伽利略用天文观测事实证得哥白尼学说的正确性并使该学说声威大震的同时，约翰·开普勒利用丹麦天文学家第谷精确、丰富的天文观测资料也发展了这一学说，并把哥白尼学说从科学上向前推进了一步。

约翰·开普勒(Johannes Kepler，1571—1630)是德国天文学家，一个深受毕达哥拉斯和柏拉图影响的数学家，坚信上帝是按照完美的数学原则来创造世界的，并以数学的和谐性来探索宇宙体系。在 1596 年出版的《宇宙的秘密》一书中，他用古希腊人早已发现的五个

① (法)柯依列. 伽利略研究. 李艳平，张昌芳，李萍萍，译. 南昌：江西教育出版社，2002：141.

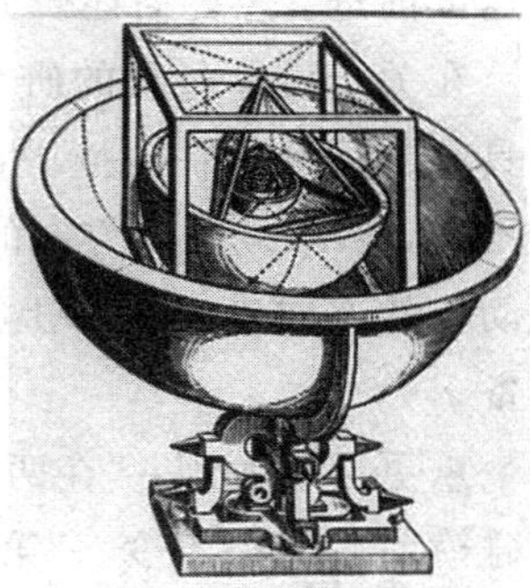

图 2-13　开普勒行星轨道模型

正多面体和当时已知的六颗行星的轨道的套叠，来解释六颗行星及其运行的轨道，如图2-13所示。这个安排虽然表现出了开普勒的想象力和数学才能，却全然是偶然性的和带有数学神秘性的。他为哥白尼体系的和谐、简单所吸引，决心尽全部力量为它辩护，并把完成日心说看做自己的终生愿望。开普勒仔细整理了第谷留下的观测资料，并进行了详细的分析和大量的计算，提出了行星运动三定律：① 行星运行的轨道是椭圆形的，太阳在椭圆的一个焦点上；② 单位时间内行星中心同太阳中心的连线(向径)扫过的面积相等；③ 行星在轨道上运行一周的时间的平方(T^2)和它至太阳的平均距离的立方(R^3)成正比($T^2=K\cdot R^3$)。其中行星运动的第一、二两个定律是 1609 年提出的，十年后他又提出了行星运动的第三定律。

2.3.3　碰撞理论

惠更斯(Christian Huygens，1629—1695)是荷兰数学家、物理学家和天文学家。1655 年获得法学博士学位后即转入科学研究。在物理学方面，他解决了求物理摆的摆动中心问题，测定了重力加速度之值，改进了摆钟，得出了离心力公式，建立了光的波动理论。他先后被英国皇家学会和法国科学院接纳为成员。

惠更斯从 1652 年起，对笛卡尔的碰撞定律的正确性产生了怀疑，随后，对完全弹性碰撞作了详尽的研究和论述，但这些结果并不是只凭实验得到的，还加上了一些原理和假设。实验和推理的结合，是惠更斯全部研究工作的重要特点。

惠更斯的碰撞理论是以下述三个假设作为出发点的：

(1) 运动起来的物体，在未受到阻碍作用时，将以不变的速度沿直线继续运动。

(2) 两个具有相同质量的物体，以相同的速度相向作对心碰撞时，两者都以相同的速度向相反的方向运动。

(3) 物体的运动以及它们的速度，必须是就看做相反于另一些看做静止的物体而言的，而不必考虑这些物体是否还参与了另外的共同运动。

根据这些假设，惠更斯研究了两个质量相同的物体以不同的速度作对心碰撞的情形。他颇具匠心地运用了相对性原理(第三个假设)，即在匀速运动的船上用两个质量相同的球以相同的速度(对船而言)弹开。这个过程从岸上的人观察，则可以得出如下的结论：两个相同的球以不同的速度发生对心碰撞后，将彼此交换速度。惠更斯还指出这种情形的一个特例：一个运动着的球同一个质量相等的静止的球碰撞后，前者立即静止，后者则获得这一速度前进。惠更斯还研究了质量不同、速度不同的球对心碰撞的一般情形。

在关于碰撞过程的研究中，惠更斯还得出了许多重要的力学原理。他写道："两个物体所具有的运动量在碰撞中都可以增多或减少，但是，它们的量值在同一个方向的总和却保持不变，如果减去反方向的运动量的话。"这是动量守恒定律的完善表述，因为它明确指出了动量的方向性。实际上这是把矢量概念引入物理学，为矢量力学的建立作了概念的准备。

惠更斯还发现："在两个物体的碰撞中，它们的质量(m)和速度(v^2)平方乘积的总和，在碰撞前后保持不变。"第一次提出了 mv^2 这个物理量；这个结论是完全弹性碰撞中机械能守恒定律的具体表现。

碰撞现象的研究和动量守恒原理的发现，为建立作用和反作用定律准备了一定的条件，从而完成了伽利略以来为建立力学体系而作的奠基性工作。

2.4　经典力学的建立

到了十七世纪中叶，人类对自然界的研究已经有了大量的丰硕成果，特别是上述的一些主要理论成果，为经典力学的建立作了必要而充分的准备。

1. 牛顿及其科学成就

1）生平简介

图 2-14　牛顿

1642 年的圣诞节前夜，在英格兰林肯郡沃尔斯索浦的一个农民家庭里，艾萨克·牛顿(图 2-14)诞生了。牛顿是一个早产儿，出生时只有 3 磅重。接生婆和他的母亲都担心他能否活下来。牛顿出生前三个月父亲便去世了。在他两岁时，母亲改嫁。从此牛顿便由外祖母抚养。11 岁时，母亲的后夫去世，牛顿才回到了母亲身边。

大约从 5 岁开始，牛顿被送到公立学校读书，12 岁时进入中学。少年时的牛顿并不是神童，他资质平常，成绩一般，但他喜欢读书。后来，迫于生活，母亲让牛顿停学在家务农。但牛顿对务农并不感兴趣，一有机会便埋首书卷。牛顿的好学精神感动了舅父，于是舅父劝服母亲让牛顿复学，牛顿又重新回到了学校。

牛顿 19 岁时进入剑桥大学，成为三一学院的减费生，靠为学院做杂务的收入支付学费。在这里，牛顿开始接触到大量的自然科学著作，并经常参加学院举办的各类讲座，包括地理、物理、天文和数学。

牛顿的第一任教授伊萨克·巴罗是个博学多才的学者。这位学者独具慧眼，看出了牛顿具有深邃的观察力、敏锐的理解力，于是将自己的数学知识，包括计算曲线图形面积的方法，全部传授给牛顿，并把牛顿引向了近代自然科学的研究领域。后来，牛顿在回忆时说道："巴罗博士当时讲授关于运动学的课程，也许正是这些课程促使我去研究这方面的问题。"当时，牛顿在数学上很大程度是依靠自学。他学习了欧几里得的《几何原本》、笛卡儿的《几何学》、沃利斯的《无穷算术》、巴罗的《数学讲义》及韦达等许多数学家的著作。其中，对牛顿具有决定性影响的要数笛卡儿的《几何学》和沃利斯的《无穷算术》，它们将牛顿迅速引导到当时数学的最前沿——解析几何与微积分。1664 年，牛顿被选为巴罗的助手，第二年，剑桥大学评议会通过了授予牛顿学士学位的决定。

正当牛顿准备留校继续深造时，严重的鼠疫席卷了英国，剑桥大学因此而关闭，牛顿离校返乡。家乡安静的环境使得他的思想展翅飞翔，他以整个宇宙作为其藩篱。这短暂的时光成为牛顿科学生涯中的黄金岁月，他的三大成就(微积分、万有引力、光学分析的思想)就是在这时孕育成形的。可以说此时的牛顿已经开始着手描绘他一生大多数科学创造的蓝图。1667 年复活节后不久，牛顿返回剑桥大学，10 月被选为三一学院初级院委，翌年获得硕士学位，同时成为高级院委。1669 年，巴罗为了提携牛顿而辞去了教授之职，26 岁的牛顿晋升为数学教授。巴罗让贤，在科学史上一直被传为佳话。

1687 年，牛顿出版了代表作《自然哲学的数学原理》，这是一部力学的经典著作。随着科学声誉的提高，牛顿的政治地位也得到了提升。1689 年，他被选为国会中的大学代表。作为国会议员，牛顿逐渐开始疏远给他带来巨大成就的科学。他不时表示出对以他为代表的领域的厌恶。同时，他的大量时间花费在了和同时代的著名科学家如胡克、莱布尼兹等进行科学优先权的争论上。

晚年的牛顿在伦敦过着富有的生活，1705 年，他被安妮女王封为贵族。此时的牛顿非常富有，被普遍认为是在世的最伟大科学家。在他担任英国皇家学会会长的二十四年时间里，他以铁拳统治着学会。没有他的同意，任何人都不能被选举。此时的牛顿致力于对神学的研究，他否定哲学的指导作用，虔诚地相信上帝，埋头于写以神学为题材的著作。当他遇到难以解释的天体运动时，竟提出了"神的第一推动力"的谬论。他说"上帝统治万物，我们是他的仆人而敬畏他、崇拜他"。

1727 年 3 月 20 日，伟大的艾萨克·牛顿逝世。

2）科学成就

牛顿是经典力学的集大成者，他综合、归纳、总结和发展了开普勒的天体力学和伽利略的地上力学成就，为经典力学规定了一套基本概念(如力、质量、动量等)，发现了物体运动三定律和万有引力定律，其中的运动三定律是构成经典力学的理论基础，是在大量实验基础上总结出来的，是解决机械运动问题的基本理论依据；而万有引力定律将天地万物之间的相互吸引力归结为同一性质的力，从而使经典力学成为一个完整的理论体系。牛顿的科学工作标志着经典力学已发展成熟，这是人类对自然界认识的第一次大综合。

2. 经典力学的建立

牛顿在前人的基础上，用他的智慧和天才的手笔，成功勾画了自然界运动的规律，提出了力(物体之间的相互作用)是物体运动变化的实质动因，并且用物体运动三定律和万有引力定律概括了机械运动所遵循的规律，最终将上述所有内容总结成一部经典著作，于1687年出版，取名《自然哲学的数学原理》。牛顿在这部书中，从力学的基本概念(质量、动量、惯性、力)和基本定律(运动三定律)出发，运用他所发明的微积分这一锐利的数学工具，建立了经典力学的完整而严密的体系，并且把天体力学和地面上的物体力学统一了起来，实现了物理学史上第一次大的综合，也标志着经典力学的建立和近代科学的诞生。

如果读者在中学或者大学曾经学习过物理学的知识，那么对经典物理学就有一定的了解，经典物理学中有一个不言自明的、大家公认的、讨论问题时刻都离不开的观点，即时间和空间的观点。我们称之为经典时空观，那么，经典时空观包括那些内容？与古代时空观有什么关系？它正确吗？

2.5　经典时空观

2.5.1　时空参考系统

为研究和表述一个物体相对某个参考系运动的详细情况，可以引用坐标系作为时空参考系统，来形象、直观地反映物体的位置变化，同时借助数学公式，用物理参量来精确描述物体的运动规律(这是经典力学的一大创举，将时空与几何学结合了起来，创立者就是笛卡尔)。

如果有一列火车在地面上匀速行驶，那么，地面和火车都可以作为参考系统。假定固定在地面上的参考系为 S，固定在火车上的参考系为 S'，两个观察者(地面和火车)都使用笛卡尔直角坐标系，并使 x、y、z 轴和 x'、y'、z' 轴彼此分别平行，其中 x 和 x' 两个坐标轴的方向平行于火车的行驶速度 $\boldsymbol{u}$ 的方向，如图 2－15所示。考察物体的运动是从两个坐标系的原点重合(O、O'重合)开始，并且两个观察者使用相同的时钟和米尺，在测量时，地面上的观察者用相对 S 系静止的时钟和米尺测量事件 P 发生的时间和地点；火车上的观察者用相对 S' 系静止的时钟和米尺测量事件 P 发生的时间和地点。他们分别得到两组时空坐标值(x, y, z, t)和(x', y', z', t')，由图中可知，这两套时空坐标的关系是

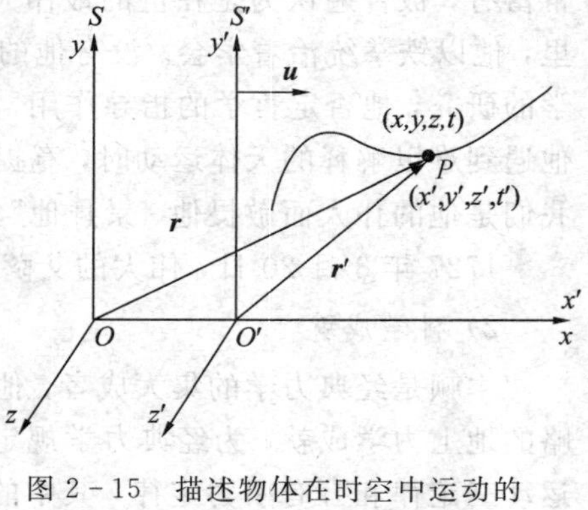

图 2－15　描述物体在时空中运动的笛卡尔直角坐标系

$$x'=x-ut$$
$$y'=y$$
$$z'=z$$

因为取了共同的时间起点，两个时钟的读数相同，即

$$t'=t$$

将上述两组公式组合起来，就构成了伽利略变换式，即

$$\begin{cases}x'=x-ut\\y'=y\\z'=z\\t'=t\end{cases}$$

伽利略变换式简称伽利略变换，由它可以得到逆变换式。把伽利略变换中带撇的量作为已知量，求出不带撇的量，即可得到逆变换。也可以采用更为简单的方法，即将变换式中带撇与不带撇的量互换，并把 u 替换成 $-u$ 即可，结果是

$$\begin{cases}x=x'+ut\\y=y'\\z=z'\\t=t'\end{cases}$$

该式叫做伽利略逆变换式。

以上结果虽然只是通过对某一个具体事件的测量得到的，但它同样适用于其他物理事件。

由伽利略变换进一步可以得到相应的速度变换公式。在两个参考系中分别测得物体运动速度的分量值是 u_x、u_y、u_z 和 u'_x、u'_y、u'_z，它们之间满足如下的关系：

$$v_x=v'_x+u$$
$$v_y=v'_y$$
$$v_z=v'_z$$

写成矢量式，则有

$$\boldsymbol{v}=\boldsymbol{v}'+\boldsymbol{u}$$

上式和我们日常的经验一致，我们称它为伽利略速度合成公式，它所表达的物理含义又叫做伽利略速度合成原理。

2.5.2 力学定律的不变性

伽利略相对性原理告诉我们，一切力学规律在任何惯性系中都是一样的，也就是说，在表述力学规律上，没有一个惯性系比其他惯性系更优越。伽利略虽然总结出了这一正确原理，但美中不足的是没有给出其数学表达形式，这显然和当时的学术水平有着直接的关系。后来经过牛顿系统化的总结，才将这一普遍原理的数学形式揭露了出来。经典力学认

为，质量、空间间隔、时间间隔都是绝对的，即它们的测量结果与参考系没有关系，或者说与观察者的运动状态无关。经典力学还认为，尽管速度的测量是相对的，加速度的测量却是绝对的，因此牛顿运动定律不受观察者运动情况的限制，这正是伽利略相对性原理——力学定律在所有的惯性系中都有相同的形式。

1. 时间间隔

按伽利略变换，任意两个物理事件 P_1 和 P_2 的时间变换式是

$$t'_1 = t_1,\ t'_2 = t_2$$

所以两个系中所测出的时间间隔相等，即

$$t'_2 - t'_1 = t_2 - t_1$$

无论两个事件 P_1 和 P_2 是否发生在空间同一个位置，它们的时间间隔由哪一个观察者测量都是一样的，因为时间间隔和观察者的速度 u 无关。因此，时间间隔是绝对的。

2. 空间间隔

同样，也可以由伽利略变换得到空间间隔也是绝对的结论。如图 2-15 所示，测量运动火车的长度，在火车上 S' 参考系中的观察者测量车身的长度是一件很简单的事，对他来讲，火车静止不动，他只要找到车头和车尾的坐标 x'_2 和 x'_1，就可知道火车的长度 $x'_2 - x'_1$。对站在地面上的观察者来讲，也可以做类似的测量，但是，因为火车相对他运动着，测量车头与车尾坐标 x_2 和 x_1 时，必须同时进行，根据伽利略变换，这两组坐标值间的关系是

$$x'_2 - x'_1 = (x_2 - x_1) - u(t_2 - t_1)$$

因为 x_2 和 x_1 是同时测量的，$t_2 = t_1$，所以有

$$x'_2 - x'_1 = x_2 - x_1$$

速度 u 同样不在空间间隔中出现，因此，空间间隔也是绝对的。

3. 相对性原理的数学表述

已知伽利略变换式：

$$\begin{cases} x' = x - ut \\ y' = y \\ z' = z \\ t' = t \end{cases}$$

如果将此式对时间求导，可得

$$\begin{cases} v'_x = v_x + u \\ v'_y = v_y \\ v'_z = v_z \end{cases}$$

即

$$\boldsymbol{v} = \boldsymbol{v}' + \boldsymbol{u}$$

这是我们熟知的速度叠加关系。

因为 $\boldsymbol{u}$ 是常矢量，上式再对时间求导，就得到

$$\boldsymbol{a}=\boldsymbol{a}'$$

这就是相对性原理的数学形式。$\boldsymbol{a}$ 和 $\boldsymbol{a}'$ 分别是在 S 系和 S' 系中测得的物体运动的加速度，就是说加速度是绝对的，这种绝对运动是可知的，所以说，必然存在描述其绝对运动的空间，这个空间就是绝对的。

因为质量是绝对的，所以有

$$m\boldsymbol{a}=m\boldsymbol{a}'$$

当牛顿第二定律在 S 系中适用时，即

$$\boldsymbol{F}=m\boldsymbol{a}$$

自然也适用于 S' 系，即

$$\boldsymbol{F}=m\boldsymbol{a}'$$

此结果就说明，当物体相互作用时，无论在什么惯性系中观察，其间的相互作用力都是相同的。只要在某一个惯性系中，牛顿第二定律成立，在任何其他惯性系中它也都必然成立。同样，当一个物体相对某个惯性系，所受到的外力是零，因而保持匀速直线运动时，从任何其他惯性系观察，都会得到同样的结论。因此也常说，伽利略变换就是伽利略相对性原理的数学表述，也是牛顿绝对时空观的数学表述。

2.5.3　经典时空观(绝对时空观)

经典力学认为，时间和空间是绝对的，是脱离物质而独立存在的，也是无限的。时间在均匀地流逝；空间是均匀的，各向同性的，是一个没有边界的大容器，宇宙间的所有物体通过万有引力分散地悬放在这个大容器内。1687 年，牛顿在《自然哲学和数学原理》一书中写道："绝对的、真正的和数学的时间自身在流逝着，而且由于其本性而在均匀地、与任何其他外界事物无关地流逝着；""绝对的空间，就其本性而言，是与外界任何事物无关而永远是相同的和不动的；""处所是物体所占空间的部分，因而像空间一样，它也有绝对和相对之分；""绝对运动是一个物体从某一绝对的处所向另一绝对的处所的移动；""真正的、绝对的静止，是指这一物体继续保持在不动的空间中的同一个部分而不动。"

可以看出，牛顿所定义的时间和空间是一种与物质和运动没有关系的存在，而且是相互独立的各自存在。它们本身是没有变化的，如果有变化也是静态的，我们可以借助它们来衡量或描述运动和变化。所以，时间和空间是一种绝对存在，一种永恒的存在。

该书中也总结了力学运动的三个基本规律，并推论：在一个给定的空间，不论其是否静止或沿一直线等速运动，只要相对于绝对空间不做任何转动，那么其中的各个物体的运动都遵守相同的力学运动规律，这就是力学(伽利略)相对性原理。相对于绝对空间静止或作匀速直线运动的给定空间，常称为惯性参考系或称惯性系。两个相对作匀速直线运动的惯性系之间的时空坐标变换公式为

$$\begin{cases} x' = x - ut \\ y' = y \\ z' = z \\ t' = t \end{cases}$$

伽利略变换有两个重要的特征。其一，时间和空间的变换是分离的。这说明时间和空间不能相互影响，不能相互制约。其二，时空变换与物体及其运动不相联系。这表明时空不依赖于物体，不是物体自身的属性。时间与空间独立于物体之外，仅仅是描述物体运动时必须使用的工具。

由此可见，时间与空间是分立的，互不联系，时间是绝对的，空间也是绝对的；相对于绝对空间的绝对运动是存在的，但运动的描述可以是相对的，空间也具有相对的性质。

绝对时空观相比亚里士多德的时空观，否定了亚里士多德空间有限的观点，提出了空间无限的观点，这是一大进步。但绝对时间和空间的提出，否定了时空和物质、运动之间的联系，不能不说是一种倒退。

牛顿力学的巨大成功推动了近代科学的发展，同时也加强了绝对时空观在学术界的统治地位。在这种观念的影响下，形而上学和机械论盛极一时，辩证的观点和方法则受到轻视和冷落。一直到 19 世纪末，有些著名的物理实验(如迈克尔逊—莫雷实验)否定了“以太”存在的可能性，并表明绝对静止的参考系是根本不可能存在的，这就使牛顿的绝对时空观念陷入严重的困境。

牛顿力学的特点就是承认空间和时间是和物质一样具有独立性的实际存在，这是因为在牛顿运动定律中出现了加速度的概念，但是按照这一理论，加速度可能指“相对于空间的加速度”。因此，为了使牛顿运动定律中出现的加速度能够作为一个具有意义的量，就必须把空间看成静止的，是“非加速”的。对于时间而言，情况完全相同，时间当然也同样与加速度的概念有关。

牛顿的哲学思想基本属于自发的唯物主义思想。他承认时间、空间的客观存在，但却把它们看成与运动着的物质相脱离的。他所提出的形而上学的绝对时空观，虽然在解决宏观低速下运动物体的运动规律时能很好适用，但在离开宏观低速的条件时，便无能为力了。

思　考　题

1. 伽利略斜面实验创立的科学研究方法有几个环节？
2. 如何理解惯性运动？
3. 力学相对性原理的实质就是说运动是相对的，对吗？
4. 牛顿时空观也叫绝对时空观，这个观点是指时间和空间不会变化吗？
5. 太阳系包括哪些成员？
6. 绝对空间的坐标系是如何选取的？

第三章 相对时空观

3.1 经典力学遇到的困难

3.1.1 万有引力理论的困难

牛顿发现万有引力定律是他在自然科学中所取得的最辉煌的成就。那是在假期里，牛顿在母亲家的花园里散步，坐在长凳上，看见一个苹果从树上掉了下来，引起他的沉思：究竟是什么原因使一切物体都受到差不多总是朝向地心的吸引呢？他认为太阳吸引行星，行星吸引行星，以及地球吸引地面上一切物体的力都具有相同的性质。

之后，牛顿在开普勒行星运动规律和伽利略落体实验的基础上，经过长期的研究，首先运用微积分攻克了星体与质点的等价问题，然后借助惠更斯向心加速度公式，证明了由面积速度定律可以得出物体受中心力的作用，由轨道定律可以得出这个中心力是吸引力，由周期定律可以得出这个吸引力与半径的平方成反比。最后，牛顿总结出了万有引力定律：

$$F=G\frac{m_1\cdot m_2}{r^2}$$

其中，m_1和m_2是两物体的质量，r为两物体之间的距离。

牛顿的万有引力假设，不但成功地解释了行星的运动规律，而且进一步得到了观测和实验的证明。利用万有引力定律，人们成功地预言了海王星的存在。从此，大大提高了万有引力定律的威信。直到现在，万有引力定律仍然是天体力学的基础理论，在对人造卫星及宇宙飞船轨道设计时，它仍然相当可靠，人们一致公认，在物理学范围内，它是少有的几个较为精确的自然定律之一。

1. 瞬时和超距作用

那么，这种引力作用是怎么发生的？一个自由下落的物体，总是落向地球，为什么地球把它拉向自己而不用接触到它呢？太阳系内的各行星与太阳的距离相差甚远，最近的水星是5.8×10^7 km，最远的海王星是4.504×10^9 km，为什么太阳也可以用同样的神秘方式拉住它们，使它们环绕自己旋转而不能逃逸出去呢？它们相隔如此遥远，却又能相互作用着如此巨大的力，这实在使人感到很神秘，就连牛顿本人也解释不清楚这种相互作用是如何进行的。他解决这个问题的方法，就是假设万有引力是瞬时、超距力，这个假定给本来就使人感到难以理解的万有引力又蒙上了一层更为神秘的面纱。

试想，如果不是假定的瞬时、超距力，那么传递力就需要时间，即使以光速传播，地球与太阳之间的作用力传递时间最少也要 8 分多钟，这样，受力时间就落后于施力时间，这种推迟效应将直接导致与牛顿第三定律的矛盾。

2. 无限宇宙

万有引力还有一个不好克服的困难，就是它涉及宇宙的图像问题。起初，人们普遍认为，所谓宇宙就是一些像漂浮在大海中的岛屿那样的物质群，岛屿就是众多的星体，大海就是星体周围的空间，而且是无限的。“如果宇宙有边界，那么边界外面又是什么？”所以当时人们普遍认为这种无限宇宙的图像是合理的。然而，谁也没有料到，牛顿万有引力定律却和这种宇宙图像发生了冲突。如果这种物质岛屿能伸展到无限远而无边界，势必产生使引力作用变得无穷大的困难。若想排除这个困难，只有再假定随着半径的加大，星球的分布也会越来越稀少，这就会使孤岛式的宇宙图像再度出现。如果宇宙是一个孤岛，随着各个星体能量的辐射，宇宙孤岛会向外不断辐射能量，那么，会不会有朝一日，由于所有的能量辐射殆尽而使宇宙空无所有呢？

3.1.2 经典时空观的不合理性

1. 绝对时间

夜晚，当你仰望天上的繁星时，你所看到的是一幅令人神往的灿烂星空图景。但是，很可惜，你不能看到它们“当时”的样子。因为，光线传播速度是有限的，就是说物体发光到你看见光需要一定的时间，你所看到的，可能是几年、几十年甚至几百年、几千年以前的样子。也许，正在你观看的时候，天空中有一颗“新星”爆发，但“当时”，你并不能看到，见到这颗新星爆发图景的，没准是你未来的儿孙们，甚至可能连他们也无幸看到，要待他们的儿孙们才能看到。也许你看到有两颗明亮的星像孪生姐妹一样并排站在一起，但事实上，有可能一颗比另一颗明亮得多，也大得多，只是它离你更远，你才觉得它们一样大小、一样明亮。地球上的“现在”，并非是各个星球的“现在”，各个星球的“现在”，彼此也不相同。“现在”这个概念只有在地球这样的小范围内才有近似意义，在宇宙大范围，它没有任何意义。

就算我们不以“看见”为标准，能不能以其他方式判断是否同一时刻呢？比如地球和某一个星球如天狼星之间有没有绝对的同一时刻呢？事实证明，绝对的同时是不存在的（相对论理论）。如果地球上的人认为地球上某事件和天狼星上某事件同一时刻发生，那么，在天狼星上的或其他任一个相对地球运动的观察者是决不会同意的；反过来，任何一个相对地球运动的观察者认为两个星球上同时发生的事，在地球上的观察者看来也是决不会同意的。如此看来，宇宙中不可能有普适的“现在”，整个宇宙决不存在公认一致的绝对图像。

2. 绝对空间

当我们测量彼此有相对运动的两个物体之间的距离时，因为距离随时间变化，我们只能在给定时刻，说明它们的距离。比如，测量地球和太阳之间的距离，办法是在给定的时刻，同时测出两个星体的坐标，利用它们的位置坐标之差，就可以得出它们之间的距离。这个道理很好理解，在地球上，这种方法也是司空见惯的。但现在却有一个问题是我们无法给定同一个时刻，因为绝对的同时不存在，也就无法知道两者之间的准确(绝对)距离。

所以说，由于没有绝对的同时，绝对时间和绝对空间观念就成了问题。我们首先要问，所谓的同时测量两个星体的坐标是针对哪个参考系来说的呢？若是针对地球参考系的同时，相对地球高速运动的火箭参考系就不同时，相对太阳参考系也不同时。不存在绝对的同时，距离也就不绝对存在，又怎么会有绝对空间呢？当然，不存在绝对的同时，也就不存在绝对的时间。既然绝对空间和绝对时间全不存在，建立在绝对时间和绝对空间基础上的经典时空观也就失去了意义。由此，建立在绝对时空观基础上的经典力学也就失去了普遍的意义。

牛顿对绝对位置或被称为绝对空间的不存在感到非常忧虑，因为这和他的绝对上帝的观念不一致。事实上，即使绝对空间的不存在被隐含在他的定律中，他也拒绝接受。他思考了这样一个实验，即水桶中水的旋转。

(1) 开始时，桶旋转得很快，但水几乎静止不动。在黏滞力经过足够的时间使它旋转起来之前，水面是平的，完全与水桶转动之前一样。

(2) 水和桶一起旋转，水面变成凹状的抛物面。

(3) 桶突然停止旋转，水面仍然保持凹状的抛物面。

牛顿就此分析，在第(1)、(3)阶段里，水和桶都有相对运动，前者是水平的，而后者水面凹下；在第(2)、(3)阶段里，无论水和桶有无相对运动，水面都是凹下的。牛顿由此得出结论：桶和水的相对运动不是水面凹下的原因，这个现象的根本原因是水在空间里绝对运动(即相对于牛顿的绝对空间的运动)的加速度。

绝对空间在哪里？牛顿曾经设想，在恒星所在的遥远地方，或许在它们之外更遥远的地方。他提出假设，宇宙的中心是不动的，这就是他所想象的绝对空间。从现今的观点来看，牛顿的绝对空间观是不对的。不过，牛顿当时已清楚地意识到，要给惯性原理以一个确切的意义，就必须把空间作为独立于物体惯性行为之外的原因引进来。爱因斯坦说："对此，牛顿自己和他同时的最有批判眼光的人都感到不安；但是人们要想给力学以清晰的意义，在当时却没有别的办法。"爱因斯坦还认为，牛顿引入绝对空间，对于建立他的力学体系是必要的。

亚里士多德和牛顿都相信绝对时间。也就是说，他们相信人们可以毫不含糊地测量两个事件之间的时间间隔，只要用好的时钟，不管谁去测量，这个时间都是一样的。时间相对于空间是完全分开并独立的。这就是大部分人当作常识的观点。

牛顿的经典时空观是人们在地球范围内生活过程中凭经验在知觉基础上建立起来的，并不是普遍真理。比起宇宙，人类在地球上的活动范围如此之小，寿命又如此之短，不可能由人类的直觉反映宇宙的本来面目。和光速相比，周围宏观物体的速度又小得多，例如超声速飞机只有光速的百万分之一。如果我们可以变得像电子那样，就有可能感知到高速粒子的世界图像；如果我们有星系那样大或者有能和宇宙相比拟的寿命，就有可能感知到大范围空间和长范围时间的演变，而就不可能形成现有的经典时空观了。

3.1.3　两朵乌云

经典力学即使有以上的困惑，但无论怎样，由于物理学的巨大成就，当时有不少人认为它对物质世界的规律已经研究到了尽头。十九世纪著名的英国物理学家卡尔文的话很有代表性，他在展望二十世纪的物理学时说："在已经基本建成的科学大厦中，后辈的物理学家只要做一些零星的修修补补就行了。"但是，就在他这么乐观的同时，也不得不承认"在物理学的晴朗天空远处，还有两朵小小的令人不安的乌云"。他所说的这两朵乌云是什么呢？一个就是使许多学者们感到困惑的迈克尔逊-莫雷实验，它是相对论理论诞生的催生婆；另一个就是当时物理学无法解释的热辐射实验，它导致了量子力学的兴起。的确，这两片小小的乌云引起了当时物理学界的不安，其结果是掀起了一场风暴，这场风暴动摇了稳固的经典物理的大厦。

3.2　狭义相对论诞生的脉络

3.2.1　光速研究

1. 罗麦的观测

光以有限但非常高的速度传播的这一事实，由丹麦的天文学家欧尔·克里斯琴森·罗麦(Roemer)于1676年第一次发现(伽利略也认为光速有限)。他观察到，木星的月亮不是以等时间间隔从木星背后出来。当地球和木星都绕着太阳公转时，它们之间的距离在变化着。罗麦注意到地球离木星越远则木星的月食出现得越晚。他的论点是，当我们离开更远时，光从木星月亮那儿要花更长的时间才能到达我们这儿。然而，他测量到的木星到地球的距离变化不是非常准确，所以他的光速的数值为 2.25×10^5 km/s。

2. 布莱德雷的测量

1725年英国天文学家布莱德雷(Jams Bradley)通过观察三角视差法来测量恒星的距离，发现了恒星的光行差：从地球上观测一颗遥远的恒星，在一年中，望远镜的轴线描画出一个圆锥，如图3-1所示。进一步的研究可知，在一年的四季中，地球公转的速度方向不断变化，导致恒星表观位置的系统变化，如图3-2所示，其中2、4位置地球的速度矢量同从太阳到恒星的连线交成直角，这两个位置光行差有最大值；1、3 位置地球的速度矢量同从太阳到恒星的连线构成角度 θ。由图 3-3 可得

$$\frac{c}{\sin\theta}=\frac{v}{\sin\delta}$$

$$\sin\delta=\frac{v}{c}\sin\theta$$

其中，$v=30\ \mathrm{km/s}$。

从对几个恒星的光行差的观察，求出的光速为

$$c=3.04\times10^{5}\ \mathrm{km/s}$$

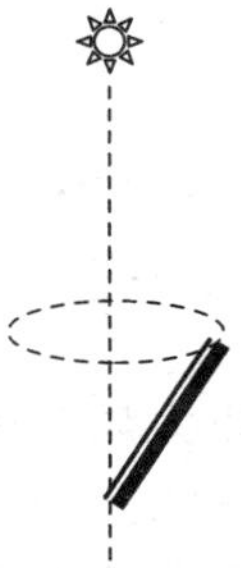

图 3-1 望远镜的周年变化

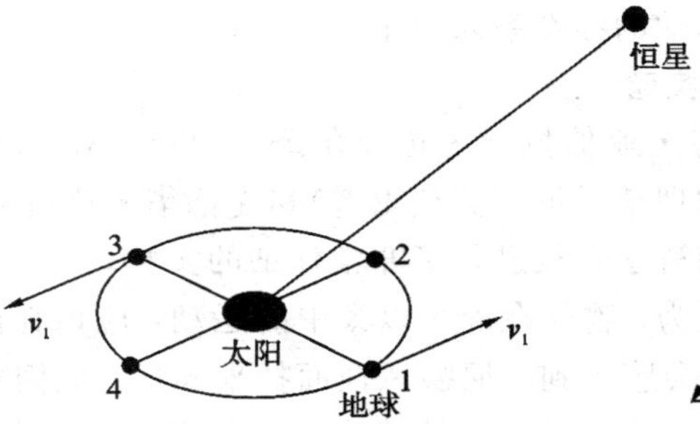

图 3-2 恒星光行差

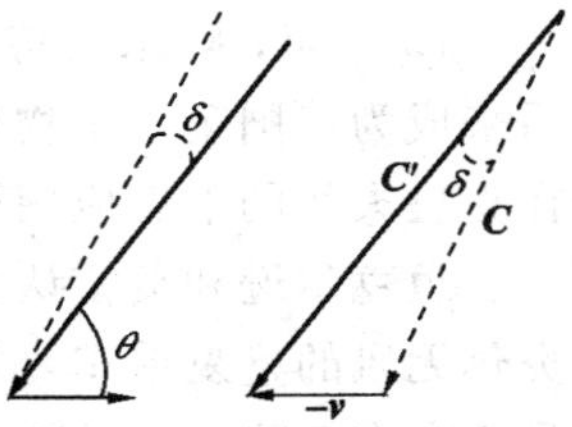

图 3-3 光速的计算

3. 麦克斯韦的计算

麦克斯韦于 1864 年用电磁场理论求出电磁波速度($v=1/\sqrt{\mu\varepsilon}$)，算出在真空中的速度为 3×10^{5} km/s，与已知的光速一致，因此认定光是一种电磁波。麦克斯韦理论预言，无线电波或光波应以某一固定的速度运动。

在上述有关光速测定的研究中，我们必须注意一个重要的问题，即牛顿理论已经摆脱了绝对静止实物的观念，所以如果假定光是以固定的速度传播的，人们必须说清楚这固定的速度是相对于何物来测量的。这样人们就提出，甚至在“真空”中也存在着一种无所不在的物体，这时古老的“以太”一词被用来表述这一神秘物体。正如声波在空气中传播一样，光波应该通过“以太”传播，所以光速应是相对于“以太”而言的。也就是说“以太”充满着整个空间，相对于“以太”运动的不同观察者，应看到光以不同的速度冲他们而来，但是光对“以太”的速度是不变的。

3.2.2 迈克尔逊-莫雷实验及其结论

1. 以太

以太，最早是古希腊哲学家亚里士多德所设想的一种物质，为五元素之一。后来，笛卡尔提出，物体之间的所有作用力都必须通过某种中间媒介物来传递，不存在任何超距作

用。因此，空间不可能是空无所有的，它被以太这种媒介物所充满。以太虽然不能为人的感官所感觉，但却能传递力的作用，如磁力等。

19 世纪初，由于光的干涉和衍射现象的证实，光的波动理论的胜利，物理学家认为，把物体之间的相互作用，强加给空虚空间是荒谬的。他们设想空间不是空虚的，而是充满着能够传播光的媒介物——以太，将以太作为光波的荷载物同光的波动学说相联系。由于光可以在真空中传播，因此惠更斯提出，荷载光波的媒介物(以太)应该充满包括真空在内的全部空间，并能渗透到通常的物质之中。

于是，寻找以太就成了一项非常重要的工作，如果存在以太，那么光传播的理论就没有任何问题；同时经典力学理论(绝对时空)的困惑也就迎刃而解了，这是因为，我们可以将以太作为一个绝对不动的参考系来讨论。

2. 迈克尔逊-莫雷实验

1887 年，阿尔伯特 · 亚伯拉罕 · 迈克尔逊(Albert Abrahan Michelson，1852—1931，后来成为美国第一个物理学诺贝尔奖获得者)和爱德华 · 莫雷(E. W. Morley，1838—1923)在克里夫兰的卡思应用科学学校进行了非常仔细的实验。

迈克尔逊和莫雷认为，物体在静止以太中的运动，应该伴随有“以太风”，就像人们在炎热无风的盛夏乘车，会感受到一股疾风迎面扑来一样。他们希望通过实验了解“以太风”是否存在，目的是测量地球在以太中的速度。光在静止以太中的传播速度是每秒 30 万千米，而“以太风”的速度却只有每秒 30 千米，光在“以太风”中传播类似于人在河中游泳，河水的运动速度不容易观察。所以，以太风对光线的影响非常小，若要察觉这个影响，必须使仪器的精确度和灵敏度非常高。迈克尔逊和莫雷设计的仪器可以测量光在每秒钟只有 1 米的速度变化，这种仪器称为迈克尔逊干涉仪，是利用光的干涉原理设计制作的，如图 3 - 4所示。假如存在以太，则当地球穿过以太绕太阳公转时，在地球运动的方向($S\to M\to M_1\to M$)测量的光速和垂直运动方向($S\to M\to M_2\to M$)测量的光速应该不同。实际上就是光线 L_1 和 L_2 两条路径的速度不同(或者说所用的时间不同)，所以，两束光最后相遇时光程差不同，会产生干涉条纹。

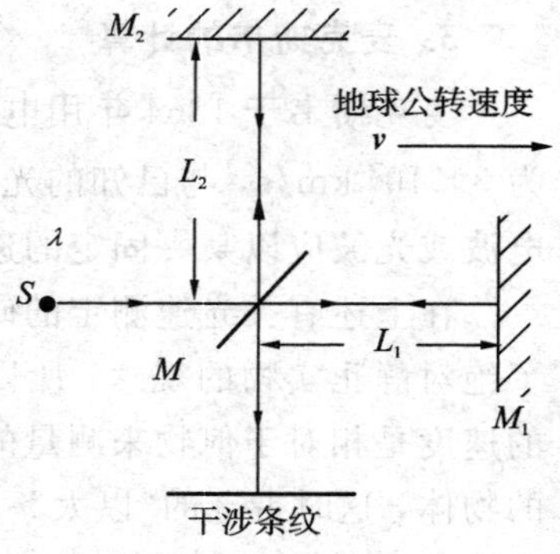

图 3 - 4 迈克尔逊干涉仪

由理论计算可知(具体推导见后续章节)，通过 L_1 和 L_2 不同路径的两条光线，它们的光程差为

$$\delta=c(t_1-t_2)=2d\left[\frac{1}{1-\left(\frac{v}{c}\right)^2}-\frac{1}{\sqrt{1-\left(\frac{v}{c}\right)^2}}\right]\approx d\left(\frac{v}{c}\right)^2$$

在实验中把干涉仪转动 90°，光程差可以增加一倍。移动的条纹数为

$$\Delta N=\frac{2\delta}{\lambda}=\frac{2d}{\lambda}\left(\frac{v}{c}\right)^2$$

若实验中用钠光源，则波长为 $\lambda=5.9\times10^{-7}$ m，地球的轨道运动速率为 $v\approx10^{-4}c=3\times10^4$ m/s，干涉仪光臂长度为 11 m，应该移动的条纹数为

$$\Delta N=\frac{2\times11\times(10^{-4})^2}{\lambda}=0.4$$

由于干涉仪的灵敏度，可观察到的条纹数为 0.01 条。所以，如果条纹移动 0.4 的话，我们能很容易地测量到条纹的移动和变化。

但实验结果是几乎没有条纹移动，说明光的传播速度不受“以太风”的影响，或者地球拖曳着以太一起运动。但前面提到布莱德雷已经发现了光行差，如果以太存在，则可以肯定地球不可能拖曳着以太一起运动，实验结果产生了矛盾。

另外，还有一个实验事实就是有关双星的观测结果。在天文观测中，我们发现，双星中的每一颗星都在绕着它们的公共质心高速旋转，它们不但是一对可以在观测中相互对比的理想光源，而且因为有的双星光辐射的强度极高，具有极强的穿透力，能使观测达到很高的精度。

为简单起见，考虑一对简化的双星，如图 3－5 所示。当双星中的两颗星绕其公共质心转动时，在位置 1，光相对地球的传播速度为 $c-v$；而在位置 2，光相对地球的传播速度为 $c+v$。经过简单计算可知，每颗星从位置 1 运动到位置 2 所用的时间不等于从位置 2 运动到位置 1 所用的时间，就是说，每颗星的半周期都是一大一小，这样，地球上的观察者会看到一种极为复杂的图景。但对双星轨道的观察没有发现这种歧变，事实是双星的两个半周期是完全对称的。因此，在 1、2 两点所发出的光相对于地球上观察者的速度必须是相同的，也就是说光速与光源的运动无关，从而，牛顿力学的理论并不适合光的运动规律。于是在一段时间里，光、以太和运动物体之间的相互关系问题，成了物理学家们的一个伤透脑筋的重要课题。

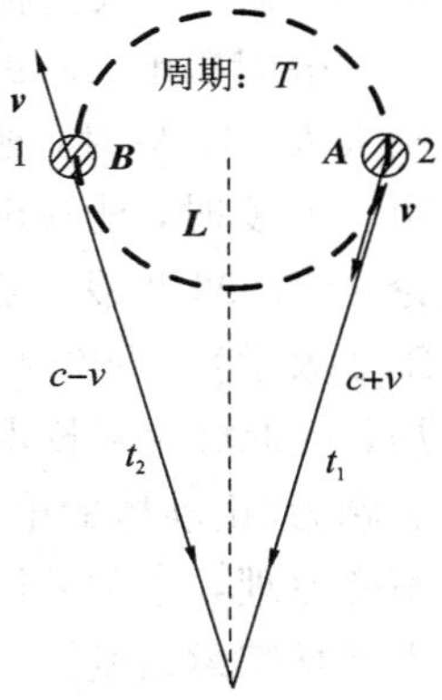

图 3－5 双星歧变观测

3. 洛伦兹等人的收缩假说

在 1887 年到 1905 年之间，人们曾经多次企图去解释麦克尔逊-莫雷实验。1889 年，爱尔兰的物理学家菲兹杰惹，在《以太和地球的大气层》一文中指出：“如果物质是由带电粒子所组成的，那么一根相对于以太静止的量杆的长度将完全由量杆粒子间取得的静电平衡所决定，而量杆相对于以太运动时，组成量杆的带电粒子将会产生磁场，从而改变这些粒子之间的平衡，量杆就会缩短。”

荷兰物理学家亨得利克·洛伦兹也提出收缩假说：“只要我们假定分子力也像电力和磁力那样，通过以太传递，那么平移很可能影响两个原子之间的作用，其方式有点类似于荷电粒子之间的吸引和排斥。”“分子位移自然会引起分子的自动重新分布，从而导致在运

动方向上按$(1-v^2/c^2)^{1/2}$的比例缩短。”

然而，一位迄至当时还不知名的瑞士专利局的职员阿尔伯特·爱因斯坦，在1905年的一篇著名的文章中指出，只要人们愿意抛弃绝对时间的观念的话，整个以太的观念则是多余的。几个星期之后，一位法国最重要的数学家亨利·彭加勒也提出类似的观点，但是爱因斯坦的论证比彭加勒的论证更接近物理。

3.3　狭义相对论的建立

3.3.1　狭义相对论基本原理的提出

1. 爱因斯坦及其科学成就

1）生平简介

爱因斯坦（图3-6）是20世纪伟大的物理学家，他热爱物理学，把毕生献给了物理学的理论研究。人们称他为20世纪的哥白尼、20世纪的牛顿。

图3-6　爱因斯坦

爱因斯坦（1879—1955）出生于德国符腾堡的乌尔姆，父母都是犹太人。12岁时，他阅读了欧几里得的《几何学原本》，被深深地吸引。16岁时，他写出第一篇题为《关于磁场中的以太的研究现状》的论文。1896年夏，爱因斯坦考入瑞士苏黎士工业专科学校（瑞士联邦工业大学），1900年8月毕业。1902年，他进入伯尔尼瑞士联邦专利局，负责对专利技术的审查（一直任职到1909年）。1905年，他发表了题为《论动体的电动力学》的论文，提出了狭义相对性原理和光速不变原理，建立了狭义相对论。1913年，普朗克和能斯特代表普鲁士科学院邀请爱因斯坦回德国工作。1914年，他担任威廉大帝物理研究所所长兼柏林大学教授。这个教职给予了爱因斯坦经济上的支持，使他能够将全部时间投入研究工作。1916年，爱因斯坦发表了《广义相对论基础》，这是关于广义相对论的第一篇完整的论文，也是对这项工作的总结。1933年，因受纳粹德国的迫害，爱因斯坦迁居美国，任普林斯顿高等学术研究院教授。1940年取得美国国籍，1955年病逝于普林斯顿。

2）科学成就

爱因斯坦生长在物理学急剧变革的时期，通过以他为代表的一代物理学家的努力，物理学的发展进入了一个新的历史时期。由伽利略和牛顿建立的古典物理学理论体系，经历了将近200年的发展，到19世纪中叶，由于能量守恒和转化定律的发现，热力学和统计物理学的建立，特别是由于法拉第和麦克斯韦在电磁学上的发现，取得了辉煌的成就。这些成就，使得当时不少物理学家认为，物理学领域中原则性的理论问题都已经解决了，留给后人的，只是在细节方面的补充和发展。可是，历史的进程恰恰相反，接踵而来的却是一系列古典物理学无法解释的新现象：以太漂移实验、元素的放射性、电子运动、黑体辐射、光电效应等等。在这个新形势面前，物理学家一般企图以在旧理论框架内部进行修补的办法来解决矛盾，但是，年轻的爱因斯坦则不为旧传统所束缚，对空间和时间这样一些基本概念作了本质上的变革。这一理论上的根本性突破，开辟了物理学的新纪元。

除了马赫原理，对爱因斯坦影响较大的还有休谟的时空观念。休谟说："空间或广延的概念不是别的，而是按一定次序分布的可见的或可感知的点的观念。""如果我们没有用可觉察的对象充满空间，我们不会有任何真实的空间观念。"至于时间，它"总是由能够变化的对象的可觉察的变化而发现的"。"没有任何可变的存在"，我们也就不会有"时间观念"。

爱因斯坦一生中最重要的贡献是相对论(包括狭义相对论和广义相对论)。狭义相对论把牛顿力学作为低速运动理论的特殊情形包括在内，揭示了作为物质存在形式的空间和时间在本质上的统一性，深刻揭露了力学运动和电磁运动在运动学上的统一性，而且还进一步揭示了物质和运动的统一性(质量和能量的相当性)，发展了物质和运动不可分割原理，并且为原子能的利用奠定了理论基础。广义相对论进一步揭示了四维时空同物质的统一关系，指出时空不可能离开物质而独立存在，空间的结构和性质取决于物质的分布，它并不是平坦的欧几里得空间，而是弯曲的黎曼空间。根据广义相对论的引力论，他推断光在引力场中不沿着直线而会沿着曲线传播。这一理论预见，在1919年由英国天文学家在日蚀观察中得到证实，当时全世界都为之轰动。1938年，他在广义相对论的运动问题上取得了重大进展，即从场方程推导出物体运动方程，由此更深一步地揭示了时空、物质、运动和引力之间的统一性。广义相对论和引力论的研究，自20世纪60年代以来，由于实验技术和天文学的巨大发展而受到重视。

另外，爱因斯坦对宇宙学、引力和电磁的统一场论、量子论的研究都为物理学的发展作出了贡献。

爱因斯坦不仅是一个伟大的科学家，一个富有哲学探索精神的杰出的思想家，同时又是一个有高度社会责任感的正直的人。他先后生活在西方政治漩涡中心的德国和美国，经历过两次世界大战，深刻体会到一个科学工作者的劳动成果对社会产生的影响，一个知识分子要对社会负的责任。他一心希望科学造福于人类，但他却目睹了科学技术在两次世界大战中所造成的巨大破坏，因此，他认为战争与和平的问题是当代的首要问题，而他一生中发表得最多的也是这方面的言论。他对政治问题的第一次公开表态，是于1914年签署了一个反对第一次世界大战的声明。他对政治问题的最后一次表态，即1955年4月签署的"罗素—爱因斯坦宣言"，也仍然是呼吁人们团结起来，防止新的世界大战爆发。

爱因斯坦年轻时从自发组织的"奥林比亚科学院"的讨论中获得了大量的营养，使他在提出新概念的基础上创立了相对论。1905年爱因斯坦指出，迈克尔逊-莫雷实验实际上说明关于"以太"的整个概念是多余的，光速是不变的，而牛顿的绝对时空观念是错误的，不存在绝对静止的参照物，时间测量也是随参照系不同而不同的。

2. 狭义相对论的两条基本原理

1）狭义相对性原理

在所有的惯性系中，物理定律的形式相同。各惯性系应该是等价的，不存在特殊的惯性系，即事物在每个惯性系中的规律是一样的(从合理性上说)。

2）光速不变原理

在所有的惯性系中，真空中的光速具有相同的值。光速与广泛的运动无关；光速与频率无关；往返平均光速与方向无关(该原理由迈克尔逊-莫雷实验引出)。

第一个原理实际上是伽俐略相对性原理的扩展，其合理性是显然的，就是说不同的参考系观察到的物体真实的运动只有一个，运动规律不变理所当然，否则就没有规律可循，也无法科学交流了。但第二个原理理解起来有点难度，下面我们来考察其合理性。

为了说明光速不变原理的合理性，我们来看下面这副火车上的图画，如图 3－7 所示。火车以每秒 1 万千米的速度运行，东东(相对地面运动)站在车上，静静(相对地面静止)站在铁路旁的地面上。东东用手中的电筒“发射”光子。

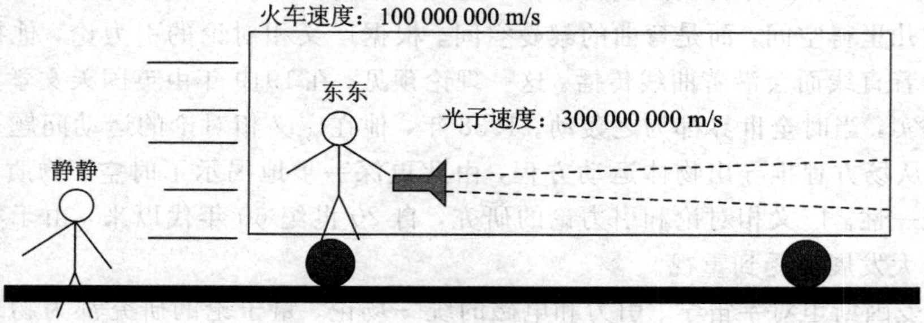

图 3－7　光速不变原理的推论

光子相对于东东以每秒 30 万千米的速度运行，东东以每秒 10 万千米的速度相对于静静运动。由牛顿力学得出光子相对于静静的速度为每秒 40 万千米。但相对论则告诉我们，光子相对于静静的速度仍为每秒 30 万千米。因为东东和静静虽然在两个不同的参照系，但都在惯性系中，光速相对他们每人是一样的。

产生这样结果的原因有两种可能：

(1) 相对于东东的 30 万千米距离对于静静来说并非也是 30 万千米。

(2) 对东东而言的一秒钟和对静静而言的一秒钟也并非相同。

相对论否定时空的不变，而承认由麦克斯韦电磁理论导出和迈克尔逊实验证明的光速不变。因为爱因斯坦认为麦克斯韦电磁理论和迈克尔逊实验都是经过严密分析和研究的，而绝对时空是人们形而上学的臆想。实际上，以前没有人真正比较过运动的长度与静止的长度有什么不同，也没有人想去检验运动的时钟与静止的时钟有什么不同。

另外，第二个原理也可简单地看成第一个原理的推论。麦克斯韦电磁理论描述的是自然界的一种规律(电磁运动规律)，那么它(和它的推论)就必须在所有的惯性系中成立。也就是说，电磁波动方程中的速度公式应在所有惯性系中相等。

3.3.2 洛伦兹变换的数学形式

爱因斯坦从相对性原理和光速不变原理出发，并且考虑到空间和时间的均匀性，推导出洛伦兹变换关系式(具体推导见后续章节)：

$$x'=\frac{x-vt}{\sqrt{1-\left(\frac{v}{c}\right)^2}},\ y'=y,\ z'=z,\ t'=\frac{t-\frac{v}{c^2}x}{\sqrt{1-\left(\frac{v}{c}\right)^2}} \tag{3-3-1}$$

由上面的关系式可以看出，空间和时间都与物质运动有关，运动不同(速度不同)，则空间和时间的性质也不同，并且两者具有内在的联系，什么样的空间决定什么样的时间，反之亦然。时空互相影响，是不可分割的一个整体。所以惯性系之间的坐标变换已经不是经典力学中的简单变换(伽利略变换)，物质的运动规律在不同的惯性系中的表述也远比经典力学复杂。但是，当 $v\ll c$ 时，上述洛伦兹变换就退化为经典力学中的伽利略变换。读到这里，您一定会觉得这些结论看似简单，又很模糊，好像不容易理解，那么，我们到底该如何理解这些结论？下面一一论述。

3.4 狭义相对论的重要结论

1. 长度收缩

长度收缩有时被称为洛伦兹(Lorentz)或洛伦兹-菲兹杰惹(FritzGerald)收缩。在爱因斯坦之前，洛伦兹和菲兹杰惹就求出了用来描述(长度)收缩的数学公式。但在爱因斯坦狭义相对论中这一结果却是必然的，我们可以从洛伦兹变换式(3-3-1)轻松推导出来(具体理论计算见后面有关章节)。如果用 $\Delta x'$ 表示物体在静止时的长度，用 Δx 表示物体运动时的长度，则

$$\Delta x<\Delta x'$$

用文字表述就是：参照系中运动物体的长度比其静止时的长度要短。下面用图形说明，以便于理解(如图 3-8)：上部图形是尺子在参照系中处于静止状态。一个静止物体在其参照系中的长度被称为其“正确长度”。一个码尺的正确长度是一码。下部图中尺子在运动，准确

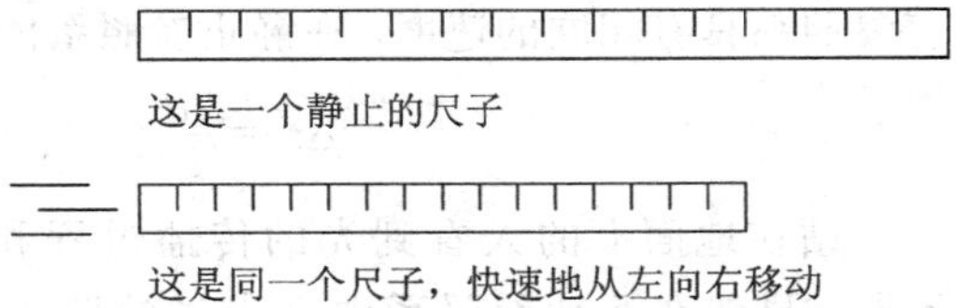
这是一个静止的尺子
这是同一个尺子，快速地从左向右移动

图 3-8 长度收缩

地说，如果尺子相对于某参照系在运动，长度收缩原理指出在此参照系中可以测量出运动的尺子要短一些。尺子并非看上去短了，而是真的短了，这种收缩并非幻觉。注意，运动物体只在其运动方向上收缩(如图 3－9 所示)，如果有一个立方体在水平方向运动，那么它将在水平方向变短。图 3－8 和图 3－9 中其他方向的长度是一样的。

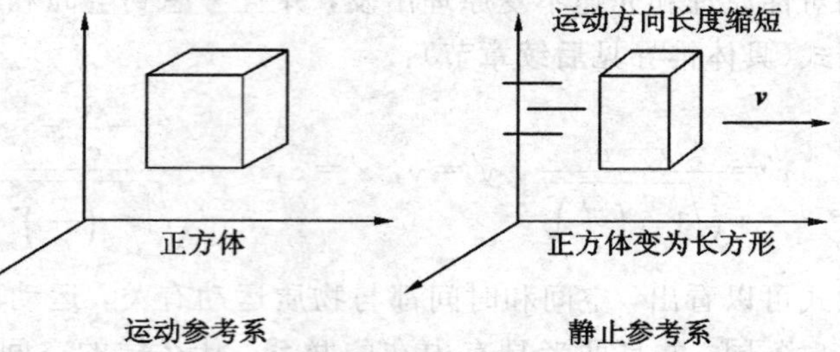

图 3－9　运动方向的收缩

那么是不是运动的人看起来就瘦些呢？用相对论的观点看，的确这样。由于人的运动速度太小，用洛伦兹变换公式推导计算时，其变化量微乎其微，所以不能产生观察效果，这也就是一般的经验不能接受相对论时空观的道理。其实运动的长度是很难测量的，也是经验没有的，我们要能区分开“观测量”和“观察量”，当我们“测量”物体的长度时，要求光同时从物体两端反射出来；当我们“观察”一个物体时，则是物体各处反射的光同时到达眼睛，这可是十分不同的。

2．时间膨胀

运动的钟比静止的钟走得慢，称为时间膨胀。如果用 Δt 表示地面上的时间(时间间隔)，用 $\Delta t'$表示运动火车上的时间(时间间隔)，则由洛伦兹变换公式(3－3－1)得(具体理论计算见后面有关章节)

$$\Delta t > \Delta t'$$

下面举例来解释时间膨胀的道理。

一个火车以 v 的速度向前行驶，为了检验不同惯性系中的时间效应，一人在车上向上发一束光，顶上有一面镜子，把光反射下来，记录光在整个光程的传播时间(如图 3－10)，因光在所有参照系具有相同的速度，在静止参照系传播所需的时间为

$$\Delta t' = \frac{2d}{c}$$

站在地面上的人看到光的传播过程和在火车上的人完全不同，显然在运动参照系中光走过的路程变长了(如图 3－11 所示)。

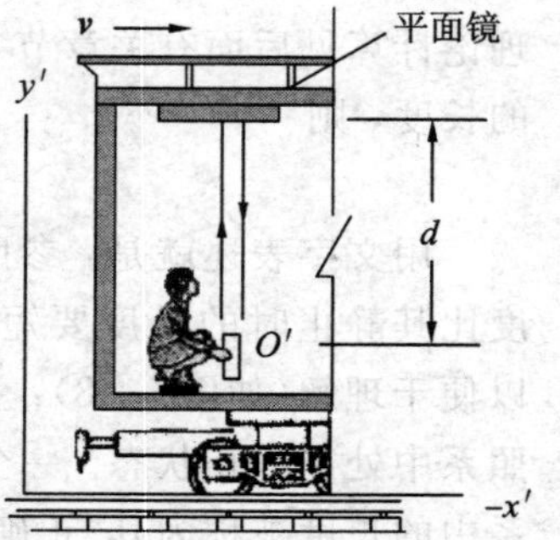

图 3－10　时间膨胀

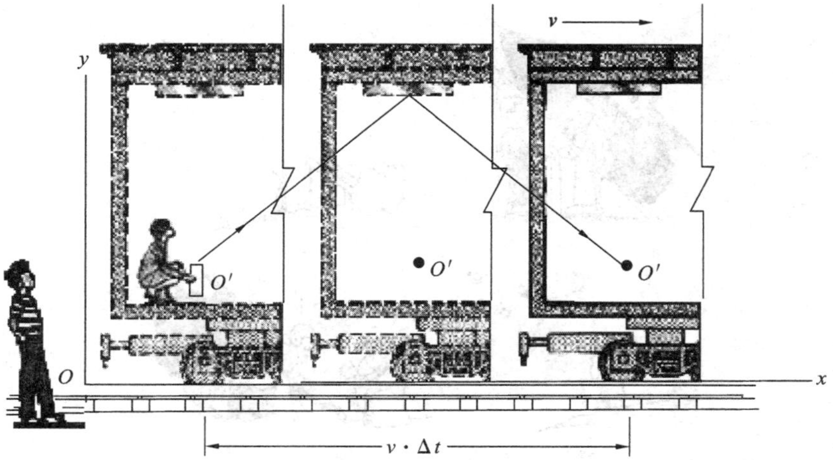

图 3-11　运动参照系中光程变长

地面上的人看到光从 A 传到 D 再从 D 传到 B（如图 3-12 所示）。同样，光的传播速度都是 c，光走过的路程为 $c \cdot \Delta t$。在 Δt 时间里，火车走了 $v \cdot \Delta t$ 的路程，所以看到火车的垂直距离 CD（直角三角形的直角边）为

$$d=\sqrt{\left(\frac{c \cdot \Delta t}{2}\right)^2-\left(\frac{v \cdot \Delta \mathrm{t}}{2}\right)^2}=\frac{\Delta t}{2}\sqrt{c^2-v^2}$$

则

$$\Delta t=\frac{2d}{\sqrt{c^2-v^2}}=\frac{c \cdot \Delta t'}{\sqrt{c^2-v^2}}$$

所以

$$\Delta t=\frac{\Delta t'}{\sqrt{1-\frac{v^2}{c^2}}} \geqslant \Delta t'$$

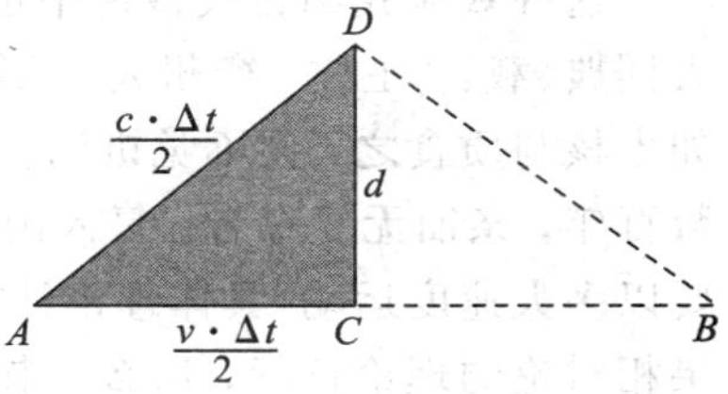

图 3-12　光程三角形

最著名的关于时间膨胀的假说通常被称为双生子佯谬。假设有一对双胞胎哈瑞和玛丽，玛丽登上一艘快速飞离地球的飞船（为了使效果明显，飞船必须以接近光速运动），并且能返回来。我们可以将两个人的身体视为一架用年龄计算时间流逝的钟。因为玛丽运动得很快，因此他的“钟”比哈瑞的“钟”走得慢。结果，当玛丽返回地球的时候，他将比哈瑞更年轻。年轻多少要看他以多快的速度走了多远（如图 3-13 所示）。

时间膨胀并非是个疯狂的想法，在高能粒子物理实验中已得到了证明。一个介子衰变需要多少时间已经被非常精确地测量过，可以确定 μ 子的平均寿命约为 2.15×10^{-6} s，但我们在地球参考系进行测量，就是当 μ 子以接近光速（$0.998c$）运动时，测得其平均寿命为 3.4×10^{-5} s，是前者的 16 倍。就是说一个以接近光速运动的介子比一个静止或缓慢运动的

图 3－13　双生子佯谬

介子的寿命要长。从运动的介子自身来看，它并没有存在更长的时间，这是因为从它自身的角度看它是静止的；只有从相对于实验室的角度看该介子，我们才会发现其寿命被“延长”了，这就是相对论效应。

这种效应我国古代传说中也有类似的描述。民国十年(1921 年)六月出版的《中国人名大词典》载：“王质，衢州人。入山伐木，至石室中，见二童子围棋，质置斧观之。童子以物如枣核与质食之，便不觉饥渴。童子曰：‘汝来已久，可还。’质取斧柯烂已尽。亟归家，已数百年，亲旧无复存者。复入山得道。”要达到“洞中方七日，世上已千年”的“境界”，“洞”要以多大速度运动(具体理论计算见后面有关章节)？您是否觉得这是一种幻想？试想，如果相对论的理论正确，那么，未来的宇宙太空旅行就只剩下技术问题了。

3. 相对论质量

我们知道，经典物理中，因牛顿第二定律可写成 $\boldsymbol{F}=m\boldsymbol{a}$，所以我们把 m 说成是物体惯性的量度。也就是说同样大小的力，作用在惯性质量大(m 大)的物体上，获得的加速度 $\boldsymbol{a}$ 小(变化小)；或者，作用在惯性质量小(m 小)的物体上，获得的加速度 $\boldsymbol{a}$ 大(变化大)。

但在相对论中，我们只能写成 $\boldsymbol{F}=\frac{\mathrm{d}\boldsymbol{p}}{\mathrm{d}t}$，其中，$\boldsymbol{p}=m\boldsymbol{v}$ 表示物体的动量，并且可以得到 m 的具体形式：

$$m(v)=\frac{m_0}{\sqrt{1-\frac{v^2}{c^2}}}=\gamma m_0 \quad \text{(推导见后)}$$

例如，当 $v=0.5c$ 时，

$$m(v)=\frac{m_0}{\sqrt{1-0.5^2}}\approx 1.15m_0$$

当 $v=0.99c$ 时，

$$m(v)=\frac{m_0}{\sqrt{1-0.99^2}}\approx 7.09m_0$$

所以，动量 $\boldsymbol{p}=m\boldsymbol{v}$ 中的 m 与速度有关，是一个随运动速度的变化而变化的量，因此，再把 m 说成惯性的量度就不妥了。显然，相对论的确比牛顿力学难理解。

4. 相对论的动量和能量

1）相对论的动量

相对论中，动量的概念及形式没有变化，也许运动量的概念最直观，所以人们一开始就把握了，也就没有更细致的东西被发现了。动量守恒定律目前是最基本的定律，无论是宏观的碰撞还是微观的碰撞都被证明是成立的。碰撞研究是力学的基础，也是牛顿定律的主要来源。显然，保持动量的原有形式有可靠的根基，即

$$\boldsymbol{p}=m\boldsymbol{v}=\frac{m_0\boldsymbol{v}}{\sqrt{1-\frac{v^2}{c^2}}}=\gamma m_0\boldsymbol{v}$$

2）相对论的能量

能量的概念与动量相比就不太直观了。在经典力学中，它是与功密切相关的概念，先有功的概念后有能量的概念。功是力在空间的积累，而能量是作多少功的度量。所以，对高速运动的粒子，我们仍然可以从动能定理出发导出相对论情况下的更普遍的能量形式（推导见后面章节）。

如粒子的动能为

$$E_K=mc^2-m_0c^2$$

其中，粒子的总能量为 $E=mc^2$；粒子的静止能量为 $E_0=m_0c^2$。

可见，粒子的动能不等于经典的形式，但当 $v\ll c$ 时，由上式可以推导出

$$E_K=\frac{1}{2}mv^2$$

显然，我们在导出质能关系的同时，导出了各种能量，但因为讨论的是单个粒子，所以没有表示出各种势能，但可以模仿其思路得到所有想得到的各种能量。

通过质能关系的研究，我们得到一个运动物体相对另一个相对静止物体的总能量，这个总能量往往远比动能大，这就因为它把所有的内部能量都包括进去了。这在人类历史上是一个非常了不起的发现。因而可以说，相对论的诞生是人类从对世界的片面认识到完整认识的转折。经典物理认识物质的内部能量是以原子为最小单位来研究的，所以热力学中所谓的内能不是所有的内部能量，而相对论把粒子和场结合起来讨论则包括了粒子内部的所有结构，因而静止能量 $E_0=m_0c^2$ 是所有内部能量，并且这个能量是巨大的，原子弹爆炸（见图 3－14）、氢弹爆炸（见图 3－15），都证明了该理论的正确。有人通过计算得到，一千

克物质中所蕴含的能量大约等于燃烧二百五十万吨优质煤所放出的热量。

图 3－14　原子弹爆炸

图 3－15　氢弹爆炸

3）动量与能量的关系

通过理论计算（数学推导见后面章节），我们得到了相对论中动量和能量之间满足的关系（竟然是直角三角形，如图 3－16所示）：

$$E^2 = E_0^2 + p^2 c^2$$

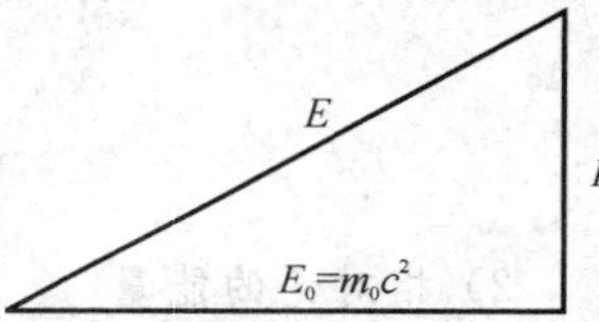

图 3－16　动量、能量关系

3.5　狭义相对论时空观

1. 同时的相对性

爱因斯坦认为，凡是与时间有关的一切判断，总是和“同时”这个概念相联系的。按相对论的说法，在某个惯性系中同时发生的两个事件，在另一相对它的运动的惯性系中，并不一定同时发生。这一结论叫做同时的相对性。

如图 3－17 所示，地面上观察到有两条闪电正好同时击中一列行使中列车的车头和车尾，而位于列车上正中间的旅客则是不是同时看到这两条闪电的呢？

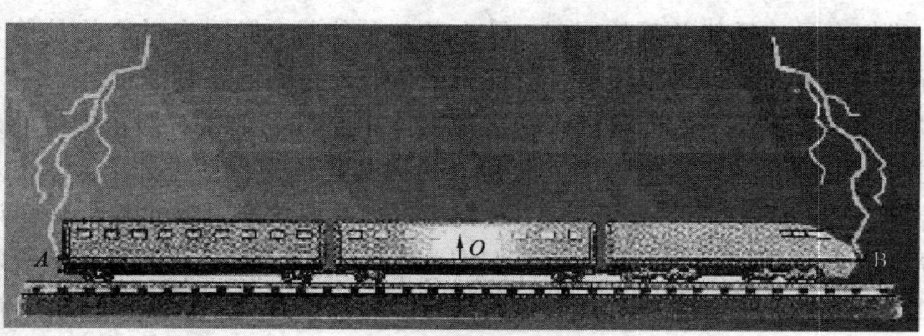

图 3－17　同时的相对性

如果我们依照洛伦兹变换进行推导，就会很容易得出旅客会先看到车头处闪电，后看到车尾处闪电。这一计算结果的通俗解释就是由于旅客以火车的速度在逐渐靠近车头发出的闪电，而远离车尾发出的闪电，所以，才有先头后尾的结果。这里，地面上和运动火车上观察同一事件的结果是不同的，对一个观察者同时发生的事件对另一个观察者不一定同时发生，也就是说同时性是相对的(具体理论计算见后面有关章节)。

再举一个通俗的例子，比如军训，当指挥官下令卧倒时，在地面上的人看到战士是同时卧倒的，而在高速飞机上的乘客看到的却不是同时卧倒的(具体细节略)。

2. 四维时空

通过上一章经典时空观的学习，我们知道，在二十世纪(相对论出现)以前，人们习惯于把空间和时间看做绝对的，三维空间(x，y，z)和一维时间(t)之间也毫无关系，各自独立，并且把三维空间的整体看做同时随着时间流逝。

狭义相对论揭示了时间和空间的不可分割性，它们是一个统一的整体。时间总是和空间同时出现的，这样物理空间由三维扩大到四维，形成一个四维时空连续区。这就是说，一切事物(或现象)都将由四维时空来确定，这个空间就是闵可夫斯基空间。

我们已习惯用笛卡尔直角坐标系 $\boldsymbol{r}=(x, y, z)=(x_1, x_2, x_3)$ 来表示三维空间(欧几里得空间)，同样，我们可以定义四维坐标系 $\boldsymbol{X}_\mu=(x_1, x_2, x_3, ict)=(\boldsymbol{r}, ict)$ 来表示四维时空，它是在笛卡尔坐标系的基础上增加了第四个坐标(一维时间)ict，这样，就变成了四个坐标轴，它表示四维空间(时空)，称为闵可夫斯基空间。所以，用闵可夫斯基平直空间来描述狭义相对论可使各种方程式变得更简单和紧凑。四维空间(x_1，x_2，x_3，ict)不像二维(x，t)或三维(x，y，z)空间，可以用形象化的图表来描绘，四维曲线也不可能用明显的方式来表示，因此只能用抽象的方法来表示。

对比三维空间两点间距离(间隔)：

$$\mathrm{d}l^2=\mathrm{d}x^2+\mathrm{d}y^2+\mathrm{d}z^2$$

定义四维时空间隔概念：

$$\mathrm{d}S^2=\mathrm{d}x_1^2+\mathrm{d}x_2^2+\mathrm{d}x_3^2+\mathrm{d}x_4^2=\mathrm{d}l^2-(c\mathrm{d}t)^2 \qquad (3-5-1)$$

很容易证明它不随坐标变换而变，即是一个不变量(洛伦兹不变量)，这是一个把四维空间的四个分量的数值分别平方之后再求和所得到的量，前面介绍的洛伦兹变换式(3-3-1)的表达式，就是首先满足这一条件后推导出来的。

定义只是人为的规定，定义四维物理量的目的只是为了更简洁地描述物理现象和规律，即经典力学的规律在四维时空中具有不变性，电磁场理论也同样具有相同的形式，它们不随参考系的变化而变化，由光速不变原理有：

$$c^2\mathrm{d}t^2-\mathrm{d}x^2-\mathrm{d}y^2-\mathrm{d}z^2=0 \quad (\text{不变量})$$

这种协变性为我们研究物质的运动规律带来了极大的方便。因此，闵可夫斯基空间尽管抽象，却能很好地反映物质运动规律(理论推导见后续章节)。

现在简单介绍一下四维时空光锥的知识。我们设想在“过去”和“未来”之间横隔着一个无限短的时间间隔，如同一个“现在的平面”，这个平面在同一刹那间伸展到整个空间，这个平面则是“过去和未来的分界线”，未来的事件，一旦逾越这个平面，即成为过去。这意味着存在一个主观时间(绝对时间)，凭借着这个主观时间的观念，将事件按早和迟或“过去”与“未来”的顺序排列起来，显然这个主观时间是不能够测量的和没有客观标准的。唯心主义哲学家就是利用了光线以极大的速度传播，造成在日常生活中经常出现的“瞬时作用”的偏见，混淆了“同时发生”和“同时看见”之间完全不能等同的概念。这就否认了时间的客观实在性。狭义相对论时空观念的确立，从物理学的角度证明了辩证唯物主义对时间和空间的客观实在性及不可分割性的论断是完全正确的。

如果将三维模型设想为包括二维的池塘水面和一维时间，这些扩大的水波的圆圈就画出一个圆锥，其顶点即石头击到水面的地方和时间，如图 3-18 所示。类似地，从一个事件散开的光在四维的时空里形成了一个三维的圆锥，这个圆锥称为事件的未来光锥。以同样的方法可以画出另一个称之为过去光锥的圆锥，它表示所有可以用同一光脉冲传播到该事件的事件的集合。

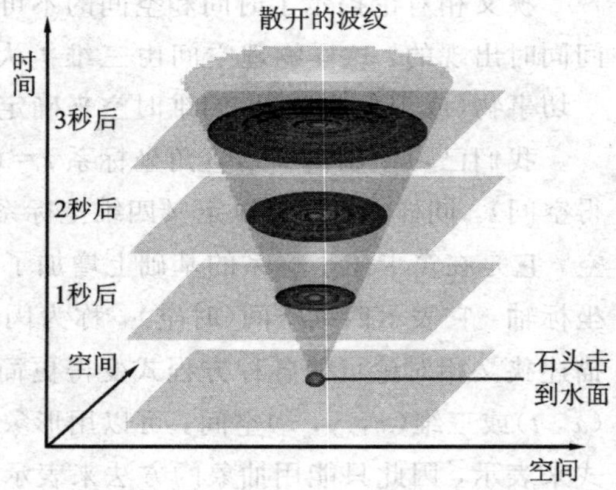

图 3-18　两维空间一维时间模型

对于给定的事件 P，人们可以将宇宙中的其他事件分成三类。从事件 P 出发由一个粒子或者波以等于或小于光速的速度运动到达的那些事件称为属于 P 的未来。它们处于从事件 P 发射的膨胀的光球面之内或之上。这样，在时空图中它们处于 P 的未来光锥的里面或上面。因为没有任何东西比光走得更快，所以在 P 所发生的事件只能影响 P 的未来的事件。类似地，P 的过去可被定义为下述的所有事件的集合，从这些事件可以等于或小于光速的速度运动到达事件 P。这样，它就是能影响发生在 P 的事件的所有事件的集合。不处于 P 的未来或过去的事件被称之为处于 P 的他处。在这种事件处所发生的事件既不能影响发生在 P 的事件，也不受发生在 P 的事件的影响。例如，假定太阳就在此刻停止发光，它不会对此刻的地球发生影响，因为地球的此刻是在太阳熄灭这一事件的光锥之外。我们只能在 8 分钟之后才知道这一事件，这是光从太阳到达我们所花的时间。只有到那时候，地球上的事件才在太阳熄灭这一事件的将来光锥之内。同理，我们也不知道这一时刻发生在宇宙中更远地方的事：我们看到的从很远星系来的光是在几百万年之前发出的，在我们看到最远物体的情况下，光是在130亿年前发出的。这样当我们看宇宙时，我们是在看它的过去，如图3－19所示。

对于时空中的每一事件我们都可以做一个光锥(所有从该事件发出的光的可能轨迹的集合)，由于在每一事件处的任一方向的光的速度都一样，所以所有光锥都是全等的，并朝着同一方向。这一理论又告诉我们，没有东西走得比光更快。这就意味着，通过空间和时间的任何物体的轨迹必须由一根落在它上面的每一事件的光锥之内的线来表示，如图3－20所示。

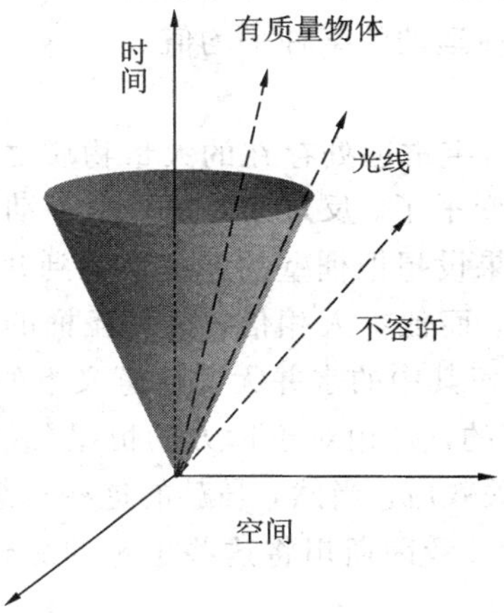

图3－19　事件发生限定在光锥内

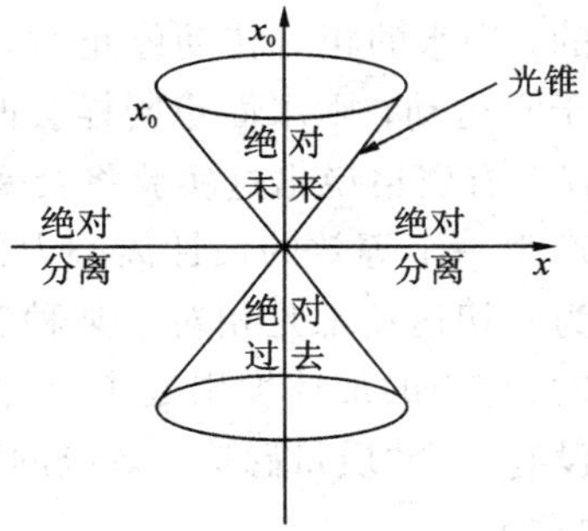

图3－20　时空光锥

到这里，可以说，您已经通读了狭义相对论的基本内容，了解了用狭义相对论的理论来解释运动规律，并且已不知不觉将时间、空间、运动联系起来了。您也一定会猛然大吃一惊，狭义相对论时空原来是这样啊！是的，从人类发展的历史来看，我们对世界的认识或者说对物质运动规律的认识在不断深入，其中对时空的认识过程就是一个很好的缩影。时间和空间时刻都在伴随着我们，这是我们存在的前提，但正是因为与我们的关系太密切，以致我们习以为常，好像自己很了解时间、空间。现在看来，并非如此，从古代的时空观到经典力学的绝对时空观，再到狭义相对论的时空观的转变，不是一个简单的过程，它需要智慧和勇气，也需要辛勤和汗水。下面的广义相对论中，时空的观点还会有惊喜带给我们。

3.6　广义相对论诞生的脉络

1. 马赫等人的质疑

牛顿的绝对空间概念曾受到同时代的人，如惠更斯、莱布尼兹等的非难和诘问，但由于牛顿力学的巨大成就，二百余年中一直为人们普遍接受。其间也有反对的，其代表性人物是英国主教贝克莱，他说："让我们设想有两个球，除此之外空无一物，说它们围绕共同的中心作圆周运动，是不能想象的。但是，若天空上突然出现恒星，我们就能够从二球与天空不同部分的相对位置想象出它们的运动了。"

马赫(1838—1916)关于惯性的思想萌发于贝克莱，大体可归结为：

(1) 空间本身并不是一件"东西"，它仅仅是从物质间距离关系的总体中得到的一种抽象。

(2) 一个质点的惯性是该质点与宇宙中所有其他物质相互作用的结果。

(3) 局部加速度的判据决定于宇宙中全部物质运动的某种平均值。

(4) 力学的全部实质是所有物质的相对运动。

马赫认为，牛顿水桶实验中水面凹下，是它与宇宙远处存在的大量物质之间有相对转动密切相关的。当水的相对转动停止时，水面就变平了。反过来，如果水不动而周围的大量物质相对于它运动，则水面也同样会凹下。如果设想把桶壁的厚度增大到几千米甚至几十千米，没有人有资格说出这实验将会变得怎样。而他本人相信，这一怪桶的旋转将真的对桶内的水产生一个等效的惯性离心力作用，即使其中的水并无公认意义下的转动。马赫的思想归结为一切运动都是相对于某种实体而言的，是相对于远方的恒星(或者说是宇宙中全部物质的分布)的加速度引起了惯性力和有关效应。当然，马赫的这些思想还不成熟，因为还根本没有一个"质量感应"效应的定量理论。爱因斯坦将这些思想的综合称为"马赫原理(见后面章节)"。

2. 两个疑惑

狭义相对论中，研究的是两个相对作等速运动的惯性时空参考系之间的变换，但对于同一客观事物从不同的参考系观测的结果是相同的，即物理规律在不同的参考系中具有相同的表达形式。人们开始接受狭义相对论时空观念的同时，也开始产生了关于狭义相对论的两个疑惑，第一个就是自然界中哪一个参考系才是惯性系；第二个就是引力方程并不满足洛伦兹协变性。

关于第一个疑惑，假如将人们经常选用的地球体为惯性系，那么地球就是没有加速度的，但是经观测与证实表明，地球并不是静止的，它有旋转，因而有加速度，那么认为地球是惯性系的观点就是错误的；假如认为太阳是惯性系，那么太阳就应该是没有加速度的，但是观测结果表明，太阳并不是静止不动的，也有加速度，也就是说，自然界中不存在惯性参考系，所有的参考系都是非惯性系。这就引发了对经典力学以及狭义相对论所依赖的"惯性参考系"基础地位的价值思考。为什么不存在的惯性参考系比其他参考系优越？非惯性参考系的意义又是什么？

狭义相对论的另一个疑惑，即引力方程并不满足洛伦兹协变性，根据狭义相对论的相对性原理，所有物理基本规律在任何惯性系中都具有相同的形式，那么既然自然界中不存在一个参考系是惯性系，而且引力方程也并不满足洛伦兹协变性，该怎样去认识惯性力呢？这样就引发了关于惯性力、引力之间关系的思考。

3.7 广义相对论的建立

3.7.1 广义相对论的两条基本原理

1. 等效原理

对于一个观察者来说，将物体加速运动的描述与用内部存在一均匀引力场的惯性系来描述，两者描述的物理过程是完全等效的。

2. 广义相对性原理

物理定律虽然在不同的坐标系中具有不同的数学形式，但它们必须在任意坐标变换下保持协变(同一事件)。

3.7.2 等效原理

1. 引力质量·惯性质量的普适性

在经典力学理论中，应用牛顿第二定律以及万有引力定律，可以写出描述落体运动的方程：

$$m_i a = G\frac{Mm_g}{r^2}$$

其中，m_i及m_g分别表示物体的惯性质量(与加速度成反比)和引力质量(与引力成正比的)，M是地球的引力质量，r是物体距地心的距离。上式还可以写成

$$a=\left(\frac{m_g}{m_i}\right)\cdot\left(\frac{GM}{r^2}\right)$$

从上式可以看出，惯性质量m_i同引力质量m_g是两个完全不同的概念，但两者本质的区别还鲜为人知。比萨斜塔的实验说明，任何物体在地球的引力作用下产生的加速度都是相同的。这就意味着各种物体的$\frac{m_g}{m_i}$值都应当是相同的。或者说引力质量与惯性质量之比是一个普适常数，它与具体的物质并无关系。后来厄缶实验以很高的精确度也证明了这一点。

2. 厄缶实验

如果一物体的m_i与m_g不相等，那么在引力作用下，它的加速度同当地引力常数之间就有下面的关系：

$$g'=\left(\frac{m_g}{m_i}\right)g$$

不同比值$\frac{m_g}{m_i}$的物体，将有不同的加速度 g'。

1889 年，厄缶精确地证明了对于各种物质，比值$\frac{m_g}{m_i}$的差别不大于 10^{-9}，如图 3-21 所示。

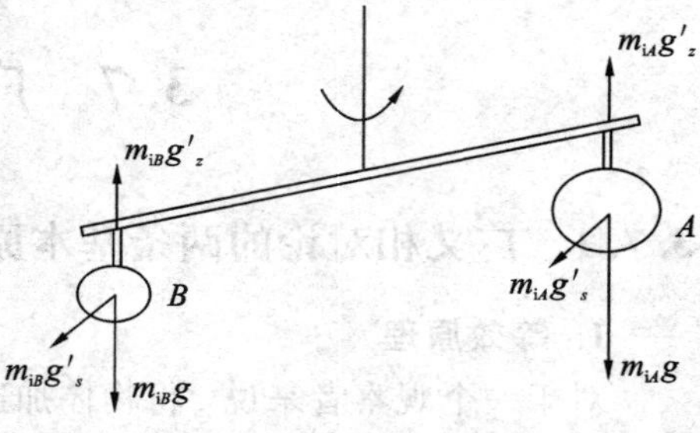

图 3-21　厄否实验示意图

厄缶在一横杆的两端各挂木制的 A 和铂制的 B 两个重量相差不大的重物，杆的中点悬在一根细金属丝上。如果 g 是地球引力常数，g'_z是地球自转引起的离心加速度的垂直分量，l_A和 l_B是两个重物的有效杆臂长，那么当平衡时，细金属丝上将产生扭转力矩，因而得到

$$T=l_A m_{gA} g'_s\left(\frac{m_{iA}}{m_{gA}}-\frac{m_{iB}}{m_{gB}}\right)$$

这样，只要二者的比值 m_g/m_i不同，就会扭转悬挂横杆的细金属丝。但是，厄缶在 10^{-9}的精度上没有测出这种扭转。

20 世纪 60 年代，美国的 R. H. 狄克(Dicke)等人改进了厄缶实验，把精度提高到 10^{-11}。70 年代初，苏联的 V. 布拉金斯基(Bragihsky)等人又把精度提高到约 0.9×10^{-12}。

牛顿的万有引力理论虽然正确地给出了引力的定量表达式，但是在牛顿理论中看不清引力的最基本特征。到底什么是引力的最重要的性质呢？比萨斜塔的实验说明了什么呢？实际上，伽利略在比萨斜塔实验中发现的真理成了广义相对论的最基本出发点。

爱因斯坦在深入分析引力质量同惯性质量等价这一早已熟知的事实的基础上，提出了引力场同加速度场局域性等效的概念，他又把惯性运动的相对性的概念推广到加速运动。

3. 等效原理简述

爱因斯坦是如何利用引力质量同惯性质量等价而得出等效原理的呢？

同伽利略一样，爱因斯坦也设计了一个理想实验来分析问题，不过伽利略喜欢用斜面，而爱因斯坦喜欢用电梯。在爱因斯坦的理想电梯中装着各种实验用具，还可以有一位实验物理学家在里面安心地进行各种测量。

图 3-22　电梯里的东西受到引力的作用

当电梯相对于地球静止的时候，如图 3-22 所示，实验者将看到，电梯里的东西都会受到一种力。如果没有其他的力与这种力相平衡，这种力就会使物体落向电梯的地板。而且，所有物体在落向地板时，加速度都是一样的。根据这些现象，实验者立即可以

得出结论：这个电梯受到了外界的引力作用。

现在让电梯本身也作自由下落的运动，如图3－23所示。这时，实验者将发现，他的电梯里的一切东西都不再受原来那种力的作用，所有物体都没有原来的那种加速度了，即达到了我们通常所说的“失重”状态。这时电梯里的物体不再表现出任何受引力作用的迹象：无论苹果或羽毛，都可以自由地停留在空间，而不会下落。实验者既可以在电梯的底部行走，也可以在顶部行走，两种行走所用的力气完全一样，并不需要任何杂技演员那样的技巧。也就是说，实验者观测任何物体的任何力学现象，都不能看到任何引力的迹象。

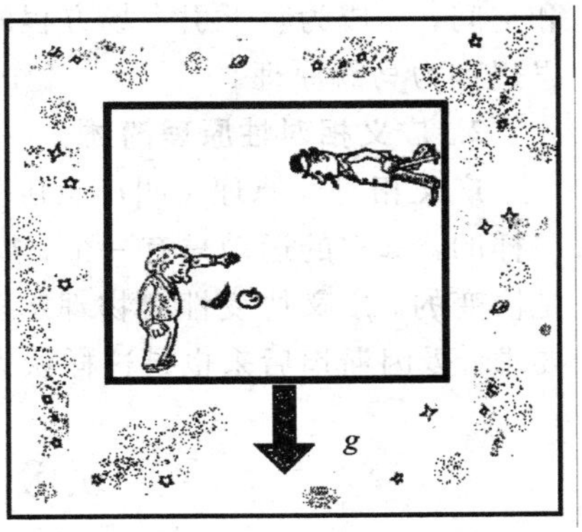

图 3－23 自由下落的电梯

接着，爱因斯坦作了更进一步的引伸，他认为，在上述电梯里的实验者不仅通过任何力学现象看不到引力的迹象，而且通过其他任何物理实验也都看不到引力的迹象。即是说，在这种电梯的参考系中，引力全部消除了。电梯实验者不能通过自己电梯中的物理现象来判断它的电梯之外是不是有一个地球这样的引力作用源，他也测量不出自己的电梯是否有加速运动，就像在萨尔维阿蒂大船里的观察者测不到大船是否在运动一样。

简言之，我们可以在任何一个局部范围(关于局部一词的含义，下面还要再讨论)找到一个加速运动的参考系(即爱因斯坦的电梯)，在其中引力的作用全被消除了。这就是引力的最重要特性，而在物理学中其他的力都没有这种属性(例如宏观的电磁力或原子核、粒子范围的强作用和弱作用，都不可能通过选择适当的参考系而完全加以消除)。引力的本性就在于引力能在某种参考系(爱因斯坦的电梯)中局部地消除。这就是爱因斯坦根据比萨斜塔实验抽象出来的一个引力的基本性质，通常叫做等效原理。不过，在真实的引力场和惯性力场之间并不存在严格的相消。比如，真实的引力场会引起潮汐现象，而惯性力场却并不导致这种效应。但是，在自由下落的升降机里，除去引力以外，一切自然定律都保持着在狭义相对论中的形式。事实上，这正是真实引力场的重要本质。如果把自由下落的升降机称为局部惯性系，那么，等效原理就可以比较严格地叙述为：在真实引力场中的每一时空点，都存在着一类局部惯性系，其中除引力以外的自然定律和狭义相对论中的完全相同。

3.7.3 广义相对性原理

1. 马赫原理

时间和空间的几何不能先验地给定，而应当由物质及其运动所决定。

爱因斯坦的这一思想是从物理学家和哲学家 E. 马赫对牛顿的绝对空间观念以及牛顿

的整个体系的批判中汲取而来的。这个思想直接导致用黎曼几何来描述存在引力场的时间和空间，并成为写下引力场方程的依据。为了纪念这位奥地利学者，爱因斯坦把他的这一思想称为马赫原理。

2. 广义相对性原理简述

广义相对性原理又叫广义协变性原理。该原理强调任何物理规律在一切参考系中都是一样的，真实的运动只有一个，规律也只有一个，所以，物理定律必须在任意坐标变换下是协变的。广义协变性对物理定律的内容并没有什么限制，只是对定律的数学表述提出了要求。爱因斯坦后来也是这样认为的：广义协变性只有通过等效原理才能获得物理内容。

3.8　广义相对论时空观

1. 对引力的新认识

等效原理保证在任何一个时刻、任何一个空间位置上必定存在一个爱因斯坦的电梯，电梯中的一切现象就好像宇宙间没有引力一样。在这种电梯中，动者恒动，即惯性定律是成立的。按照定义，惯性定律成立的参考系是一个惯性参考系。这样，爱因斯坦的电梯应是一个惯性参考系。

讲到这里，你可能产生疑惑。因为通常我们是以匀速运动的萨尔维阿蒂大船作为惯性参考系的，而爱因斯坦的电梯相对于地球，也就是相对于萨尔维阿蒂大船来说，并不是匀速运动的，而是有加速度（自由落体加速度）的。这两者是否有矛盾呢？

有矛盾！在广义相对论发现之前，萨尔维阿蒂大船一直被认为是惯性参考系。然而，严格来说，这是不对的。因为，在萨尔维阿蒂大船中的实验者看到船中的水滴要向下作加速运动，可是他又看不到有谁对水滴施加了作用（注意，大船是完全封闭的，实验家不知道外界到底有没有东西）。这就是说水滴并不满足动者恒动这条定律，因而它不是真正的惯性参考系（顶多只能说是近似于惯性参考系）。反之，在爱因斯坦的电梯里，倒是可以实现动者恒动的。

现在来介绍"局部"一词的含义。我们说引力对一切物体产生的加速度相同，这句话是对处在同一个点上的物体来说的，物体在引力场中不同点所受到的引力是不相同的，所以加速度也不相同，也就是说，爱因斯坦的电梯在空间各点的运动加速度是不同的，如图3－24所示。这一点也不难理解，比如说在电梯里不同的位置悬挂两个物体，我们在电梯里看就会认为这两个物体受到的地球引力都是竖直向下的，或者说两个力大小相等并且平行，所以我们才可用爱因斯坦的电

图3－24　不同点的引力不同

梯同时消除这两个力的作用效果，如图 3-25(a)所示。但是，如果我们在大尺度的范围进一步分析就会发现，地球对两个物体的引力其实并不是完全平行的，引力的方向始终指向地球中心，如图 3-25(b)所示。因此，一个作自由落体运动的电梯，只能将一个点附近小范围内的引力作用(例如引力加速度)全部消除，而不可能在一个大范围内把引力的作用全部消除掉，如果认为上述爱因斯坦的电梯才是严格意义下的惯性参考系，那么这种参考系也只能适用于局部范围，我们称之为局部惯性系(爱因斯坦的电梯)。

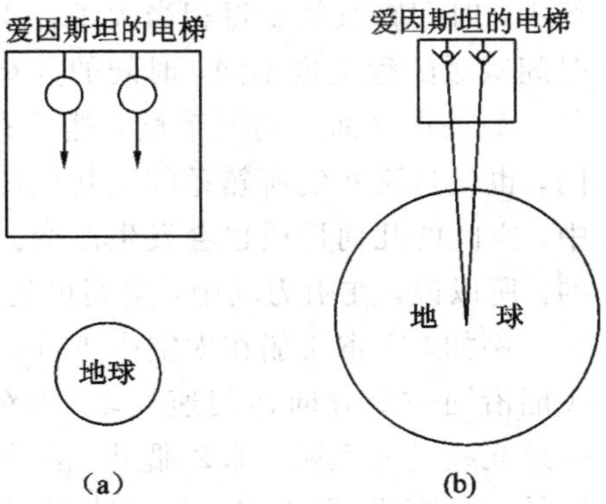

图 3-25　局部惯性系

现在我们已明确了爱因斯坦的电梯在空间各点运动的加速度并不相同，也就是说局部惯性系之间有相对加速度。那么引力呢？在任何一个局部惯性系中，我们是看不到引力的，我们只能在这些局部惯性系的相互关系中，看到引力的作用，所以说，引力的作用就变成了各个局部惯性系之间的联系。

在以往的物理研究中，我们的工作程序总是这样：取定一参考系用以度量有关的物理量，然后经过实验总结出其中的规律，发现基本方程。在这个过程中，时空的几何性质(即所取的参考系)是不受有关物理过程的影响的。所以，这些问题中的基本方程只是物理量之间的一些关系，即

一些物理量＝另一些物理量

但是，在引力问题中，引力一方面要影响各种物体的运动，另一方面又要影响各局部惯性系之间的关系。也就是说，时空参照系不能独自存在于物质的运动之外，不同的运动与不同的时空之间有着必然的联系，时空的几何性质同引力是不可分割的整体。所以，现在我们不可能先行规定时空的几何性质，时空的几何性质本身就是有待确定的东西。因此，在引力基本方程式中不可能没有时空的几何量。它应当反映出，引力本身及引力与其他物质之间的作用，即应有下列形式的方程：

时空几何量＝物质的物理量

2. 广义相对论的时空观

在引力场中靠近引力体处(那里引力较强)的时间比远离引力体处(那里引力较弱)的时间走得更慢一些。狭义相对论中已经证明了不同的运动速度有着不同的时间间隔，所以时间能够以不同的速度流逝，并且完全依赖于运动和引力场。在引力场中所有的过程对外部观察者而言会变慢，这也就意味着对外部观察者来说，时间会减缓。

时间减缓(时间膨胀)的数量通常很小。例如当计及引力时，地球表面钟表的计时只比太空慢十亿分之一。值得注意的是已经直接测量到地球引力场中这种微小的时间膨胀，恒星引力场中的类似效应也已被测量到，尽管这个效应也极其微小。当然，在非常强的引力

场中，时间膨胀就变得相当大了。试想，如果引力场中不同的空间点强度不同，就意味着时间减缓的程度也不同，时间的分布将不再均匀，这就是时间弯曲。

如果在平面上画一个圆，然后在球面上画一个圆，就会发现这两个圆性质不完全相同，也就是说我们所熟悉的欧几里得几何仅适用于平面而不适用于球面。同样，在引力场中，空间的几何性质也会发生改变。这就意味着空间不会总是平直的、均匀的、各向同性的。所以说，在引力场中，空间也是弯曲的。

例如，宇宙飞船在太空中飞行，如果有一个发光体和飞船沿同一个方向作匀速运动(相对静止)，当发光体的一束光线进入飞船，那么船里、船外的人都会看到光的轨迹是一条直线(平直空间)。如果飞船作加速飞行，当光线进入飞船后，船外的人看到的光的轨迹仍然是直线，但由于飞船向上加速运动，光线射到了下面一点。而船里的人感到自己被置于引力场中，他看到光的轨迹是一条曲线，他认为光在太空始终作惯性运动，引力场使光线弯曲，或者说引力场使空间弯曲，所以，光在弯曲空间的轨迹是一条曲线，并且光运动的轨迹完全由所处的弯曲空间决定，如图 3－26 所示。

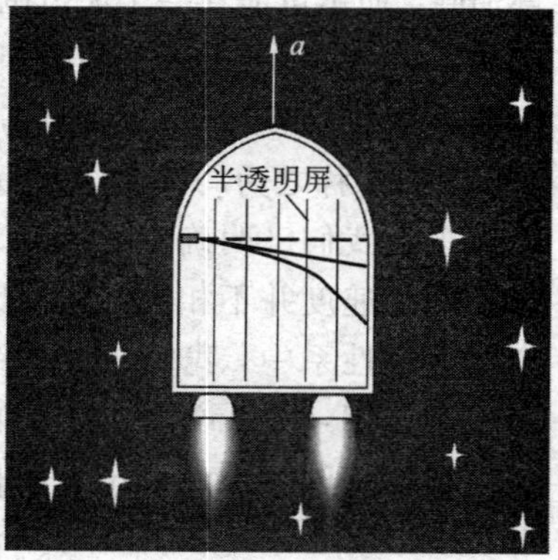

图 3－26　弯曲空间

3. 广义相对论再探讨

在牛顿力学中，时间和空间是相互独立的，时间是均匀流逝永不停息的，空间是平直刚性、无头无尾、无边无际的，被称为牛顿时空观。这里没有宇宙的中心，任何时空点都是平等的，即相对于任何时空点来计算，物理规律都是一样的，运动就是所谓的绝对运动，也就有了绝对时空观一说。可以看出，牛顿把时间、空间和运动的物体三者独立开来，仍然留有亚里士多德绝对观念的影子。这种时空观和人们的经验是符合的，所以自然很容易理解。

而在狭义相对论中，对时间、空间、物质及运动作了深刻的描述，时间和空间不仅和运动有关，而且相互之间不再是独立的，一维时间和三维空间被想象成一个统一的四维连续体，即四维时空，因此，从根本上改变了牛顿以来物理学的根基，成为现代物理的基石。

但狭义相对论的建立，又带来了新的问题：

(1) 必须考虑引力场的问题。因为任何物体间的相互作用的传播速度都不可能大于光速，引力也不能是超距作用的，所以，寻找引力场方程显得非常重要。

(2) 牛顿的万有引力方程不满足洛伦兹协变，或者说狭义相对论只适合于惯性系。那么为什么惯性系比非惯性系特殊？其实就是狭义相对论没有考虑惯性和惯性力的起源问题。

上述问题的圆满解决，导致了广义相对论的建立，它是在狭义相对论基础上的一次大跨越，揭示了一个与以往根本不同的时空观，彻底否定了牛顿的与物质运动无关的绝对时空观。牛顿引力理论仅仅是广义相对论在低速和弱引力场条件下的一个特例。广义相对论的突出特点表现在：

（1）它否定了惯性系的优越地位，或者说，消除了惯性系和非惯性系之间的区别。通俗一点讲，就是所有的参照系都一样(平权)。这为我们研究运动带来了极大的方便，我们可以选取任意的参照系来描述运动。

（2）从具体描述方法来看，在不同的参照系(坐标系)里，物体运动规律的描述形式各不相同，这正是运动的相对性(相对性原理)。

也就是说参照系不同，对运动形式的表达也不同，但这些表达形式完全等价，因为真实的运动只有一个，规律只有一个。因此我们可以在不同的参照系之间将它们进行等价变换，即物理规律在所有的参照系中都是协变的。

（3）从几何学来看，它放弃了欧氏几何，采用非欧几何(罗巴切夫斯基几何)。

如我们在一个转动参照系中测量长度，假设有一个大圆盘绕自己的轴在均匀转动，圆盘上画着两个大小差别很大的同心圆，这两个圆的圆心与大圆盘的圆心是同一个点，如图 3-27 所示。圆盘上和圆盘外各有一个观察者，都在测量圆周与半径的比。盘上观察者用的尺与盘外观察者用的尺相同，可以理解为盘上观察者用的就是盘外观察者用的那把尺，或者理解为它是在一个静止的坐标系中长度相同的两把尺当中的一把。盘上观察者先测量小圆的半径与周长，由于小圆很小，圆盘中接近中心的部分旋转的速度很慢，所以可以不考虑狭义相对论的效应，因此，盘上观察者所测出的小圆的半径与周长的长度以及二者的比例，与盘外观察者测出的相同。

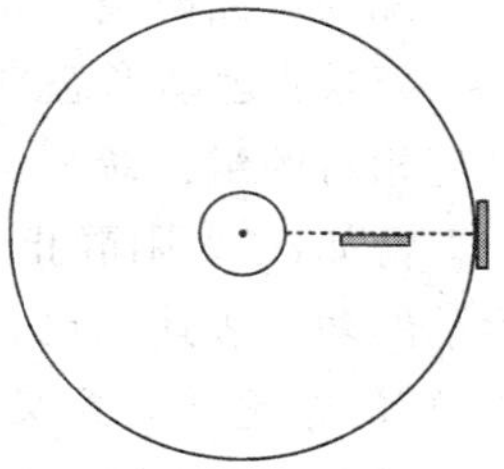
图 3-27 测量转动的圆盘

盘上观察者再测量大圆的半径，放在大圆半径上的尺虽然相对于盘外的观察者来说在运动，但运动的方向同尺垂直，所以不会发生尺缩效应，所以两个观察者所测出的大圆半径相同。

但盘上观察者在测量大圆圆周时，放在大圆圆周上的尺与运动方向一致。根据狭义相对论，由于外圆的速度比内圆要大得多，所以必须考虑尺的收缩。因此在盘外观察者看来，圆盘上的尺同他的静止的尺相比，显得短了。这样，这两位观察者所测出的大圆的周长就不会相同，圆周与半径的比也不会一样。如果盘外观察者认为圆盘上大小两个圆周之比等于半径之比，是欧氏空间(平直)，那盘上的观察者就不能认为两个圆周之比等于半径之比，这个参照系中欧氏几何失去了有效性，这时，我们就不得不采用非欧几何了。

（4）从时空结构来看，对同一个参照系的不同点，时间和空间的特性也不相同，这就是弯曲时空(如果各点的时空特性相同，就是平直时空)。

再回到刚才所说的转动圆盘的实验。假设盘外观察者有许多时钟，这些时钟步调完全相同，并且同步，即走的快慢一样，指出的时刻一样，是既同时又同步的时钟。盘上的观察者从这些时钟当中取出两个，一个放在圆心处，另一个放在大的外圆的圆周上。圆心不转动，可以认为圆心上的时钟的运行步调与盘外的时钟相同。而大圆周转动的速度很快，就要考虑狭义相对论的效应，所以盘外观察者会认为大圆周上的时钟比自己的时钟和圆心上的时钟都要走得慢些。如果我们将圆心的时钟洛伦兹放在小圆周上，因为内圆的转动很慢，可以不考虑狭义相对论效应，小圆周上的时钟的运行步调与盘外的时钟基本相同，当小圆周上的时钟逐渐接近大圆周时，相对论效应逐渐明显，时钟走得就会越来越慢，越来越明显了，显然，圆周越大，时钟走得越慢。

同样，放在圆盘半径上的尺不会缩短，放在圆周上的尺就会缩短；放在圆周上的尺距圆心越远，缩短得就越多。

要强调的是，这个转动参照系是一个非惯性系，它有加速度，因此，我们说加速度可以使时钟变慢，使长度缩短，这也可以理解为引力场使时钟变慢，使长度缩短。所以，在引力场中，如果时钟与尺放在不同的位置，时钟的运行步调和尺的长度也会不同。这就是我们所说的弯曲时空。

（5）从运动形态来看，绝对中有相对，相对中也有绝对。物质运动、时间、空间都是绝对与相对的辩证统一。

譬如，"太阳静止，地球在运动"或者"太阳在运动，地球静止"，只是基于两个不同坐标系的两种表述而已，这种相对运动的描述没有什么不对。但说"太阳中心说"与"地球中心说"的争论毫无意义就不对了。因为，相对于众多的天体而言，只能是地球围绕太阳旋转，而不是太阳围绕地球旋转，这是绝对的。再比如：同时具有相对性，但在同一个地点同时发生的两个事件，这个同时却是绝对的。狭义相对论强调时间与空间的相对性，但它的基本假设之一光速不变又是绝对的。

非欧几何的发现者，尼考拉·罗巴切夫斯基(Nikolai Lobachevsky)已经表达过这种观念：正是他的罗巴切夫斯基几何而不是欧几里得几何可以在一定的物理情形中出现。爱因斯坦的计算表明在强引力场中空间确实是弯曲的。这个结论获得了直接测量的支持(被英国天文学家爱丁顿观测证实)。

相对论自提出以来，时间和空间不再是为观测行为提供的一个空空如也的大舞台，人们观测到的实际上是以时空方式表现出来的物质结构和演化，或连结物质结构和演化的时间-空间。相对论的作者证明，不但时间和空间的性质可以变化，而且时间和空间结合成为一个整体——四维的时空。显然，在这样一个四维的超几何中构想可视图像尤为困难，在这里我们对此就不多花时间了。至此，广义相对论的时空弯曲理论，已经呈现在您的面前，除了惊喜，您可能还有很多迷茫，而要进一步理解它，还需要时间。

我们不仅要问，为什么接受广义相对论在时空方面的结论是如此困难呢？

令人感到痛苦的是由于人类自己的局限性，甚至精密科学的经验，数世纪以来只涉及这样一些日常能感知的简单情形，其中时间和空间性质的变化完全不明显，从而被忽略了。我们的知识体系建立在日常经验的基础之上。因此，我们完全习惯于时间和空间绝对不变这个古老的教条。

那么，爱因斯坦理论所要求的引力场方程会是怎样的具体形式呢？这里不得不提到德国的天文学家卡尔·施瓦西(Karl Schwarzschild)，他是现代理论天体物理学的开创者之一，他对实测天体物理学和其他天文学分支也作出了重要贡献。施瓦西于 1915 年 12 月获得了爱因斯坦方程的球形天体引力场情况下的解(具体推导见后面章节)，可以说，他采用优美的数学分析，解决了球对称天体问题，并将这个解寄送爱因斯坦请其呈交柏林科学院。爱因斯坦对这个解极其感兴趣，因为到当时为止他自己连一个适合弱引力场的近似解都没有得到。与此相反，施瓦西的解是精确的，适用于球对称质量周围任意强的引力场，这是一个非常重要的结果。后来，广义相对论的理论就被更多的实验所证实。

3.9　广义相对论的实验验证

1. 引力红移

在广义相对论中，根据等效原理就可以推出，处于引力场中的时钟的频率或原子辐射的频率要受到引力势的影响而向红端(低频端)移动，这就是引力红移。如果在远离引力源的 x_1 处观测引力源附近 x_2 处相应的频率，则红移量 $\Delta\nu$ 和 x_1 处的频率 ν 之比应该同两处势 $\varphi(x)$ 的差有如下关系：

$$\frac{\Delta\nu}{\nu}=\varphi(x_2)-\varphi(x_1)$$

利用史瓦西度规也可以得到同样的结果。

从天文观测来测定引力红移的一个主要困难，是如何把引力红移和由其他因素引起的多普勒红移区分开来。直到 20 世纪 60 年代初，对太阳引力红移最好的观测结果是预言值的 1.05±0.05 倍。

白矮星由于引力场很强，其引力红移大得多，但如何精确测定白矮星上的引力势又有困难，直到 20 世纪 70 年代初才得到较满意的结果。

20 世纪 60 年代，R. V. 庞德等人利用穆斯堡尔效应(见穆斯堡尔谱学)在地面进行实验，测量地球引力场中的引力红移，得到了满意的结果。1964 年得到的结果是理论值的 0.999±0.0076 倍。在约 1%的精度上检验了等效原理关于引力红移的预言。

2. 行星近日点的进动

1) 中心力场中行星的进动

在史瓦西度规中，考虑绕中心质量 M 公转的检验粒子的运动。中心质量使它周围的时空发生“弯曲”，检验粒子每公转一周，近心点的进动量为

$$\Delta=\frac{6\pi GM}{c^2a(1-\varepsilon)}$$

其中，a 是轨道的半长轴，ϵ 是偏心率。

用史瓦西度规来描述太阳引力场，把行星当作检验粒子，就可算出太阳系中行星轨道每百年进动的理论值。比较行星进动值的理论值和观测值，可以明确看到：广义相对论在解释牛顿理论所不能说明的剩余进动方面，是相当成功的。

2）水星进动问题

牛顿根据开普勒三定律，建立著名的万有引力定律：

$$F=G\frac{m_1\cdot m_2}{r^2}$$

该定律的发现打破了亚里士多德关于“月上”和“月下”两个世界的划分，是第一个本质的力的发现，是一个极其成功的理论。根据它解释了极多的地面现象和天体现象，其中最成功的事例当属关于海王星预言的证实。19 世纪初发现天王星的运行中总有不能解释的“反常”。法国的勒维耶和英国的亚当斯猜测其原因可能是由一颗尚未发现的行星对天王星的引力作用而引起的。他们相互独立的计算得到相同的结果。这些预言于 1846 年 9 月 23 日寄到德国的柏林天文台，根据计算，当时这个未知的行星应当位于摩羯座 δ 星之东 5°左右，它的移动速度应为每天后退 69 角秒。柏林天文台当晚就作了观测，果然在偏离预言位置不到 1°的地方发现了一颗新的八等星，第二天继续观测，发现它的移动速度也与牛顿引力理论的预言完全符合。这一成功使万有引力理论获得了不可动摇的声誉。直到今天，牛顿万有引力理论仍然是精密的天体力学基石，人造卫星、宇宙飞船的运行轨道的研究，仍然要靠牛顿的这一理论。

到 20 世纪初，万有引力理论似乎已是一种无往而不胜的理论了。仅仅有一个非常小的事实似乎是个例外。这个事实就是水星近日点的进动。

水星是距太阳最近的一颗行星。按照牛顿的引力理论，在太阳的引力作用下，水星的运动轨道将是一个封闭的椭圆形。但实际上水星的轨道并不是严格的椭圆，而是每转一圈它的长轴也略有转动，长轴的转动，就称为进动。水星的进动速率是每一百年 1°33′20″。进动的原因是由于作用在水星上的力，除了太阳的引力（这是最主要的）外，还有其他各个行星的引力。后者很小，所以只引起缓慢的进动。天体力学家根据牛顿引力理论证明，由于地球参考系以及各行星引起的水星轨道的进动，总效果应当是每百年 1°32′37″，而不是每百年 1°33′20″。二者之差虽然很小，只有每百年 43″，但是已在观测精度不容许忽略的范围了，如图 3－28 所示。

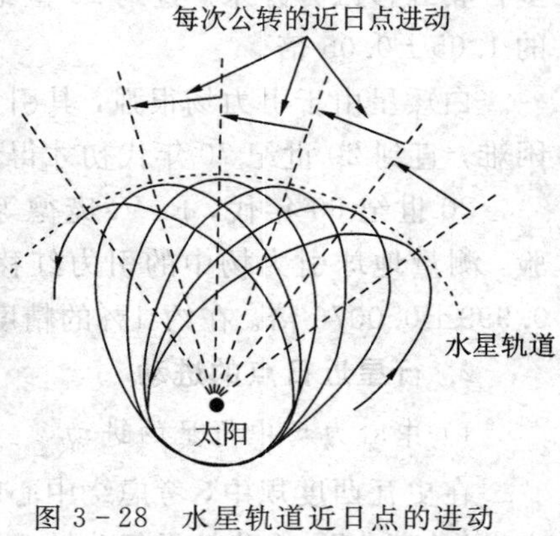

图 3－28　水星轨道近日点的进动

这个每百年 43″，引起了许多议论，成功地预言过海王星的勒维耶，这次又如法炮制，认为在太阳附近还存在一颗很小的行星，是它引起了水星的异常进动。不过，这一次勒维耶的预言并没有获得成功。在他预言的地方没有看到任何新的行星。就这样，小小的每百年 43″，在以牛顿力学为基础的天体力学中就成为一个谜，等待着解决。直到爱因斯坦确立了广义相对论之后，水星进动问题才第一次获得了满意的解决。不过，广义相对论的研究并不是从这个具体问题开始的。

3. 光线偏转

在广义相对论中，光线经过质量为 M 的引力中心附近时，将会由于空间弯曲而偏向引力中心，如图 3－29 所示。其偏转程度比仅考虑光的运动质量受万有引力而偏转的程度要大。光沿零测地线运动，因此具体计算时需要求解史瓦西度规中的零测地线方程。可以证明，远离中心质量 M 的观察者所测得的偏转角应为

$$\delta=\frac{4GM}{c^2 r_0}$$

其中，r_0是光线路径同质量中心的最短距离。

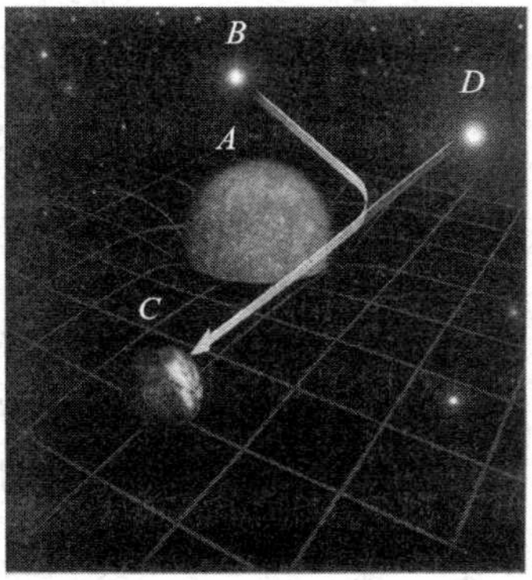

图 3－29 光线偏转

爱因斯坦预言，如果星光擦过太阳边缘到达地球，则太阳引力场所造成的星光偏转角为 1.75″。这个预言于 1919 年日全食时被 A. S. 爱丁顿率领的观测队所证实，因而轰动世界。以后，每逢日全食都进行观测，但由于种种不确定的因素，光学测量精度的提高受到了限制。1973 年，光学测量所得偏转角同理论值之比为 0.95±0.11。

20 世纪 60 年代末，由于射电天文学的发展，使人们有可能用高于光学观测的精度来测量太阳引起的射电信号的偏折。这类观测所得偏转角同理论值之比在 1975 年已达到约1±0.01。

4. 雷达回波延迟

由爱因斯坦的相对论，从地面上用雷达发射一束电磁波脉冲，这些电磁波碰到其他行星后再返回地球，被雷达所接收。若电波来回的路程远离太阳，太阳的影响可以不计；若电波来回的路程经过太阳附近，则会受到太阳引力场的作用，电波的路径就要弯曲，使传播时间延长。I. I. 夏皮洛于 1964 年建议测量雷达信号传播到内行星再反射回地球所需的时间，来检验广义相对论。他为此进行了长期的测量。观测结果与理论预言一致(例如观测地球和水星之间雷达波的最大延迟时间可达 240 μs)，进一步证实了广义相对论理念的正确。到 20 世纪 70 年代末期，这类测量所得的数据同广义相对论理论值比较，相差约 1%。

这类实验也可以在地球引力场中，通过测量人造卫星的雷达回波的时间延迟来进行。

5. 引力波

爱因斯坦引力场方程是双曲型偏微分方程，它意味着引力场的扰动将以一个有限速度

传播，这种扰动就是以光速传播的引力波。

早在 1916 年爱因斯坦就根据弱场近似预言了弱引力波的存在。但最初关于引力波的理论是同坐标的选取有关的，以致引力波到底是引力场固有的性质，还是某种虚假的坐标效应，以及引力波是否从发射系统中带走能量等问题长时间没有澄清。直到 20 世纪 50 年代末，同坐标选取无关的引力辐射理论才开始形成。随后求出了爱因斯坦真空场方程的一种以光速传播的平面波前、平行射线的严格的波动解，并证明了检验粒子在引力波作用下会产生运动，从而表明了引力波携带着能量。不过，由于爱因斯坦方程是非线性的，有关引力波的一些理论问题仍有待继续澄清。

从物理图像上看，弱场近似下的辐射解毕竟是值得注意的。一方面，任何可观测到的引力辐射的强度多半都非常低；另一方面，弱场近似下的引力辐射理论有可能沟通广义相对论同微观物理学之间的鸿沟，赋予引力学概念以确切的含义。

广义相对论的弱场辐射解具有如下的特点：是在真空中以光速传播的横波，没有偶极辐射，只有四极或更高级的辐射，携带有能量，然而穿透能力极强，等等。

显然，由于引力波与物质作用极为微弱，对它的探测就极为困难。20 世纪 70 年代初，有人宣称探测到了不能排除是来自太空的引力波信号。但是，以后没有人能够重复得到这一结果。70 年代末，J. H. 泰勒等人公布了对射电脉冲双星 PSR 1913＋16 公转周期变短的长期观测的结果。泰勒等人认为这种效应是由于引力辐射不断带走能量所引起的。他们的结果在 20％的误差范围内同引力辐射的理论计算一致。广义相对论的成果主要在天文学上，读者可参阅有关书籍。

3.10　宇宙理论简介

宇宙的结构和性质令人着迷，多年来，它一直激起着人类各种各样的幻想，人类对宇宙的认识逐步走向了科学和深入。

3.10.1　黑洞

最早预言黑洞的人是英国剑桥大学的米歇尔(J. Michell)和法国科学家拉普拉斯(P. S. Laplace)，他们在 200 多年前就曾谈到“宇宙中最明亮的天体很可能是看不见的”。

1. 引力半径

假定我们在一个球形而不旋转的行星表面上用弹簧秤测量该行星施加在某个物体上的吸引力，根据牛顿定律可知，这个力与行星质量和物体质量的乘积成正比，与行星半径的平方成反比。半径能够测算出来，例如通过测量赤道的长度再除以 2π。

但是爱因斯坦的引力理论对这个力又做了哪些说明呢？他预言这个力比用牛顿公式计算出的值稍大一些。

现在假想一下，保持行星总质量不变，我们可以通过压缩，渐渐减小它的半径。由于半径减小，行星表面上的引力将会增加。根据牛顿引力理论，半径收缩为二分之一，引力会增加到原来的四倍。爱因斯坦理论表明这个力将会增加得稍快一些：行星的半径越小，这种差别越大。

如果行星被压缩得小到产生超强的引力，牛顿引力理论的计算值与爱因斯坦理论的预期值之间的差异开始急剧扩大。根据前一理论，当天体被压缩成为一个（半径几乎为零的）点时，引力趋于无穷大。后一理论的结论有很大的不同，即引力趋于无穷大发生在半径接近所谓的引力半径（也叫施瓦西半径）的时候。这个半径的值由天体的质量决定：质量越小，引力半径也越小。实际上，即使质量非常大，其引力半径也很小。对地球来说，它只不过 1 厘米而已，而太阳的引力半径也才 3 千米。一般而言，天体的半径远远大于它们的引力半径。例如，地球的平均半径是 6400 千米，而太阳的是 70 万千米。只要天体的实际半径远大于它们的引力半径，那么由爱因斯坦和牛顿的引力理论计算出的力的差异就极其微小。例如在地球表面上这种差别只有十亿分之一。如上所述，当天体的半径等于其引力半径时，实际的引力场强度变得无穷大。

那么，为什么正常恒星和行星没有被引力压缩到中心而是形成平衡的天体呢？这说明向心的引力与物质的内部压力达到了平衡。对于恒星，后者就是由倾向于使恒星膨胀的高热气体所产生的压力。对于地球型行星，它们是张力、弹性力和抵抗压缩的压力。天体的平衡是由引力和与之抗衡的力的精确相等来维持的。后面这些力依赖于物质的状态，即它的压力和温度，它们随着压缩而增加。可是，如果把物质压缩到一个有限的（不是无限高的）密度，压力和温度也保持为有限。引力的行为则不同，随着天体的大小接近于引力半径，天体表面的引力将趋于无穷大。这时它不能被有限的抵抗力平衡，这个天体必定毫无阻碍地向中心收缩。所以，当天体接近施瓦西球时引力无限增长，将产生灾难性的、不可阻止的收缩。物理学家把这种现象称为相对论性的坍缩。

美国物理学家罗伯特·奥本海默（Robert Oppenheimer）和哈特兰·斯纳特（Hartland Snyder）于 1939 年首次严格地计算了相对论引力坍缩过程。其中，奥本海默的知名度远远超出了物理学界，他于 1943—1945 年参与了美国原子弹的研究并领导了著名的罗塞拉莫斯（Los Alamos）科学实验室。后来他认识到发展氢弹和军备竞赛隐含的危险性，大胆地为原子能只能用于和平目的而说话。1953 年，他被当作政治上不可靠的美国人而被剥夺了所有的政府职务。他们的论文是一篇简明易懂的杰作，只用几页的篇幅就给出了对这个现象完整而令人信服的描述。这篇论文也被认为严格地预言了黑洞产生的可能性。

2. 黑洞

黑洞是广义相对论的一个预测，其推导也很简单。在一个静止质量为 M、球对称分布的引力场中，质量为 m 的粒子的引力势能为 $E_p=-G\dfrac{Mm}{r}$，该粒子被束缚在 r 范围内，按

照牛顿力学能量守恒定律计算，有

$$\frac{1}{2}mv^2-G\frac{Mm}{r}\leqslant 0$$

它的上限是 $r=\frac{2GM}{v^2}$，如果粒子是光子，$v=c$，则有

$$r_g=\frac{2GM}{c^2}$$

其中，r_g称为引力半径。

若质量全部分布在这个半径 r_g之内，光也不能从 r_g内传出，即不可能有任何信息从 r_g内传出来，那么这种质量完全分布在引力内的体系就称为黑洞。显然，任何物体(包括电磁辐射)只要其速度小于或等于光速，它们都会被这种致密的星体的引力所吸引，而落入这个星体之中。如果是光束，只要它距此致密星体的距离略小于引力半径，光束也将落入此星体中。

正因为黑洞没有电磁辐射发射出来，故它是很难被探测出来的。直到 1964 年，天文学家发现宇宙中有一颗星的光谱线出现周期性的变红和变紫，经计算，在这颗星的附近应有一颗质量很大而半径很小的伴星，但又观察不到这颗伴星的谱线，因此天文学家猜测这颗伴星实际上是一个黑洞，这是人类首次发现的黑洞。此后，天文物理学家又陆续发现了一些黑洞，并认为黑洞是由恒星在其引力坍缩下形成的。r_g称为黑洞的视界，按照这个公式，可以算出一些物体的引力半径 r_g。

广义相对论中，球对称的静止质量为 M 的引力场方程的解叫施瓦西解。引力半径 r_g是施瓦西解的奇点，所以 r_g称为施瓦西半径，凑巧和经典力学的数值相等，相应的黑洞称为施瓦西黑洞。

3.10.2　宇宙的创生

1. 有限还是无限

在古希腊，毕达哥拉斯学派的“宇宙”就是一个球形的天体系统，一个和谐、有序的全体。亚里士多德区别天上的以太和月下的四大元素(土、水、气、火)说明天尊地卑，以“自然运动”和“自然位置”来论证宇宙间的不易秩序，以不存在虚空来论证宇宙是包容一切的整体，没有什么宇宙之外的问题，宇宙是有限的。近代伊始，哥白尼率先挑战托勒密体系，日心说“不仅限于让太阳取代地球的世界中心地位，更重要的是暗含着对世界有一个中心的否定”，这就预示着无限宇宙理论的出现。真正从科学方面支持无限宇宙观念的，为近代科学家所看重的是欧几里得几何化的“空间”概念。从数学上讲，牛顿的万有引力以及牛顿力学都是以欧几里得空间作为框架的。牛顿认为，时间和空间是相互独立的，时间是均匀流逝永不停息的，空间是平直刚性、无头无尾、无边无际的。如果用牛顿的时空观去解释宇宙，就会得出宇宙无限无边的结论，并且宇宙中天体的数目也是无限的，无论我们走到

哪里，周围总是布满了天体。那么，这种宇宙无限无边的说法可靠吗？

1）奥伯斯佯谬

实际上对宇宙无限说法持怀疑态度的人很早就有，最著名的莫过于奥伯斯(Heinrich Wilhelm Matthaus Olbers，1758—1840)，他于 1926 年提出了一个论证，称之为奥伯斯佯谬。

奥伯斯佯谬包括以下几点：

(1) 空间是无限的，在这无限的空间中，充满了无限多的恒星。

(2) 每颗星虽然有生有灭，但从总体看，可以认为宇宙的密度 ρ 保持为常数。

(3) 从统计观点出发，可以假定恒星的发光强度 L 基本不变，光的传播规律(照度 $E\sim\frac{1}{r^2}$)在宇宙中处处相同。

(4) 时间是无限的，从总体来说恒星可无限期地存在。

(5) 在距离地面 r 到 $r+\Delta r$ 的球壳中，恒星的数目为 ΔN。

$$\Delta N=\rho 4\pi r^2\Delta r$$

地面接收到的照度为

$$\frac{\Delta N}{r^2}L=4\pi\rho L\Delta r$$

所以无论何时地面接收到的累积照度都会无限亮，因为

$$\mathrm{E}\sim\int_0^\infty 4\pi\rho L\,\mathrm{d}r=4\pi\rho L\int_0^\infty \mathrm{d}r$$

或者说白天和黑夜应该一样亮，地球不应该有白天黑夜之分。但地球上存在白天黑夜是不可动摇的事实，如何来弥合佯谬和事实的矛盾呢？

2）引力佯谬

德国人西利格尔(Hugo Von Seeliger，1849—1924)在 1894 年提出，如果在无限的宇宙中均匀地分布着无数恒星，而万有引力在它们之间是普遍适用的，那么任何一个天体在任何方向上都要受到无限大的引力，其总的效果则将是把宇宙中的一切都撕得粉碎。当然，事实上，谁也没有为这无限大引力的存在担忧，因为在地球上生活的人以及看得见的星球都在完好无损地存在着，问题究竟出在哪里呢？

为此，有人提出，有可能越到宇宙的边缘，星体越稀少。这样一来，当然有可能消除无限大困难了，但是又回到了有边界的宇宙模型，既然有边界，那么自然就会有中心，各个星系的地位彼此就不可能一致，空间中各点的地位也不可能平等，宇宙的均匀性也就随之废除了。如果接受这种“孤岛”似的宇宙模型——宇宙有边界，那么，边界外部又是什么？

同时还会带来另一种困难，即处在边界上的恒星在向外辐射能量时，其中一大部分能量要脱离开我们的宇宙，即使我们不去追究这些能量和物质究竟到了哪里，对宇宙来说，

总是物质和能量的减少。有朝一日，我们的宇宙就会由于这种辐射而变得空无所有，这种后果又如何解释呢？

以上两个佯谬说明，按照牛顿时空模型得到的结论是如此荒唐，表明牛顿宇宙模型中总有某些东西并非客观事实。

在广义相对论建立的第二年，爱因斯坦建立了第一个以广义相对论时空观为基础的宇宙模型，这是一个有限无边界的静态宇宙模型，是一个空间上闭合并具有均匀分布的物质的宇宙。如果把宇宙空间想象为二维的球面，它没有边界，但是(球面积)有限；实际的宇宙空间是三维，可以看做一个有限无界的超球面。根据广义相对论，时空的几何性质取决于物质分布的状态，物质引力使之对应于弯曲的黎曼空间(在各种相对论宇宙模型中，宇宙都具有有限而无界的黎曼空间)。

2. 宇宙大爆炸理论

为了得到宇宙方程的静态解，爱因斯坦假定还有一种与宇宙引力相抵消的宇宙斥力，他在场方程中增加了一个代表斥力的宇宙学项。几乎与爱因斯坦同时，荷兰人德西特(Willem de Sitter，1872—1934)也根据引力场方程，得出了一个(宇宙)空间不随时间改变的静态型宇宙解，但这个宇宙模型的物质平均密度却趋近于零。1922 年，俄罗斯数学家亚历山大・弗里德曼(Alexander Friedmann，1888—1925)在论文《论空间曲率》中，得到爱因斯坦场方程的一组动态解，包括两类膨胀解和一类振荡解，无需引进“宇宙学项”而建立了新的宇宙模型，即弗里德曼模型。进一步的研究表明，宇宙的动态演化趋势，取决于宇宙物质的平均密度 ρ 与临界密度 ρ_c 的比值：

当 $\rho<\rho_c$ 时，$K=-1$，双曲型开放的宇宙；

当 $\rho=\rho_c$ 时，$K=0$，欧氏平直开放的宇宙；

当 $\rho>\rho_c$ 时，$K=+1$，有限无界封闭的宇宙。

在前两种情况下，宇宙将一直膨胀下去；后一种情况下，宇宙会出现膨胀—收缩的振荡。比利时人勒梅特(Georges Lemaitre，1894—1966)在弗里德曼解的基础上，把已观测到的河外星系红移解释为宇宙膨胀的一个结果，1929 年提出膨胀宇宙的概念。针对膨胀的始点，勒梅特 1932 年又提出宇宙起源于一个“原始原子”的设想，而这同时也带来了新的问题，即质量、密度、时空曲率都是无穷大的奇点问题。

20 世纪 40 年代末 50 年代初，俄罗斯人伽莫夫(George Gamow，1904—1968) 等人发扬了勒梅特的思想，认为宇宙起始于一个极端高温、高密的“原始火球”；在原始火球中，物质以基本粒子形态存在，由于某种原因，这个火球发生了大爆炸，宇宙急剧膨胀，物质亦随之而扩散开来，同时各种基本粒子相互作用，形成了辐射和化学元素；随着宇宙进一步膨胀，物质逐渐冷却，再形成我们今天观测到的各种天体。大爆炸宇宙模型大致分为四个演化阶段：原始火球阶段、辐射阶段、物质阶段、现在。

这个理论预言宇宙因大爆炸遗迹必然还有某种残余的背景辐射。1965 年发现的 3K 宇宙背景辐射即被认为是对大爆炸宇宙学的最有力验证(同时也是对恒稳态宇宙学的反驳)。大爆炸宇宙模型因此得到了广泛的赞同。

尽管大爆炸模型取得了相当的成功，但还是有一些宇宙特征未能得到解释，如视界问题、平坦问题等等，有兴趣的读者可以参阅有关资料。

3. 宇宙创生于“无”

大爆炸宇宙模型成功地给出了宇宙膨胀的图景，根据广义相对论，它有一个奇点，而且这个奇点是不可避免的，霍金(Stephen W. Hawking)等人在1970年就证明了这一点。那么，暴涨(宇宙诞生初期的急速膨胀期)之前，宇宙是如何开始的呢？这就引出了宇宙的创生问题。或者说，我们研究自然，研究运动，都离不开时间和空间。如物理学中的运动规律，都是由运动方程来表达的，其中的初始条件(时间)、边界条件(空间)就是基本要素。而作为宇宙整体的初始条件和边界条件又从何谈起呢？

我们知道，经典力学的理论无法解释之，牛顿不得不把它归之于由有自由意志的主宰“上帝”来完成，也就是“第一推动”。而宇宙创生的新理论是霍金等人提出的量子宇宙学(quantum cosmology)，即在宇宙创生的普朗克时期，必须充分考虑引力的量子效应，作为解决宇宙中奇点问题的有效方案：宇宙的创生态是欧型(模仿欧几里得空间，除了是四维而不是二维的以外，其余与欧氏空间处理方法类似)的量子“基态”(有量子起伏的能量最低态)，宇宙中的所有结构都可归结为测不准关系所允许的波动。这个方案还虚化了宇宙创生的时间，即令 $t=\mathrm{i}\tau$，虚数在量子力学中有实在意义，它表示相(phase)的概念，通过量子隧道效应，可以方便地把粒子看做在虚时间中以非零概率穿透量子势垒。产生暴涨，实现相变，再到热膨胀……这个方案最重要的结论是，宇宙的边界条件就是它没有边界，整个宇宙只决定于物理定律，而不需要任何初始条件。对此我们可以概括为：宇宙的初始条件由宇宙自己来决定；宇宙的边界条件就是宇宙没有边界。

这个说法等价于“宇宙创生于无”，宇宙是从“无”经过量子跃迁创生出来的。由此物理学建立了自己的“第一推动”——“无”，完全脱离了与上帝的关系。①

讲到“无”，我们就不能不提中国老子的《道德经》，在老子看来，无就是“道”：

有物混成，先天地生。寂(无声)兮寥(无形)兮，独立而不改，周行而不殆。可以为天下母。

无名天地之始，有名万物之母。

无状之状，无物之象，是谓恍惚。

道之为物，惟恍惟惚。惚兮恍兮，其中有象；恍兮惚兮，其中有物。②

在老子看来，无就是永恒的、超玄绝象的、形而上的“道”；道莫名其妙，却又无所不在，无所不为，依自然之理——“道法自然”，行无为之事——“道常无为而无不为”，合起

① 肖巍．宇宙的观念．北京：中国社会科学出版社，1996：226.

② (春秋)李耳．老子．西安：陕西旅游出版社，2002：78，3，42，66.

来就是“自然无为”——天下万物生于有，有生于无。[①]

从这里我们可以看出古老的东方文化在科技发展的今天对宇宙的理解和描述，仍是有所裨益的，其文明之光闪闪发亮。东方文明对时间和空间的解读，就时空的正统观点来说，汉朝以前已经成熟的无限时空观，比经典力学绝对时空观（无限）要早千年以上，这是不争的事实。当然，从实践性、理论性来说，绝对时空观的严谨和科学就远远胜出了，但问题是为什么东方文明提出的这一观点要早得多呢？简单来说，这是由于科学技术不发达的当时，整体思维占优的结果；而随着近代科技的发展，擅长逻辑推理的西方就走到前面了。自20世纪以来，特别是20世纪中叶以来，随着现代科学与技术的迅猛发展，尤其是以能源技术、材料技术、信息技术为代表的技术领域的发展，越来越离不开系统科学作为支撑，这种系统科学的科学方法肯定是整体思维的结果，所以，展望未来，我们应该坚信，东方文明的思维方式，在思考和研究大尺度宇宙，以及比较复杂、庞大的系统工程时定会大显身手，充分展示自己无可替代的巨大价值。

无论怎样，东方文明和西方文明都是具有辉煌成就的伟大文明，都在人类历史长河中是无与伦比的。东西方由于生活环境和生活方式的不同，导致思维方式不同，东方注重整体，而西方注重具体。两大文明各自独立，不可互相替代，又各有所长，可以互相补充，组成了完整、理想的社会进步模式，共同推动人类的发展，是人类走向美好未来缺一不可的两大要素。

如果读者还想进一步了解相对论，掌握其数学推导和理论证明，可继续学习下篇内容。

思考题

1. 谈谈布莱德雷与光行差。
2. 双星歧变现象说明了什么？
3. 迈克尔逊-莫雷实验的零结果意味着什么？
4. 你能从洛伦兹变换式中解读出什么？
5. 你是如何理解光速不变原理的？
6. 在四维时空中，物理规律怎样表述？
7. 因为运动具有相对性，所以对运动的描述也是相对的，而运动的绝对性是否就失去了意义？
8. 牛顿时空观和相对论时空观有什么不同？

---

① （春秋）李耳．老子．西安：陕西旅游出版社，2002：119.

下篇

相对论基础

阿尔伯特·爱因斯坦(Albert Einstein，1879—1955)是20世纪伟大的科学家。他是19和20世纪之交物理学革命的发动者和主将，是现代科学的奠基者和缔造者。他的诸多科学贡献都是开创性的和划时代的。按照现今的诺贝尔科学奖评选标准，他至少应该荣获五、六次物理学奖(狭义相对论、布朗运动理论、光量子理论、质能关系式、广义相对论，以及固体比热的量子理论、受激辐射理论、玻色-爱因斯坦统计、宇宙学等)。

爱因斯坦在物理学家心目中的威望很高。据说，1999年12月，《物理学世界》(*Physics World*)杂志在世界第一流的物理学家中间做了一次民意测验，询问在物理学中做出最重要贡献的五位物理学家的名字。在收到的结果中，共有61位物理学家被提及。爱因斯坦以119票高居榜首，牛顿紧随其后，得96票。

1905年9月，爱因斯坦发表了《论动体的电动力学》(写于6月)，否定了牛顿的绝对时空理论，建立了相互联系时空的相对时空理论——狭义相对论。该理论的提出在物理学中具有划时代的意义，它使力学和电动力学相互协调，变革了传统的时间和空间概念，揭示了质量和能量的统一，把动量守恒定律和能量守恒定律连结起来，自此，人类对自然的认识翻开了新的篇章。爱因斯坦在建立狭义相对论后，就试图建立引力的相对性理论。爱因斯坦起初想在狭义相对论的框架内构造引力理论，但是存在着一个难以克服的困难：根据狭义相对论中的质能关系式，物理体系的惯性质量随其总能量的增加而增加，但是根据1890年厄缶精密的扭秤实验，物体的引力质量却与它的惯性质量相等，这样自由落体的加速度就应当与它的速度和内部状态密切相关，这显然与日常经验和该结论的前提相矛盾。因此，他不得不首先解决一个问题，即在牛顿力学中，为什么惯性系比其他参考系都特殊呢？经过了十年的努力，爱因斯坦于1915年11月，终于完成了他的广义相对论的集大成论文——《广义相对论的基础》(1916年3月整理并发行)。该文阐述了引入等效原理、扩充相对性原理和使用协变性的缘由，借助于黎曼曲率张量和克里斯多夫符号表示出与泊松方程相类似的引力场方程，由场方程决定的度规，再加上其他运动方程，就确定了质点的历史。

广义相对论的创立，在科学史上矗立了一座巍峨而永恒的丰碑，全面打开了物理学革命的新局面。

值得一提的是，爱因斯坦创立相对论和他早前就思考的两个问题(即追光问题和电梯实验)直接相关，“追光问题”引发狭义相对论的诞生，而“电梯实验”则引发广义相对论的建立。在相对论中，物理学定律或方程都是协变的，都具有相同的数学形式，或者说一切坐标系都是平权的，惯性参照系和非惯性参照系都可以描述物理规律，它们之间等价。

在狭义相对论创立100周年之际，联合国把2005年定为“物理学年”，德国、瑞士等国家也把2005年定为“爱因斯坦年”，以表达对爱因斯坦的纪念。

第四章　数学基础

本章讨论欧氏空间内，在笛卡尔直角坐标系间变换的张量理论。为叙述方便，以三维空间为代表，所得定义、定理、计算方法均可应用到 n 维欧氏空间。当应用到 n 维欧氏空间时，哑指标、自由指标取值为 1，2，3，…，n，这一原则下面不再重述。

4.1　矢量及相关知识

4.1.1　预备知识

1. 约定求和法

如果在同一项中，某个指标重复出现两次，就表示要对这个指标从 1 到 3 求和。例如在 A_iB_i 中，指标 i 重复出现两次，其含意是：

$$A_iB_i = A_1B_1 + A_2B_2 + A_3B_3$$

其中，i 称为约定求和指标。约定求和指标在展开式中不再出现，因此也称为“哑指标”。显然，哑指标的字母可以更换，因为 A_iB_i 与 A_jB_j 的含意是相同的。

2. 克罗内克符号

克罗内克符号 δ_{ij} 定义为

$$\delta_{ij} = \begin{cases} 0, & \text{当 } i \neq j \text{ 时} \\ 1, & \text{当 } i = j \text{ 时} \end{cases}$$

采用约定求和法和克罗内克符号将给我们以后的书写和运算带来很大的方便。这里写出几个常用的性质和运算：

(1) $\delta_{ii} = \delta_{11} + \delta_{22} + \delta_{33} = 3$；

(2) $\delta_{im}A_m = A_i$；

(3) $\delta_{im}B_{mj} = B_{ij}$；

(4) $\delta_{im}\delta_{mj} = \delta_{ij}$。

3. 置换符号(勒维-契维塔，Levi-Civita 符号)

置换符号 ε_{ijk} 定义为

$$\varepsilon_{ijk} = \begin{cases} 0, & \text{当 } i, j, k \text{ 中有两个相同者时} \\ 1, & \text{当 } i, j, k \text{ 为 } 1, 2, 3 \text{ 的偶排列时} \\ -1, & \text{当 } i, j, k \text{ 为 } 1, 2, 3 \text{ 的奇排列时} \end{cases}$$

其中，$\varepsilon_{123}=\varepsilon_{231}=\varepsilon_{312}=1$

$$\varepsilon_{132}=\varepsilon_{321}=\varepsilon_{213}=-1$$

其余 21 个全部为零。

例 4.1　用置换符号表示三阶行列式的值。

解
$$\begin{vmatrix} a_{11} & a_{12} & a_{13} \\ a_{21} & a_{22} & a_{23} \\ a_{31} & a_{32} & a_{33} \end{vmatrix} = a_{11}a_{22}a_{33}+a_{12}a_{23}a_{31}+a_{13}a_{32}a_{21}$$
$$-a_{13}a_{22}a_{31}-a_{11}a_{23}a_{32}-a_{33}a_{12}a_{21}$$
$$=\varepsilon_{ijk}a_{1i}a_{2j}a_{3k}=\varepsilon_{ijk}a_{i1}a_{j2}a_{k3}\qquad i,\ j,\ k=1,\ 2,\ 3$$

例 4.2　用置换符号表示 $\boldsymbol{A}\times\boldsymbol{B}$。

解　借用例 4.1 的结果，有

$$\boldsymbol{A}\times\boldsymbol{B}=\begin{vmatrix} \boldsymbol{i}_1 & \boldsymbol{i}_2 & \boldsymbol{i}_3 \\ A_1 & A_2 & A_3 \\ B_1 & B_2 & B_3 \end{vmatrix}=\varepsilon_{ijk}\boldsymbol{i}_i A_j B_k$$

4.1.2　矢量

由坐标原点与三条不共面的标架直线构成的坐标系称为直线坐标系。在直线坐标系中，如果各标架上单位尺度取的不同，则称为仿射坐标系；如果单位尺度取的相同，则称为笛卡尔坐标系。在笛卡尔坐标系中，如果标架直线互相垂直，则称为笛卡尔直角坐标系，否则称为笛卡尔斜角坐标系。以 $x_i(i=1,\ 2,\ 3)$表示笛卡尔直角坐标系的坐标，$\boldsymbol{i}_1$、$\boldsymbol{i}_2$、$\boldsymbol{i}_3$分别表示三个坐标的单位矢量。

4.2　直线坐标系中的矢量

4.2.1　矢量的分量与投影

如图 4-1 所示，直线坐标系 Ox^i中，由 O 点到 P 点的矢量 $\boldsymbol{K}$ 可以向三个坐标轴分解：

$$\boldsymbol{K}=\boldsymbol{A}+\boldsymbol{B}+\boldsymbol{C}\qquad(4-2-1)$$

分解的办法是众所周知的，即根据矢量加法的平行四边形法则进行。

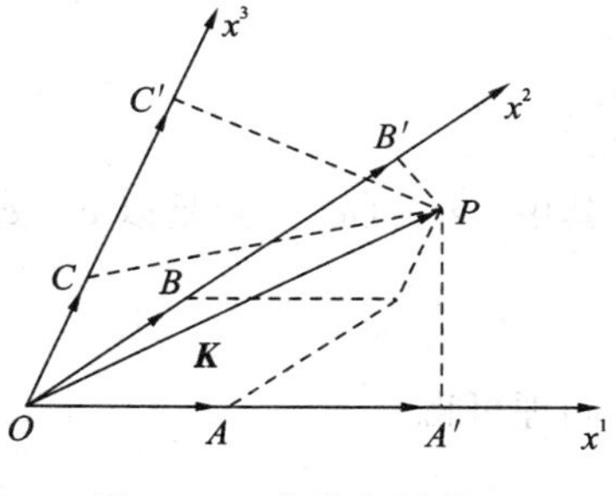

图 4-1　直线坐标系

式(4-2-1)称为 $\boldsymbol{K}$ 关于 Ox^i的分解式。Ox^i的方向给定后，上面的分解结果是唯一的，矢量 $\boldsymbol{A}$、$\boldsymbol{B}$、$\boldsymbol{C}$ 称为矢量 $\boldsymbol{K}$ 的可分解分量，或简称分量。若用 $\boldsymbol{u}_i$表示 Ox^i方向上的单位

矢量，则

$$\boldsymbol{A}=|\boldsymbol{A}|\cdot\boldsymbol{u}_1,\ \boldsymbol{B}=|\boldsymbol{B}|\cdot\boldsymbol{u}_2,\ \boldsymbol{C}=|\boldsymbol{C}|\cdot\boldsymbol{u}_3$$

$$\boldsymbol{K}=|\boldsymbol{A}|\cdot\boldsymbol{u}_1+|\boldsymbol{B}|\cdot\boldsymbol{u}_2+|\boldsymbol{C}|\cdot\boldsymbol{u}_3$$

自 P 点向 Ox^i 上作垂线，在 Ox^i 上得到三个矢量 $\boldsymbol{A}'$、$\boldsymbol{B}'$、$\boldsymbol{C}'$，称为矢量 $\boldsymbol{K}$ 在 Ox^i 上的投影分量，或简称投影。显然，矢量 $\boldsymbol{K}$ 不能用它的投影写成类似式(4-2-1)那样的式子。在笛卡尔直角坐标系中，不需要区别矢量的分量与投影。

4.2.2 基矢量与共轭基矢量

1. 基矢量

在式(4-2-1)中，若令

$$\boldsymbol{A}=\alpha\cdot\boldsymbol{e}_1,\ \boldsymbol{B}=\beta\cdot\boldsymbol{e}_2,\ \boldsymbol{C}=\gamma\cdot\boldsymbol{e}_3$$

则式(4-2-1)可写成

$$\boldsymbol{K}=\alpha\cdot\boldsymbol{e}_1+\beta\cdot\boldsymbol{e}_2+\gamma\cdot\boldsymbol{e}_3 \tag{4-2-2}$$

其中，$\boldsymbol{e}_1$、$\boldsymbol{e}_2$、$\boldsymbol{e}_3$ 称为基矢量，它们不一定是单位矢量。式(4-2-2)称为矢量 $\boldsymbol{K}$ 按基矢量的分解式。对给定的坐标系，$\boldsymbol{e}_i$ 是确定的，这一分解也是唯一的。

2. 共轭基矢量

以 O 点为原点建立笛卡尔直角坐标系 $Oy_1y_2y_3$，$\boldsymbol{K}$ 在该坐标系中的分量分别为

$$K_1=\alpha e_{11}+\beta e_{21}+\gamma e_{31}$$

$$K_2=\alpha e_{12}+\beta e_{22}+\gamma e_{32}$$

$$K_3=\alpha e_{13}+\beta e_{23}+\gamma e_{33}$$

其中，e_{11}、e_{12}、e_{13}，e_{21}、e_{22}、e_{23}，e_{31}、e_{32}、e_{33} 分别为 $\boldsymbol{e}_1$、$\boldsymbol{e}_2$、$\boldsymbol{e}_3$ 在 y_1、y_2、y_3 轴上的分量。由上面的方程组可解得

$$\alpha=\frac{\begin{vmatrix} K_1 & K_2 & K_3 \\ e_{21} & e_{22} & e_{23} \\ e_{31} & e_{32} & e_{33} \end{vmatrix}}{\begin{vmatrix} e_{11} & e_{12} & e_{13} \\ e_{21} & e_{22} & e_{23} \\ e_{31} & e_{32} & e_{33} \end{vmatrix}}=\frac{\boldsymbol{K}\cdot(\boldsymbol{e}_2\times\boldsymbol{e}_3)}{\boldsymbol{e}_1\cdot(\boldsymbol{e}_2\times\boldsymbol{e}_3)}$$

其中，$\boldsymbol{e}_1\cdot(\boldsymbol{e}_2\times\boldsymbol{e}_3)$ 是以 $\boldsymbol{e}_1$、$\boldsymbol{e}_2$、$\boldsymbol{e}_3$ 为棱的平行六面体的体积，记作 V。所以

$$\alpha=\boldsymbol{K}\cdot\frac{\boldsymbol{e}_2\times\boldsymbol{e}_3}{V}$$

同理可得

$$\beta=\boldsymbol{K}\cdot\frac{\boldsymbol{e}_3\times\boldsymbol{e}_1}{V},\ \gamma=\boldsymbol{K}\cdot\frac{\boldsymbol{e}_1\times\boldsymbol{e}_2}{V}$$

令

$$\boldsymbol{e}^1=\frac{\boldsymbol{e}_2\times\boldsymbol{e}_3}{V},\ \boldsymbol{e}^2=\frac{\boldsymbol{e}_3\times\boldsymbol{e}_1}{V},\ \boldsymbol{e}^3=\frac{\boldsymbol{e}_1\times\boldsymbol{e}_2}{V} \tag{4-2-3}$$

或

$$\boldsymbol{e}^i=\frac{\boldsymbol{e}_j\times\boldsymbol{e}_k}{V}\qquad (i,\ j,\ k\ 是\ 1,\ 2,\ 3\ 的偶排列)$$

则

$$\alpha=\boldsymbol{K}\cdot\boldsymbol{e}^1,\ \beta=\boldsymbol{K}\cdot\boldsymbol{e}^2,\ \gamma=\boldsymbol{K}\cdot\boldsymbol{e}^3$$

$$\boldsymbol{K}=(\boldsymbol{K}\cdot\boldsymbol{e}^1)\cdot\boldsymbol{e}_1+(\boldsymbol{K}\cdot\boldsymbol{e}^2)\cdot\boldsymbol{e}_2+(\boldsymbol{K}\cdot\boldsymbol{e}^3)\cdot\boldsymbol{e}_3 \tag{4-2-4}$$

其中，$\boldsymbol{e}^1$、$\boldsymbol{e}^2$、$\boldsymbol{e}^3$称为基矢量$\boldsymbol{e}_1$、$\boldsymbol{e}_2$、$\boldsymbol{e}_3$的共轭基矢量。

3. 基矢量与共轭基矢量的关系

（1）基矢量与共轭基矢量通常情况下不相等。

由式(4－2－3)可知，$\boldsymbol{e}^i$垂直于$\boldsymbol{e}_j$、$\boldsymbol{e}_k$所决定的平面，即

$$\boldsymbol{e}^i\perp\boldsymbol{e}_j,\ \boldsymbol{e}^i\perp\boldsymbol{e}_k$$

如图 4－2 所示，所以

$$\boldsymbol{e}_i\cdot\boldsymbol{e}^j=0\qquad (i\neq j) \tag{4-2-5}$$

又

$$\boldsymbol{e}_1\cdot\boldsymbol{e}^1=\boldsymbol{e}_1\cdot\frac{\boldsymbol{e}_2\times\boldsymbol{e}_3}{V}=\frac{V}{V}=1$$

同理有

$$\boldsymbol{e}_2\cdot\boldsymbol{e}^2=1$$

$$\boldsymbol{e}_3\cdot\boldsymbol{e}^3=1$$

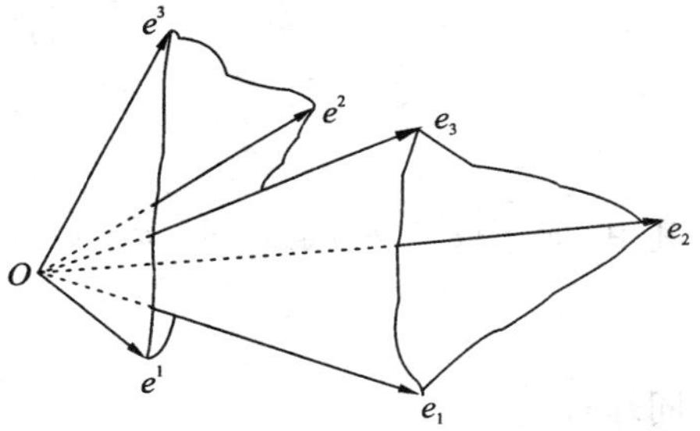

图 4－2 基矢量与共轭基矢量

即

$$\boldsymbol{e}_i\cdot\boldsymbol{e}^i=1 \tag{4-2-6}$$

式(4－2－5)、式(4－2－6)可写成

$$\boldsymbol{e}_i\cdot\boldsymbol{e}^j=\delta_i^j=\begin{cases}1 & i=j\\ 0 & i\neq j\end{cases} \tag{4-2-7}$$

因为$\boldsymbol{e}_i$斜交且又不一定等于1，所以$\boldsymbol{e}^i$一般也不等于1，即使$\boldsymbol{e}_i$是单位矢量，$\boldsymbol{e}^i$也不一定是单位矢量。

式(4－2－6)还可以写成

$$\boldsymbol{e}_1\cdot\boldsymbol{e}^1=|\boldsymbol{e}_1||\boldsymbol{e}^1|\cos(\boldsymbol{e}_1,\ \boldsymbol{e}^1)=1$$

因为$|\boldsymbol{e}_1||\boldsymbol{e}^1|$不一定为1，$\cos(\boldsymbol{e}_1,\ \boldsymbol{e}^1)$也不一定为1，所以由上式不能得出$\boldsymbol{e}_1$平行于$\boldsymbol{e}^1$的结论。

只有在笛卡尔直角坐标系中，$\boldsymbol{e}_1$、$\boldsymbol{e}_2$、$\boldsymbol{e}_3$互相垂直且是单位矢量，此时$\boldsymbol{e}^1$与$\boldsymbol{e}_1$，$\boldsymbol{e}^2$与$\boldsymbol{e}_2$，

$\boldsymbol{e}^3$与$\boldsymbol{e}_3$方向一致，且$\boldsymbol{e}^1$、$\boldsymbol{e}^2$、$\boldsymbol{e}^3$是单位矢量。在这种情况下，就没有必要区别基矢量与共轭基矢量了。

(2) 基矢量与共轭基矢量互为共轭。

仿照前面的步骤，可以将$\boldsymbol{K}$向$\boldsymbol{e}^i$分解：

$$\boldsymbol{K}=\alpha'\cdot\boldsymbol{e}^1+\beta'\cdot\boldsymbol{e}^2+\gamma'\cdot\boldsymbol{e}^3$$

以O点为原点建立笛卡尔直角坐标系$Oy^1y^2y^3$，$\boldsymbol{K}$在该坐标系中的分量分别为

$$K_1=\alpha'e_1^1+\beta'e_1^2+\gamma'e_1^3$$
$$K_2=\alpha'e_2^1+\beta e_2^2+\gamma'e_2^3$$
$$K_3=\alpha'e_3^1+\beta'e_3^2+\gamma'e_3^3$$

其中，e_1^1、e_2^1、e_3^1，e_1^2、e_2^2、e_3^2，e_1^3、e_2^3、e_3^3分别为$\boldsymbol{e}^1$、$\boldsymbol{e}^2$、$\boldsymbol{e}^3$在y^1、y^2、y^3轴上的分量。由上面的方程组可解得

$$\alpha'=\frac{\begin{vmatrix}K_1 & K_2 & K_3\\ e_1^2 & e_2^2 & e_3^2\\ e_1^3 & e_2^3 & e_3^3\end{vmatrix}}{\begin{vmatrix}e_1^1 & e_2^1 & e_3^1\\ e_1^2 & e_2^2 & e_3^2\\ e_1^3 & e_2^3 & e_3^3\end{vmatrix}}=\frac{\boldsymbol{K}\cdot(\boldsymbol{e}^2\times\boldsymbol{e}^3)}{\boldsymbol{e}^1\cdot(\boldsymbol{e}^2\times\boldsymbol{e}^3)}$$

其中，$\boldsymbol{e}^1\cdot(\boldsymbol{e}^2\times\boldsymbol{e}^3)$是以$\boldsymbol{e}^1$、$\boldsymbol{e}^2$、$\boldsymbol{e}^3$为棱的平行六面体的体积，记作$V'$。所以

$$\alpha'=\boldsymbol{K}\cdot\frac{\boldsymbol{e}^2\times\boldsymbol{e}^3}{V'}$$

同理有

$$\beta'=\boldsymbol{K}\cdot\frac{\boldsymbol{e}^3\times\boldsymbol{e}^1}{V'},\ \gamma'=\boldsymbol{K}\cdot\frac{\boldsymbol{e}^1\times\boldsymbol{e}^2}{V'}$$

令

$$\boldsymbol{e}_1=\frac{\boldsymbol{e}^2\times\boldsymbol{e}^3}{V'},\ \boldsymbol{e}_2=\frac{\boldsymbol{e}^3\times\boldsymbol{e}^1}{V'},\ \boldsymbol{e}_3=\frac{\boldsymbol{e}^1\times\boldsymbol{e}^2}{V'}$$

即

$$\boldsymbol{e}_i=\frac{\boldsymbol{e}^j\times\boldsymbol{e}^k}{V'}\quad(i,\ j,\ k\text{ 是 }1,\ 2,\ 3\text{ 的偶排列})$$

则

$$\alpha'=\boldsymbol{K}\cdot\boldsymbol{e}_1,\ \beta'=\boldsymbol{K}\cdot\boldsymbol{e}_2,\ \gamma'=\boldsymbol{K}\cdot\boldsymbol{e}_3$$

$$\boldsymbol{K}=(\boldsymbol{K}\cdot\boldsymbol{e}_1)\cdot\boldsymbol{e}^1+(\boldsymbol{K}\cdot\boldsymbol{e}_2)\cdot\boldsymbol{e}^2+(\boldsymbol{K}\cdot\boldsymbol{e}_3)\cdot\boldsymbol{e}^3\qquad(4-2-8)$$

可见，任意矢量都可以按基矢量分解，也可以按共轭基矢量分解，$\boldsymbol{e}_i$和$\boldsymbol{e}^i$互为共轭。

(3) 基矢量组成的体积元与共轭基矢量组成的体积元之积等于1。

因为

$$V' = \boldsymbol{e}^1 \cdot (\boldsymbol{e}^2 \times \boldsymbol{e}^3)$$

将式(4－2－3)代入上式，得

$$\begin{aligned} V' &= \frac{1}{V^2}\{\boldsymbol{e}^1 \cdot [(\boldsymbol{e}_3 \times \boldsymbol{e}_1) \times (\boldsymbol{e}_1 \times \boldsymbol{e}_2)]\} \\ &= \frac{1}{V^2}\{(\boldsymbol{e}_3 \times \boldsymbol{e}_1) \cdot [(\boldsymbol{e}_1 \times \boldsymbol{e}_2) \times \boldsymbol{e}^1]\} \\ &= \frac{1}{V^2}\{(\boldsymbol{e}_3 \times \boldsymbol{e}_1) \cdot [(\boldsymbol{e}^1 \cdot \boldsymbol{e}_1)\boldsymbol{e}_2 - (\boldsymbol{e}_2 \cdot \boldsymbol{e}^1)\boldsymbol{e}_1]\} \\ &= \frac{1}{V^2}(\boldsymbol{e}_3 \times \boldsymbol{e}_1) \cdot \boldsymbol{e}_2 \\ &= \frac{1}{V} \end{aligned}$$

即

$$V'V = 1 \tag{4-2-9}$$

4.2.3　矢量的逆变分量和协变分量

式(4－2－4)可写成

$$\begin{aligned} \boldsymbol{K} &= (\boldsymbol{K} \cdot \boldsymbol{e}^1) \cdot \boldsymbol{e}_1 + (\boldsymbol{K} \cdot \boldsymbol{e}^2) \cdot \boldsymbol{e}_2 + (\boldsymbol{K} \cdot \boldsymbol{e}^3) \cdot \boldsymbol{e}_3 \\ &= K^1 \cdot \boldsymbol{e}_1 + K^2 \cdot \boldsymbol{e}_2 + K^3 \cdot \boldsymbol{e}_3 \end{aligned} \tag{4-2-10}$$

式(4－2－8)可写成

$$\begin{aligned} \boldsymbol{K} &= (\boldsymbol{K} \cdot \boldsymbol{e}_1) \cdot \boldsymbol{e}^1 + (\boldsymbol{K} \cdot \boldsymbol{e}_2) \cdot \boldsymbol{e}^2 + (\boldsymbol{K} \cdot \boldsymbol{e}_3) \cdot \boldsymbol{e}^3 \\ &= K_1 \cdot \boldsymbol{e}^1 + K_2 \cdot \boldsymbol{e}^2 + K_3 \cdot \boldsymbol{e}^3 \end{aligned} \tag{4-2-11}$$

矢量按基矢量 $\boldsymbol{e}_i$ 分解时，$\boldsymbol{e}_i$ 的系数 $\boldsymbol{K}^i$ 称为矢量 K 的逆变分量，指标写在字母的右上方。矢量按共轭基矢量 $\boldsymbol{e}^i$ 分解时，$\boldsymbol{e}^i$ 的系数 $\boldsymbol{K}_i$ 称为矢量 K 的协变分量，指标写在字母的右下方。

在笛卡尔直角坐标系中，无需区别基矢量与共轭基矢量，因而也就无需区别矢量的逆变分量与协变分量，而将矢量分量的指标都写在字母的右下方。但在一般的曲线坐标系中，上、下指标必须严格区别。

4.3　曲线坐标系中的矢量

在直线坐标系中，各点基矢量和共轭基矢量的方向始终不变，即局部标架不变。而在曲线坐标系中，各点局部标架却不同。那么，如何定义曲线坐标系中的基矢量和共轭基矢量呢？

4.3.1　基矢量

图 4－3 为笛卡尔直角坐标系及 P 点的坐标曲线。

$P'(x^1+\mathrm{d}x^1,\ x^2+\mathrm{d}x^2,\ x^3+\mathrm{d}x^3)$ 是 P 点附近的一点，从 P 点到 P' 点的矢量为 $\mathrm{d}\boldsymbol{r}_P$。

沿 x^1 取 $P_1(x^1+\mathrm{d}x^1,\ x^2,\ x^3)$，从 P 点到 P_1 点的矢量为 $\mathrm{d}\boldsymbol{s}_1$；沿 x^2 取 $P_2(x^1,\ x^2+\mathrm{d}x^2,\ x^3)$，从 P 点到 P_2 点的矢量为 $\mathrm{d}\boldsymbol{s}_2$；沿 x^3 取 $P_3(x^1,\ x^2,\ x^3+\mathrm{d}x^3)$，从 P 点到 P_3 点的矢量为 $\mathrm{d}\boldsymbol{s}_3$，故

$$\mathrm{d}\boldsymbol{r}_P=\mathrm{d}\boldsymbol{s}=\mathrm{d}\boldsymbol{s}_1+\mathrm{d}\boldsymbol{s}_2+\mathrm{d}\boldsymbol{s}_3 \qquad (4-3-1)$$

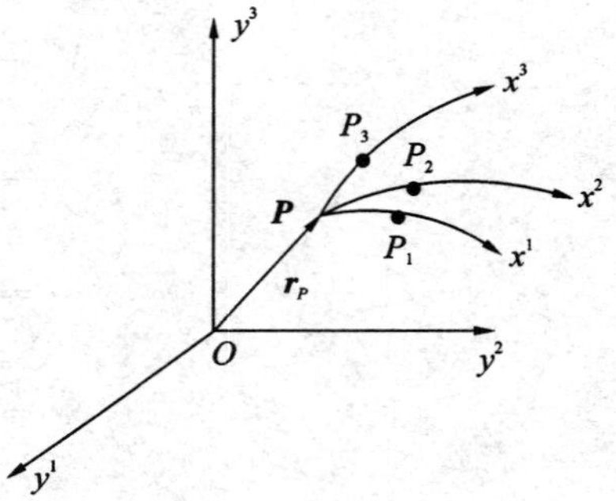

图 4－3　曲线坐标系

在笛卡尔直角坐标系中

$$\mathrm{d}\boldsymbol{s}_1=\mathrm{d}y^1\boldsymbol{i}_1+\mathrm{d}y^2\boldsymbol{i}_2+\mathrm{d}y^3\boldsymbol{i}_3$$

因为

$$y^i=y^i(x^j)$$

所以

$$\mathrm{d}y^i=\frac{\partial y^i}{\partial x^j}\mathrm{d}x^j$$

因此有

$$\mathrm{d}y^1=\frac{\partial y^1}{\partial x^j}\mathrm{d}x^j=\frac{\partial y^1}{\partial x^1}\mathrm{d}x^1+\frac{\partial y^1}{\partial x^2}\mathrm{d}x^2+\frac{\partial y^1}{\partial x^3}\mathrm{d}x^3$$

由于 P_1 点取在 x^1 轴上，所以

$$\mathrm{d}x^2=\mathrm{d}x^3=0$$

则

$$\mathrm{d}y^1=\frac{\partial y^1}{\partial x^1}\mathrm{d}x^1$$

同理有

$$\mathrm{d}y^2=\frac{\partial y^2}{\partial x^1}\mathrm{d}x^1,\ \mathrm{d}y^3=\frac{\partial y^3}{\partial x^1}\mathrm{d}x^1$$

所以

$$\begin{aligned}\mathrm{d}\boldsymbol{s}_1&=\frac{\partial y^1}{\partial x^1}\mathrm{d}x^1\boldsymbol{i}_1+\frac{\partial y^2}{\partial x^1}\mathrm{d}x^1\boldsymbol{i}_2+\frac{\partial y^3}{\partial x^1}\mathrm{d}x^1\boldsymbol{i}_3\\&=\left(\frac{\partial y^1}{\partial x^1}\boldsymbol{i}_1+\frac{\partial y^2}{\partial x^1}\boldsymbol{i}_2+\frac{\partial y^3}{\partial x^1}\boldsymbol{i}_3\right)\mathrm{d}x^1\end{aligned}$$

因为 $\boldsymbol{i}_1$、$\boldsymbol{i}_2$、$\boldsymbol{i}_3$ 的方向不变，即

$$\frac{\partial \boldsymbol{i}_1}{\partial x^1}=\frac{\partial \boldsymbol{i}_2}{\partial x^1}=\frac{\partial \boldsymbol{i}_3}{\partial x^1}=0$$

所以

$$\mathrm{d}\boldsymbol{s}_1=\frac{\partial}{\partial x^1}(y^1\boldsymbol{i}_1+y^2\boldsymbol{i}_2+y^3\boldsymbol{i}_3)\mathrm{d}x^1=\frac{\partial \boldsymbol{r}_P}{\partial x^1}\mathrm{d}x^1$$

令

$$\boldsymbol{e}_1=\frac{\partial \boldsymbol{r}_P}{\partial x^1}=\frac{\partial y^1}{\partial x^1}\boldsymbol{i}_1+\frac{\partial y^2}{\partial x^1}\boldsymbol{i}_2+\frac{\partial y^3}{\partial x^1}\boldsymbol{i}_3=\frac{\partial y^j}{\partial x^1}\boldsymbol{i}_j$$

则

$$\mathrm{d}\boldsymbol{s}_1=\boldsymbol{e}_1\mathrm{d}x^1 \qquad (\boldsymbol{e}_1\text{沿 } P \text{ 点 } x^1 \text{的正切线方向})$$

同理有

$$\mathrm{d}\boldsymbol{s}_2=\boldsymbol{e}_2\mathrm{d}x^2 \qquad (\boldsymbol{e}_2\text{沿 } P \text{ 点 } x^2 \text{的正切线方向})$$

$$\mathrm{d}\boldsymbol{s}_3=\boldsymbol{e}_3\mathrm{d}x^3 \qquad (\boldsymbol{e}_3\text{沿 } P \text{ 点 } x^3 \text{的正切线方向})$$

于是式(4－3－1)可写成

$$\begin{aligned}\mathrm{d}\boldsymbol{r}_P &= \mathrm{d}\boldsymbol{s}_1+\mathrm{d}\boldsymbol{s}_2+\mathrm{d}\boldsymbol{s}_3\\ &=\boldsymbol{e}_1\mathrm{d}x^1+\boldsymbol{e}_2\mathrm{d}x^2+\boldsymbol{e}_3\mathrm{d}x^3=\boldsymbol{e}_i\mathrm{d}x^i\end{aligned} \qquad (4-3-2)$$

曲线坐标系中基矢量的定义如下：

$$\boldsymbol{e}_i=\frac{\partial \boldsymbol{r}_P}{\partial x^i}=\frac{\partial y^1}{\partial x^i}\boldsymbol{i}_1+\frac{\partial y^2}{\partial x^i}\boldsymbol{i}_2+\frac{\partial y^3}{\partial x^i}\boldsymbol{i}_3=\frac{\partial y^j}{\partial x^i}\boldsymbol{i}_j \qquad (4-3-3)$$

4.3.2　共轭基矢量

在直线坐标系中，基矢量与共轭基矢量有如下关系：

$$\boldsymbol{e}_j\cdot\boldsymbol{e}^i=\delta_j^i$$

依此定义共轭基矢量。因为

$$\frac{\partial x^i}{\partial x^j}=\frac{\partial x^i}{\partial y^k}\cdot\frac{\partial y^k}{\partial x^j}=\delta_j^i \qquad (4-3-4)$$

根据式(4－3－4)，$\frac{\partial y^k}{\partial x^j}$是$\boldsymbol{e}_j$在笛卡尔直角坐标系中的第$k$个分量，而$\frac{\partial x^i}{\partial y^k}$是$\nabla x^i$在笛卡尔直角坐标系中的第$k$个分量，则式(4－3－4)可写成

$$\nabla x^i\cdot\boldsymbol{e}_j=\delta_j^i$$

曲线坐标系中共轭基矢量的定义如下：

$$\boldsymbol{e}^i=\nabla x^i=\frac{\partial x^i}{\partial y^k}\boldsymbol{i}_k=\frac{\partial x^i}{\partial y^1}\boldsymbol{i}_1+\frac{\partial x^i}{\partial y^2}\boldsymbol{i}_2+\frac{\partial x^i}{\partial y^3}\boldsymbol{i}_3 \qquad (4-3-5)$$

$\boldsymbol{e}^i$称为$\boldsymbol{e}_i$的共轭基矢量。

式(4－3－3)和式(4－3－5)是一般曲线坐标系中基矢量、共轭基矢量的定义，也包括了直线坐标系的情况，只要给出曲线坐标系与笛卡尔直角坐标系的关系，便可以求出该曲线坐标系的基矢量与共轭基矢量。

例 4.3 求柱坐标系的基矢量 $\boldsymbol{e}_i$ 及共轭基矢量 $\boldsymbol{e}^i$。

解 已知笛卡尔直角坐标系 y^1、y^2、y^3 轴上的单位矢量为 $\boldsymbol{i}_1$、$\boldsymbol{i}_2$、$\boldsymbol{i}_3$，柱坐标为 $x^1=r$，$x^2=\varphi$，$x^3=z$，则坐标变换关系为

$$\begin{cases} y^1=r\cos\varphi=x^1\cos x^2 \\ y^2=r\sin\varphi=x^1\sin x^2 \\ y^3=z=x^3 \end{cases}$$

$$\begin{cases} x^1=\sqrt{(y^1)^2+(y^2)^2} \\ x^2=\tan^{-1}\dfrac{y^2}{y^1} \\ x^3=y^3 \end{cases}$$

根据式(4-3-3)，求得基矢量为

$$\boldsymbol{e}_1=\frac{\partial y^1}{\partial x^1}\boldsymbol{i}_1+\frac{\partial y^2}{\partial x^1}\boldsymbol{i}_2+\frac{\partial y^3}{\partial x^1}\boldsymbol{i}_3=\cos\varphi\,\boldsymbol{i}_1+\sin\varphi\,\boldsymbol{i}_2$$

$$\boldsymbol{e}_2=\frac{\partial y^1}{\partial x^2}\boldsymbol{i}_1+\frac{\partial y^2}{\partial x^2}\boldsymbol{i}_2+\frac{\partial y^3}{\partial x^2}\boldsymbol{i}_3=-r\sin\varphi\,\boldsymbol{i}_1+r\cos\varphi\,\boldsymbol{i}_2$$

$$\boldsymbol{e}_3=\frac{\partial y^1}{\partial x^3}\boldsymbol{i}_1+\frac{\partial y^2}{\partial x^3}\boldsymbol{i}_2+\frac{\partial y^3}{\partial x^3}\boldsymbol{i}_3=\boldsymbol{i}_3$$

同样可以根据式(4-3-5)，求得共轭基矢量为

$$\boldsymbol{e}^1=\frac{\partial x^1}{\partial y^1}\boldsymbol{i}_1+\frac{\partial x^1}{\partial y^2}\boldsymbol{i}_2+\frac{\partial x^1}{\partial y^3}\boldsymbol{i}_3=\cos\varphi\,\boldsymbol{i}_1+\sin\varphi\,\boldsymbol{i}_2$$

$$\boldsymbol{e}^2=\frac{\partial x^2}{\partial y^1}\boldsymbol{i}_1+\frac{\partial x^2}{\partial y^2}\boldsymbol{i}_2+\frac{\partial x^2}{\partial y^3}\boldsymbol{i}_3=-\frac{1}{r}\sin\varphi\,\boldsymbol{i}_1+\frac{1}{r}\cos\varphi\,\boldsymbol{i}_2$$

$$\boldsymbol{e}^3=\frac{\partial x^3}{\partial y^1}\boldsymbol{i}_1+\frac{\partial x^3}{\partial y^2}\boldsymbol{i}_2+\frac{\partial x^3}{\partial y^3}\boldsymbol{i}_3=\boldsymbol{i}_3$$

由例题可知，$\boldsymbol{e}_i$ 和 $\boldsymbol{e}^i$ 都是 x^i 的函数，即在曲线坐标系中不同点的基矢量与共轭基矢量的大小、方向都是不同的，而且量纲也是不同的。

4.4 矢量的坐标变换

在不同的坐标系中，空间一点的坐标值是不同的，那么，它们之间是怎样的一种变换关系呢？

4.4.1 笛卡尔直角坐标系中矢量的坐标变换

在笛卡尔直角坐标系中，设原坐标系为 $Ox_1x_2x_3$，单位矢量为 $\boldsymbol{i}_1$、$\boldsymbol{i}_2$、$\boldsymbol{i}_3$，P 点的坐标为 x_i，$i=1, 2, 3$，从 O 点到 P 点的矢量记作 $x_i\boldsymbol{i}_i$，这里 $x_i\boldsymbol{i}_i=x_1\boldsymbol{i}_1+x_2\boldsymbol{i}_2+x_3\boldsymbol{i}_3$；新坐标系

为 $Ox'_1x'_2x'_3$，单位矢量为 $\boldsymbol{i}'_1$、$\boldsymbol{i}'_2$、$\boldsymbol{i}'_3$，P 点在新坐标系中的坐标为 x'_j，$j=1, 2, 3$，从 O 点到 P 点的矢量记作 $x'_j\boldsymbol{i}'_j$。下面求 x'_j 与 x_i 间的变换关系。

令

$$\beta_{ij} = \boldsymbol{i}'_i \cdot \boldsymbol{i}_j \tag{4-4-1}$$

即 β_{ij} 是 Ox'_i 轴与 Ox_j 轴夹角的余弦值。

九个方向的余弦值可列表，如表 4－1 所示。

表 4－1 新旧坐标轴夹角的余弦值

	x_1	x_2	x_3
x'_1	β_{11}	β_{12}	β_{13}
x'_2	β_{21}	β_{22}	β_{23}
x'_3	β_{31}	β_{32}	β_{33}

矢量可用两个坐标系表示：

$$x_j\boldsymbol{i}_j = x'_j\boldsymbol{i}'_j \tag{4-4-2}$$

用 $\boldsymbol{i}'_i$ 点乘式(4－4－2)，得

$$x_j\boldsymbol{i}_j \cdot \boldsymbol{i}'_i = x'_j\boldsymbol{i}'_j \cdot \boldsymbol{i}'_i$$

$$x'_j\delta_{ij} = x_j\beta_{ij}$$

或者

$$x'_i = \beta_{ij}x_j \tag{4-4-3}$$

即

$$x'_1 = \beta_{11}x_1 + \beta_{12}x_2 + \beta_{13}x_3$$
$$x'_2 = \beta_{21}x_1 + \beta_{22}x_2 + \beta_{23}x_3$$
$$x'_3 = \beta_{31}x_1 + \beta_{32}x_2 + \beta_{33}x_3$$

式(4－4－3)表示的坐标变换关系称为正变换。

$$\begin{pmatrix} \beta_{11} & \beta_{12} & \beta_{13} \\ \beta_{21} & \beta_{22} & \beta_{23} \\ \beta_{31} & \beta_{32} & \beta_{33} \end{pmatrix} \tag{4-4-4}$$

式(4－4－4)称为正变换系数矩阵。

同理，用 $\boldsymbol{i}_i$ 点乘式(4－4－2)，得

$$x_j\boldsymbol{i}_j \cdot \boldsymbol{i}_i = x'_j\boldsymbol{i}'_j \cdot \boldsymbol{i}_i$$

即

$$x_j\delta_{ij} = x'_j\beta_{ji}$$

或者

$$x_i = \beta_{ji}x'_j \tag{4-4-5}$$

即

$$x_1 = \beta_{11}x'_1 + \beta_{21}x'_2 + \beta_{31}x'_3$$
$$x_2 = \beta_{12}x'_1 + \beta_{22}x'_2 + \beta_{32}x'_3$$
$$x_3 = \beta_{13}x'_1 + \beta_{23}x'_2 + \beta_{33}x'_3$$

式(4－4－5)表示的坐标变换关系称为逆变换。

$$\begin{bmatrix} \beta_{11} & \beta_{21} & \beta_{31} \\ \beta_{12} & \beta_{22} & \beta_{32} \\ \beta_{13} & \beta_{23} & \beta_{33} \end{bmatrix} \qquad (4-4-6)$$

式(4－4－6)称为逆变换系数矩阵。显然，对于笛卡尔直角坐标系，逆变换系数矩阵恰好是正变换系数矩阵的转置矩阵。

例 4.4 在笛卡尔直角坐标系 $Ox_1x_2x_3$ 中，有一矢量 $\overrightarrow{OP}$，其坐标为 $(x_1, x_2, 0)$。如果绕坐标轴 x_3 旋转一个角度 α，就得到一新坐标系 $Ox'_1x'_2x'_3$，求矢量 $\overrightarrow{OP}$ 在新坐标系中的坐标表达式。

解 如图 4－4 所示，首先求出新旧坐标轴之间夹角的余弦值，如表 4－2 所示。

表 4－2 新旧坐标轴夹角之余弦值

	x_1	x_2	x_3
x'_1	$\cos\alpha$	$\sin\alpha$	0
x'_2	$-\sin\alpha$	$\cos\alpha$	0
x'_3	0	0	1

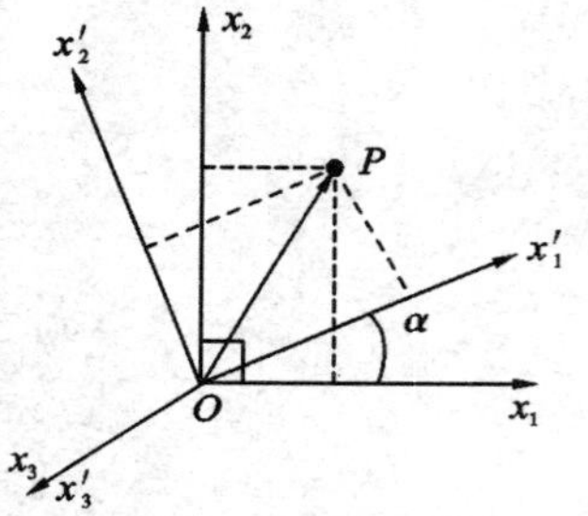

图 4－4 笛卡尔直角坐标系

由表 4－2 知变换矩阵为

$$\begin{bmatrix} \cos\alpha & \sin\alpha & 0 \\ -\sin\alpha & \cos\alpha & 0 \\ 0 & 0 & 1 \end{bmatrix}$$

从而可以很容易地写出矢量 $\overrightarrow{OP}$ 在新坐标系中的坐标：

$$x'_1 = x_1\cos\alpha + x_2\sin\alpha$$

$$x'_2 = -x_1\sin\alpha + x_2\cos\alpha$$

$$x'_3 = x_3 = 0$$

显然，在旧坐标系中，矢量 $\overrightarrow{OP}$ 的长度平方为

$$S^2 = x_1^2 + x_2^2 + x_3^2 = x_1^2 + x_2^2$$

在新坐标系中，矢量 $\overrightarrow{OP}$ 的长度平方为

$$S'^2 = x'^2_1 + x'^2_2 + x'^2_3 = x_1^2 + x_2^2 = S^2$$

所以，矢量 $\overrightarrow{OP}$ 的本质没有变化，只是由于选取的坐标系不同，它的表示方式也不同。

4.4.2 曲线坐标系中矢量的坐标变换

1. 基矢量、共轭基矢量的坐标变换关系

设原曲线坐标系以 x^i 表示，它与笛卡尔直角坐标系的关系为

$$x^i = x^i(y^j)$$

且

$$\frac{\partial(x^1, x^2, x^3)}{\partial(y^1, y^2, y^3)} \neq 0$$

设新曲线坐标系以 $\tilde{x}^i$ 表示，它与笛卡尔直角坐标系的关系为

$$\tilde{x}^i = \tilde{x}^i(y^j)$$

且

$$\frac{\partial(\tilde{x}^1, \tilde{x}^2, \tilde{x}^3)}{\partial(y^1, y^2, y^3)} \neq 0$$

当由 x^i 到 $\tilde{x}^i$ 进行坐标变换时，$\boldsymbol{e}_i$ 与 $\tilde{\boldsymbol{e}}_i$，$\boldsymbol{e}^i$ 与 $\tilde{\boldsymbol{e}}^i$ 的关系如何？

由基矢量的定义得

$$\tilde{\boldsymbol{e}}_i = \frac{\partial r_P}{\partial \tilde{x}^i} = \frac{\partial r_P}{\partial x^j} \cdot \frac{\partial x^j}{\partial \tilde{x}^i} = \frac{\partial x^j}{\partial \tilde{x}^i}\boldsymbol{e}_j \tag{4-4-7}$$

由共轭基矢量的定义得

$$\tilde{\boldsymbol{e}}^i = \nabla \tilde{x}^i = \frac{\partial \tilde{x}^i}{\partial y^k}\boldsymbol{i}_k = \frac{\partial \tilde{x}^i}{\partial x^j} \cdot \frac{\partial x^j}{\partial y^k}\boldsymbol{i}_k = \frac{\partial \tilde{x}^i}{\partial x^j}\boldsymbol{e}^j \tag{4-4-8}$$

如果将式(4－4－7)、式(4－4－8)的偏导数拆开，写成

$$\partial \tilde{x}^i \cdot \tilde{\boldsymbol{e}}_i = \partial x^j \cdot \boldsymbol{e}_j \tag{4-4-9}$$

$$\partial x^j \cdot \tilde{\boldsymbol{e}}^i = \partial \tilde{x}^i \cdot \boldsymbol{e}^j \tag{4-4-10}$$

则式(4－4－9)等号两边新老坐标及指标字母是协调一致的，故称式(4－4－7)为协变变换式；式(4－4－10)等号两边新老坐标及指标字母是交错的，故称式(4－4－8)为逆变变换式。

2. 坐标变换系数

令

$$\alpha_i^j = \frac{\partial x^j}{\partial \tilde{x}^i}$$

则式(4－4－7)可写为

$$\tilde{\boldsymbol{e}}_i = \alpha_i^j \boldsymbol{e}_j$$

其中，α_i^j 称为坐标变换的正变换系数。

$$\boldsymbol{A} = (\alpha_i^j) = \begin{pmatrix} \alpha_1^1 & \alpha_1^2 & \alpha_1^3 \\ \alpha_2^1 & \alpha_2^2 & \alpha_2^3 \\ \alpha_3^1 & \alpha_3^2 & \alpha_3^3 \end{pmatrix}$$

称为正变换系数矩阵。

用 $\boldsymbol{e}^j$ 点乘式(4－4－7)，得

$$\alpha_i^j = \frac{\partial x^j}{\partial \tilde{x}^i} = \tilde{\boldsymbol{e}}_i \cdot \boldsymbol{e}^j$$

上式表明 α_i^j 等于第 i 个新基矢与第 j 个共轭基矢的内积。

同样，令

$$\beta_j^i = \frac{\partial \tilde{x}^i}{\partial x^j}$$

则式(4－4－8)可写为

$$\tilde{\boldsymbol{e}}^i = \beta_j^i \boldsymbol{e}^j$$

其中，β_j^i 称为坐标变换的逆变换系数。

$$\boldsymbol{B} = (\beta_j^i) = \begin{pmatrix} \beta_1^1 & \beta_2^1 & \beta_3^1 \\ \beta_1^2 & \beta_2^2 & \beta_3^2 \\ \beta_1^3 & \beta_2^3 & \beta_3^3 \end{pmatrix}$$

称为逆变换系数矩阵。

用 $\boldsymbol{e}_j$ 点乘式(4－4－8)，得

$$\beta_j^i = \frac{\partial \tilde{x}^i}{\partial x^j} = \tilde{\boldsymbol{e}}^i \cdot \boldsymbol{e}_j$$

上式表明 β_j^i 等于第 j 个基矢与第 i 个新共轭基矢的内积。

由上式还可以看出，$\boldsymbol{B}$ 是 $\boldsymbol{A}$ 的逆矩阵，所以

$$\alpha_i^j \beta_j^k = \delta_i^k$$

3. 矢量的协变分量、逆变分量的坐标变换系数

任何矢量 $\boldsymbol{A}$ 都可按基矢量或共轭基矢量分解：

$$\boldsymbol{A} = A_i \boldsymbol{e}^i = A^j \boldsymbol{e}_j$$

其中：A_i 称为 $\boldsymbol{A}$ 的协变分量；A^j 称为 $\boldsymbol{A}$ 的逆变分量。那么它们的坐标变换有什么规律呢？

$\boldsymbol{A}$ 可以写成

$$\boldsymbol{A} = \tilde{A}_i \tilde{\boldsymbol{e}}^i = A_j \boldsymbol{e}^j$$

用 $\tilde{\boldsymbol{e}}_i$ 与上式作内积：

$$\tilde{A}_i \tilde{\boldsymbol{e}}^i \cdot \tilde{\boldsymbol{e}}_i = A_j \boldsymbol{e}^j \cdot \tilde{\boldsymbol{e}}_i$$

再将式(4－4－7)代入上式，得

$$\begin{aligned} \tilde{A}_i &= A_j \boldsymbol{e}^j \cdot \frac{\partial x^k}{\partial \tilde{x}^i} \boldsymbol{e}_k = A_j (\boldsymbol{e}^j \cdot \boldsymbol{e}_k) \frac{\partial x^k}{\partial \tilde{x}^i} \\ &= A_j \delta_k^j \frac{\partial x^k}{\partial \tilde{x}^i} = A_j \frac{\partial x^j}{\partial \tilde{x}^i} \end{aligned}$$

即

$$\widetilde{A}_i = \alpha_i^j A_j \tag{4-4-11}$$

矢量的协变分量 A_i 在坐标变换时与基矢量一样服从协变变换式，这便是“协变分量”名称的由来，$\boldsymbol{A}_i$ 也称为协变矢量。

同样，将 $\boldsymbol{A}$ 写成

$$\mathbf{A}=\widetilde{A}^i\widetilde{\boldsymbol{e}}_i=A^j\boldsymbol{e}_j$$

用 $\widetilde{\boldsymbol{e}}^i$ 与上式作内积：

$$\widetilde{A}^i\widetilde{\boldsymbol{e}}_i\cdot\widetilde{\boldsymbol{e}}^i=A^j\boldsymbol{e}_j\cdot\widetilde{\boldsymbol{e}}^i$$

再将式(4－4－8)代入上式，得

$$\begin{aligned}\widetilde{A}^i &= A^j\boldsymbol{e}_j\cdot\frac{\partial\widetilde{x}^i}{\partial x^k}\boldsymbol{e}^k=A^j(\boldsymbol{e}_j\cdot\boldsymbol{e}^k)\frac{\partial\widetilde{x}^i}{\partial x^k}\\ &=A^j\delta_j^k\frac{\partial\widetilde{x}^i}{\partial x^k}=A^j\frac{\partial\widetilde{x}^i}{\partial x^j}\end{aligned}$$

即

$$\widetilde{A}^i = \beta_j^i A^j \tag{4-4-12}$$

式(4－4－12)表明，矢量的逆变分量 A^i 在坐标变换时与共轭基矢量一样，服从逆变变换式，这便是“逆变分量”名称的由来，$\mathbf{A}^i$ 也称为逆变矢量。

例 4.5 求证速度和加速度是逆变矢量，而标量场的梯度是协变矢量。

证 (a) 逆变矢量满足

$$\mathrm{d}\widetilde{x}^\alpha=\frac{\partial\widetilde{x}^\alpha}{\partial x^i}\mathrm{d}x^i$$

如果 t 表示时间，用 $\mathrm{d}t$ 除上式，则得到

$$\frac{\mathrm{d}\widetilde{x}^\alpha}{\mathrm{d}t}=\frac{\partial\widetilde{x}^\alpha}{\partial x^i}\frac{\mathrm{d}x^i}{\mathrm{d}t}$$

定义在两个坐标系中的速度分量分别为

$$\widetilde{v}^\alpha=\frac{\mathrm{d}\widetilde{x}^\alpha}{\mathrm{d}t},\ v^i=\frac{\mathrm{d}x^i}{\mathrm{d}t}$$

则上式变为

$$\widetilde{v}^\alpha=\frac{\partial\widetilde{x}^\alpha}{\partial x^i}v^i$$

由逆变矢量的定义可知，速度是一个逆变矢量。

再对时间求导，就得到

$$\widetilde{a}^\alpha=\frac{\partial\widetilde{x}^\alpha}{\partial x^i}a^i$$

故加速度也是逆变矢量。

(b) 设 $\varphi=\varphi(x^i)$ 是一个标量场。作为标量场，它的函数形式在坐标变换下是不变

的，即

$$\varphi(x^i)=\tilde{\varphi}(\tilde{x}^\alpha)=\varphi(\tilde{x}^\alpha)$$

标量场的梯度将是一个向量，其分量可以定义为

$$A_i=\frac{\partial\varphi}{\partial x^i},\ \tilde{A}_\alpha=\frac{\partial\tilde{\varphi}}{\partial\tilde{x}^\alpha}=\frac{\partial\varphi}{\partial\tilde{x}^\alpha}$$

在偏微分的情况下，很明显可以写成

$$\frac{\partial\varphi}{\partial x^i}=\frac{\partial\varphi}{\partial\tilde{x}^\alpha}\frac{\partial\tilde{x}^\alpha}{\partial x^i}$$

或者

$$A_i=\frac{\partial\tilde{x}^\alpha}{\partial x^i}\tilde{A}_\alpha$$

由协变矢量的定义可知，一个标量场的梯度是一个协变矢量。

4.5　张量运算

4.5.1　张量的定义

张量是由满足一定关系的一组元素组成的整体，元素的个数由空间的维数 N 及张量的阶数 n 决定，前面一直取 $N=3$，$n=1$，这种情形就是我们大家普遍认同的三维空间里的矢量，常使用笛卡儿直角坐标系。以下我们取 $N=4$，即给出四维空间各阶张量的定义。

1. 零阶张量(标量)

零阶张量有 $4^0=1$ 个元素，它是坐标变换下的不变量，也称为不变量。标量方程在坐标变换下是不变的，即

$$\varphi'(x_1',\ x_2',\ x_3',\ x_4')=\varphi(x_1,\ x_2,\ x_3,\ x_4)$$

这即标量。

2. 一阶张量(矢量)

如果有 $4^1=4$ 个元素 T_i，$i=1,2,3,4$，它们随坐标系变换的规律为

$$T_i'=\beta_{ij}T_j$$

或

$$T_i=\beta_{ji}T_j' \qquad (i,\ j=1,\ 2,\ 3,\ 4)$$

则由这四个元素所组成的整体称为一阶张量，记作 $\boldsymbol{T}$。

$T_i(i=1,2,3,4)$称为 $\boldsymbol{T}$ 的分量，记作

$$\boldsymbol{T}=(T_i)=(T_1,\ T_2,\ T_3,\ T_4)$$

一阶张量即矢量。

(1) 一阶逆变张量(逆变矢量)。如果有 4 个量 A^μ，其变换规律与坐标微分 dx^μ 相同，则 A^μ 称为一个逆变矢量的分量。dx^μ 是一个逆变矢量，上标 μ 称为逆变指标。

(2) 一阶协变张量(协变矢量)。如果 φ 是一标量函数，则有 4 个微商函数 $\frac{\partial \varphi}{\partial x^\mu}$，称为四维梯度。如果有 4 个量 A_μ 的变换规律和 $\frac{\partial \varphi}{\partial x^\mu}$ 相同，则 A_μ 称为一个协变矢量的分量，下标 μ 称为协变指标。

3. 二阶张量

如果有 $4^2=16$ 个元素 T_{ij}，i，$j=1$，2，3，4，它们随坐标系变换的规律为

$$T'_{ij}=\beta_{im}\beta_{jn}T_{mn}$$

或

$$T_{ij}=\beta_{mi}\beta_{nj}T'_{mn} \qquad (i,\ j,\ m,\ n=1,\ 2,\ 3,\ 4)$$

则由这 16 个元素所组成的整体称为二阶张量，记作 $\boldsymbol{T}=(T_{ij})$，也可以写成方阵形式：

$$\boldsymbol{T}=(T_{ij})=\begin{pmatrix} T_{11} & T_{12} & T_{13} & T_{14} \\ T_{21} & T_{22} & T_{23} & T_{24} \\ T_{31} & T_{32} & T_{33} & T_{34} \\ T_{41} & T_{42} & T_{43} & T_{44} \end{pmatrix}$$

(1) 二阶逆变张量。设 $\boldsymbol{A}^\mu$、$\boldsymbol{B}^\nu$ 是两个一阶逆变张量(逆变矢量)，则 16 个量 $\boldsymbol{A}^\mu\boldsymbol{B}^\nu$ 的整体称为一个二阶逆变张量。如果有 16 个量 $\boldsymbol{T}^{\mu\nu}$(μ，$\nu=1$，2，3，4)，在坐标系的变换下其变换规律和 $\boldsymbol{A}^\mu\boldsymbol{B}^\nu$ 的相同，则其全体称为一个二阶逆变张量。每个 $\boldsymbol{T}^{\mu\nu}$ 称为张量的分量。

(2) 同理可以定义二阶协变张量和二阶混合张量，如二阶混合张量定义如下：和 $\boldsymbol{A}_\mu\boldsymbol{B}^\nu$ 的变换规律相同的 16 个量 $\boldsymbol{T}_\mu^\nu$ 的集合称为一个二阶混合张量。

4. *n* 阶张量

n 阶张量 $\boldsymbol{T}$ 有 4^n 个分量，每个分量有 n 个指标，这些分量随坐标系变换的规律为

$$T'_{i_1 i_2 \cdots i_n}=\beta_{i_1 j_1}\beta_{i_2 j_2}\cdots\beta_{i_n j_n}T_{j_1 j_2 \cdots j_n}$$

为了书写简便，我们采用以下记号：

$$T_{i_1 i_2 \cdots i_n}=T_{i_n}$$

如四阶张量 $\boldsymbol{R}^i_{jkl}$(i，j，k，$l=1$，2，3，4)有 $4^4=256$ 个元素，$\boldsymbol{R}^i_{jkl}$ 的变换规律和 $\boldsymbol{A}^i\boldsymbol{B}_j\boldsymbol{C}_k\boldsymbol{D}_l$ 的相同($\boldsymbol{A}^i$ 等皆为矢量)，则称 $\boldsymbol{R}^i_{jkl}$ 的全体为(一阶逆变、三阶协变的)四阶混合张量。

用 $\prod$ 表示连乘，n 个分量连乘可以记为

$$\prod \beta_{i_n j_n}=\beta_{i_1 j_1}\beta_{i_2 j_2}\cdots\beta_{i_n j_n}$$

这样，n 个张量分量的坐标变换式就可以写成

$$T'_{i_n}=\prod \beta_{i_n j_n}T_{i_n}$$

或　　$$T_{i_n} = \prod \beta_{j_n i_n} T'_{i_n}$$

4.5.2　赝张量

1. 轴矢量和极矢量

我们以三维坐标系为例，当坐标系由右(左)旋坐标系变换到左(右)旋坐标系时，变为完全相反方向的矢量称为轴矢量(或称赝矢量)；而在上述变换时不改变自己方向的矢量称为极矢量(或称真矢量)。

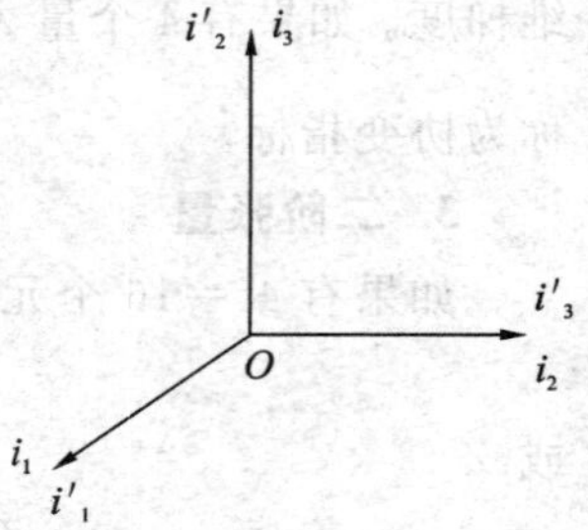

图 4-5　左、右旋坐标系

例如，考察从右旋系到左旋系的坐标变换中，矢积 $\boldsymbol{C}=\boldsymbol{A}\times\boldsymbol{B}$ 的变化情况。

原坐标系 $Ox_1x_2x_3$ 为右旋坐标系，单位矢量以 $\boldsymbol{i}_1$、$\boldsymbol{i}_2$、$\boldsymbol{i}_3$ 表示；新坐标系 $Ox'_1x'_2x'_3$ 为左旋坐标系，单位矢量以 $\boldsymbol{i}'_1$、$\boldsymbol{i}'_2$、$\boldsymbol{i}'_3$ 表示，它们变换前后的关系(如图 4-5 所示)为

$$\boldsymbol{i}'_1=\boldsymbol{i}_1 \quad \boldsymbol{i}'_2=\boldsymbol{i}_3 \quad \boldsymbol{i}'_3=\boldsymbol{i}_2$$

变换系数如表 4-3 所示，则 $\boldsymbol{A}$、$\boldsymbol{B}$、$\boldsymbol{C}$ 变换前后的关系为

$$A'_1=\beta_{1i}A_i=A_1,\ A'_2=\beta_{2i}A_i=A_3,\ A'_3=\beta_{3i}A_i=A_2$$
$$B'_1=\beta_{1i}B_i=B_1,\ B'_2=\beta_{2i}B_i=B_3,\ B'_3=\beta_{3i}B_i=B_2$$
$$C_1=A_2B_3-A_3B_2,\ C_2=A_3B_1-A_1B_3,\ C_3=A_1B_2-A_2B_1$$
$$C'_1=A'_2B'_3-A'_3B'_2=A_3B_2-A_2B_3=-C_1$$
$$C'_2=A'_3B'_1-A'_1B'_3=A_2B_1-A_1B_2=-C_3$$
$$C'_3=A'_1B'_2-A'_2B'_1=A_1B_3-A_3B_1=-C_2$$

所以，矢积 $\boldsymbol{C}=\boldsymbol{A}\times\boldsymbol{B}$ 是一个轴矢量。力矩 $\boldsymbol{M}=\boldsymbol{r}\times\boldsymbol{F}$ 也是一个轴矢量。

表 4-3　新旧坐标系之间的变换系数

	x_1	x_2	x_3
x'_1	1	0	0
x'_2	0	0	1
x'_3	0	1	0

如何判别一个力学量是一个极矢量还是一个轴矢量呢？在垂直于所讨论的矢量的平面内得到该矢量的平面镜像，若该矢量的镜像与原来矢量的方向相反，则此矢量是极矢量；若其方向不变，则此矢量为轴矢量。例如，质点的速度矢量 $\boldsymbol{v}$ 是极矢量；刚体的角速度矢量 $\boldsymbol{\omega}$ 是轴矢量。

2. 赝张量的概念

矢量是一阶张量，极矢量和轴矢量的概念是真张量和赝张量概念的特例。现在给出其一般的定义。

当坐标系由右(左)旋坐标系变换到左(右)旋坐标系(即坐标系反演)时，张量的分量不改变符号，该张量称为真张量；若在上述变换时，张量的分量改变符号，则称为赝张量。前面关于极矢量、轴矢量的讨论与此一致。

标量(零阶张量)也有真伪之分。当坐标系反演时，其绝对值及符号都不变的标量称为真标量。所有由对各种物理对象的测量而得到的那些标量都为真标量，如质量、温度等。当坐标系反演时，其绝对值不变而符号改变的标量称为赝标量。凡是对矢量作数学运算所得的某些量，都可能出现这种情况，如极矢量与轴矢量的标积，就是一个赝标量。$(\boldsymbol{A}\times\boldsymbol{B})\cdot\boldsymbol{C}$ 表示以 $\boldsymbol{A}$、$\boldsymbol{B}$、$\boldsymbol{C}$ 为棱的六面体的体积，是一个赝标量。

4.5.3 张量的变换规律

1. 逆变张量

设在四维空间中，随意选择两个坐标系(x^μ)和(x'^μ)，它们之间的变换关系为

$$x'^\mu = x'^\mu(x^1, x^2, x^3, x^4)$$

由该式求 x'^μ 的微分：

$$dx'^\mu = \frac{\partial x'^\mu}{\partial x^\nu}dx^\nu \qquad (\mu, \nu = 1, 2, 3, 4) \tag{4-5-1}$$

这就是坐标微分矢量在新旧坐标系中的分量 dx'^μ 和 dx^ν 之间的变换关系(重复指标表示求和)。

如果矢量 $\mathbf{A}^\mu$ 的变换规律与 dx^μ 的变换规律相同(逆变)，即

$$\mathbf{A}'^\mu = \frac{\partial x'^\mu}{\partial x^\nu}\mathbf{A}^\nu \tag{4-5-2}$$

这里我们只不过是将矢量(一阶张量)由三维变成了四维，我们称 $\mathbf{A}^\mu(\mathbf{A}^\nu)$ 为四维空间中的逆变矢量，则它也就是逆变张量的变换规律。

除了逆变矢量外还有另一类矢量。

2. 协变张量

设 φ 为 4 个变量 x^1、x^2、x^3、x^4 的函数，则 φ 对变量的偏导数 $\frac{\partial\varphi}{\partial x^\mu}$(即 φ 的梯度)由 4 个分量构成。当坐标发生变换，即 $x\to x'$ 时，其分量 $\frac{\partial\varphi}{\partial x^\mu}$ 的变换应为

$$\frac{\partial\varphi}{\partial x'^\mu} = \frac{\partial x^\nu}{\partial x'^\mu}\frac{\partial\varphi}{\partial x^\nu} \tag{4-5-3}$$

式(4-5-3)就是梯度矢量 $\frac{\partial\varphi}{\partial x'^\mu}$ 的变换关系。

如果矢量 $\mathbf{A}_\mu$ 的变换规律与此相同，为

$$\mathbf{A}'_\mu = \frac{\partial x^\nu}{\partial x'^\mu}\mathbf{A}_\nu \quad (\mu, \nu = 1, 2, 3, 4) \tag{4-5-4}$$

则称 $A_\mu(A_\nu)$ 为协变矢量(一阶协变张量)，其变换规律也就是协变张量的变换规律。

协变张量和逆变张量是两种张量，当坐标变换时，各有不同的变换规律，为了便于区分，对于协变张量，我们把指标写在右下角，如 A_ν；对于逆变张量，我们把指标写在右上角，如 B^ν。

按照这一规则，4 个坐标的微分 dx_1、dx_2、dx_3、dx_4 为逆变矢量(一阶逆变张量)，因此指标应当写在右上角，即 dx^1、dx^2、dx^3、dx^4。

3. 混合张量

设在四维空间中某一量需要 16 个分量来确定，正像矢量需要四个分量来确定一样。我们将这一量用两个指标来标记，假如可以记为

$$T_\mu^\nu \qquad (\mu,\ \nu=1,\ 2,\ 3,\ 4)$$

且当坐标变换时，T_μ^ν 的分量变换规律为：上指标 ν 按照逆变矢量规律变换，下指标 μ 按照协变矢量规律变换，即

$$\boldsymbol{T}'^{\beta}_{\alpha} = \frac{\partial x'^{\beta}}{\partial x^{\nu}} \frac{\partial x^{\mu}}{\partial x'^{\alpha}} \boldsymbol{T}_\mu^\nu \tag{4-5-5}$$

其中，$\boldsymbol{T}'^{\beta}_{\alpha}$ 表示在新坐标系中的分量。在式(4-5-5)中，由于重复指标表示求和，因此在新坐标系中的每一分量都和原坐标系中所有的分量有关。如此定义的量叫做一阶逆变一阶协变的二阶张量，记为 $\boldsymbol{T}_\mu^\nu$，也叫二阶混合张量。

若某个二阶张量记为 $\boldsymbol{T}^{\mu\nu}$，则表示二阶逆变张量，其变换规律为

$$\boldsymbol{T}'^{\alpha\beta} = \frac{\partial x'^{\alpha}}{\partial x^{\mu}} \frac{\partial x'^{\beta}}{\partial x^{\nu}} \boldsymbol{T}^{\mu\nu} \tag{4-5-6}$$

两个指标均按逆变矢量变换规律变换。

若某个二阶张量记为 $\boldsymbol{T}_{\mu\nu}$，则表示二阶协变张量，其变换规律为

$$\boldsymbol{T}'_{\alpha\beta} = \frac{\partial x^{\mu}}{\partial x'^{\alpha}} \frac{\partial x^{\nu}}{\partial x'^{\beta}} \boldsymbol{T}_{\mu\nu} \tag{4-5-7}$$

两个指标均按协变矢量变换规律变换。

同理，可以推广定义任意高阶张量。例如，四阶混合张量 $\boldsymbol{R}^i_{jkl}$ 为一阶逆变三阶协变张量，它有 4×4×4×4=256 个分量，在新旧坐标系中的变换规律为

$$\boldsymbol{R}'^{i}_{jkl} = \frac{\partial x'^{i}}{\partial x^{p}} \frac{\partial x^{q}}{\partial x'^{j}} \frac{\partial x^{r}}{\partial x'^{k}} \frac{\partial x^{s}}{\partial x'^{l}} \boldsymbol{R}^{p}_{qrs} \tag{4-5-8}$$

以上所有这些张量变换式，都有一共同的特点：

新坐标系中张量的分量(如 $T'^{\alpha\beta}$)总是旧坐标系中张量的各分量(各 $T^{\mu\nu}$)的线性函数，即只含各 $T^{\mu\nu}$ 的一次方项，既无零次项(常数)也无二次以上的项。我们把这种变换称为“线性变换”(其中 $\dfrac{\partial x'^{\alpha}}{\partial x^{\mu}}\dfrac{\partial x'^{\beta}}{\partial x^{\nu}}$ 称为变换系数，每一项 $\dfrac{\partial x'^{\alpha}}{\partial x^{\mu}}\dfrac{\partial x'^{\beta}}{\partial x^{\nu}}T^{\mu\nu}$ 都是 $T^{\mu\nu}$ 的一个分量对 $T'^{\alpha\beta}$ 所提供的一分“贡献”)。

也可以把矢量叫做一阶张量，例如$\boldsymbol{A}^{\mu}$为一阶逆变张量，而$\boldsymbol{A}_{\mu}$为一阶协变张量；对于那些不随坐标变换而变的量(即标量)，称之为零阶张量。

例 4.6 加速度矢量在笛卡尔坐标系中的分量是$a_x=\dfrac{\mathrm{d}^2x}{\mathrm{d}t^2}$，$a_y=\dfrac{\mathrm{d}^2y}{\mathrm{d}t^2}$，$a_z=\dfrac{\mathrm{d}^2z}{\mathrm{d}t^2}$，求在球面坐标系中的各分量。

解 取x^1、x^2、x^3代替笛卡尔坐标x、y、z，并取x'^1、x'^2、x'^3代替球面坐标r、θ、φ。于是有

$$a^1=a_x=\frac{\mathrm{d}^2x}{\mathrm{d}t^2},\ a^2=a_y=\frac{\mathrm{d}^2y}{\mathrm{d}t^2},\ a^3=a_z=\frac{\mathrm{d}^2z}{\mathrm{d}t^2}$$

$$a'^1=a_r,\ a'^2=a_\theta,\ a'^3=a_\varphi$$

由于加速度矢量是逆变矢量，它们的分量可以写成

$$a'^{\alpha}=\frac{\partial x'^{\alpha}}{\partial x^i}a^i$$

则

$$a_r=\frac{\partial r}{\partial x}\frac{\mathrm{d}^2x}{\mathrm{d}t^2}+\frac{\partial r}{\partial y}\frac{\mathrm{d}^2y}{\mathrm{d}t^2}+\frac{\partial r}{\partial z}\frac{\mathrm{d}^2z}{\mathrm{d}t^2}$$

$$a_\theta=\frac{\partial \theta}{\partial x}\frac{\mathrm{d}^2x}{\mathrm{d}t^2}+\frac{\partial \theta}{\partial y}\frac{\mathrm{d}^2y}{\mathrm{d}t^2}+\frac{\partial \theta}{\partial z}\frac{\mathrm{d}^2z}{\mathrm{d}t^2}$$

$$a_\varphi=\frac{\partial \varphi}{\partial x}\frac{\mathrm{d}^2x}{\mathrm{d}t^2}+\frac{\partial \varphi}{\partial y}\frac{\mathrm{d}^2y}{\mathrm{d}t^2}+\frac{\partial \varphi}{\partial z}\frac{\mathrm{d}^2z}{\mathrm{d}t^2}$$

我们知道，笛卡尔坐标与球面坐标之间的关系为

$$x=r\sin\theta\cos\varphi,\ y=r\sin\theta\sin\varphi,\ z=r\cos\theta$$

逆变换为

$$r=(x^2+y^2+z^2)^{\frac{1}{2}},\ \theta=\arctan\left[\frac{(x^2+y^2)^{1/2}}{z}\right],\ \varphi=\arctan\left(\frac{y}{x}\right)$$

并且

$$\frac{\partial r}{\partial x}=\sin\theta\cos\varphi,\ \frac{\partial r}{\partial y}=\sin\theta\sin\varphi,\ \frac{\partial r}{\partial z}=\cos\theta$$

$$\frac{\partial \theta}{\partial x}=\frac{\cos\theta\cos\varphi}{r},\ \frac{\partial \theta}{\partial y}=\frac{\cos\theta\sin\varphi}{r},\ \frac{\partial \theta}{\partial z}=-\frac{\sin\theta}{r}$$

$$\frac{\partial \varphi}{\partial x}=-\frac{\sin\varphi}{r\sin\theta},\ \frac{\partial \varphi}{\partial y}=\frac{\cos\varphi}{r\sin\theta},\ \frac{\partial \varphi}{\partial z}=0$$

所以

$$a_r=\sin\theta\cos\varphi\frac{\mathrm{d}^2(r\sin\theta\cos\varphi)}{\mathrm{d}t^2}+\sin\theta\sin\varphi\frac{\mathrm{d}^2(r\sin\theta\sin\varphi)}{\mathrm{d}t^2}+\cos\theta\frac{\mathrm{d}^2(r\cos\theta)}{\mathrm{d}t^2}$$

由于

$$\frac{\mathrm{d}}{\mathrm{d}t}(r\sin\theta\cos\varphi)=\dot{r}\sin\theta\cos\varphi+r\cos\theta\cos\varphi\,\dot{\theta}-r\sin\theta\sin\varphi\,\dot{\varphi}$$

从而

$$\begin{aligned}\frac{\mathrm{d}^2}{\mathrm{d}t^2}(r\sin\theta\cos\varphi)=&\ddot{r}\sin\theta\cos\varphi+2\dot{r}\cos\theta\cos\varphi\,\dot{\theta}-2\dot{r}\sin\theta\sin\varphi\,\dot{\varphi}\\&-2r\cos\theta\sin\varphi\,\dot{\theta}\dot{\varphi}-r\sin\theta\cos\varphi\,\dot{\theta}^2-r\sin\theta\cos\varphi\,\dot{\varphi}^2\\&+r\cos\theta\cos\varphi\,\ddot{\theta}-r\sin\theta\sin\varphi\,\ddot{\varphi}\end{aligned}$$

同理得

$$\begin{aligned}\frac{\mathrm{d}^2}{\mathrm{d}t^2}(r\sin\theta\sin\varphi)=&\ddot{r}\sin\theta\sin\varphi+2\dot{r}\cos\theta\sin\varphi\,\dot{\theta}+2\dot{r}\sin\theta\cos\varphi\,\dot{\varphi}\\&+2r\cos\theta\cos\varphi\,\dot{\theta}\dot{\varphi}-r\sin\theta\sin\varphi\,\dot{\theta}^2-r\sin\theta\sin\varphi\,\dot{\varphi}^2\\&+r\cos\theta\sin\varphi\ddot{\theta}+r\sin\theta\cos\varphi\,\ddot{\varphi}\end{aligned}$$

$$\frac{\mathrm{d}^2}{\mathrm{d}t^2}(r\cos\theta)=\ddot{r}\cos\theta-2\,\dot{r}\sin\theta\,\dot{\theta}-r\cos\theta\,\dot{\theta}^2-r\sin\theta\,\ddot{\theta}$$

化简后，得到

$$a_r=\ddot{r}-r\,\dot{\theta}^2-r\sin^2\theta\,\dot{\varphi}^2$$

用同样的方法可以确定另外两个分量：

$$a_\theta=\ddot{\theta}-\sin\theta\cos\varphi\,\dot{\varphi}^2$$

$$a_\varphi=\ddot{\varphi}+\frac{2}{r}\dot{r}\,\dot{\varphi}+\frac{2\cos\theta}{\sin\theta}\dot{\theta}\,\dot{\varphi}$$

4.5.4 张量代数

本节将对张量的一些基本运算作一介绍，通过张量运算使读者对这一概念有进一步的认识。代数运算包括加减法、乘法（或称直积）、降秩（或称缩并）。

以同一常数乘张量的各分量，结果仍为张量，这是明显的，无需证明。

两同阶张量，若对应各分量均相等，则称它们是相等的张量。

某张量的分量均为零，则该张量称为零张量。由张量的变换规则知，零张量在任意坐标系中均为零张量。

1. 加减法

设有同阶的两个张量，且其协变和逆变的阶数也相同，使其对应分量相加或相减，仍得同阶张量，称其为原张量的和或差。

设 $\boldsymbol{A}^{\mu}_{\nu\lambda}$ 和 $\boldsymbol{B}^{\mu}_{\nu\lambda}$ 为两同阶张量，用 $\boldsymbol{C}^{\mu}_{\nu\lambda}$ 表示其对应分量之和。证明当坐标变换时，$\boldsymbol{C}^{\mu}_{\nu\lambda}$ 的变换规律与 $\boldsymbol{A}^{\mu}_{\nu\lambda}$ 的变换规律相同，即 $\boldsymbol{C}^{\mu}_{\nu\lambda}$ 为张量。

若在新坐标系中，$\boldsymbol{C}^{\mu}_{\nu\lambda}$ 变为 $\boldsymbol{C}'^{\mu}_{\nu\lambda}$，则

$$C'^{\mu}_{\nu\lambda}=A'^{\mu}_{\nu\lambda}+B'^{\mu}_{\nu\lambda}=\frac{\partial x'^{\mu}}{\partial x^{\alpha}}\frac{\partial x^{\beta}}{\partial x'^{\nu}}\frac{\partial x^{\gamma}}{\partial x'^{\lambda}}A^{\alpha}_{\beta\gamma}+\frac{\partial x'^{\mu}}{\partial x^{\alpha}}\frac{\partial x^{\beta}}{\partial x'^{\nu}}\frac{\partial x^{\gamma}}{\partial x'^{\lambda}}B^{\alpha}_{\beta\gamma}$$

$$=\frac{\partial x'^{\mu}}{\partial x^{\alpha}}\frac{\partial x^{\beta}}{\partial x'^{\nu}}\frac{\partial x^{\gamma}}{\partial x'^{\lambda}}(A^{\alpha}_{\beta\gamma}+B^{\alpha}_{\beta\gamma})$$

$$=\frac{\partial x'^{\mu}}{\partial x^{\alpha}}\frac{\partial x^{\beta}}{\partial x'^{\nu}}\frac{\partial x^{\gamma}}{\partial x'^{\lambda}}C^{\alpha}_{\beta\gamma}$$

由上式可见两张量之和 $C^{\alpha}_{\beta\gamma}$ 与原张量 $A^{\alpha}_{\beta\gamma}$ 的变换规律相同，$C^{\alpha}_{\beta\gamma}$ 与 $A^{\alpha}_{\beta\gamma}$ 为同阶张量。这里也包括了“减法”，因为乘以(－1)相加即相减。

2. 乘法

设有任意两张量 $A^{\mu}_{\nu\lambda}$ 和 B^{α}_{β}(不一定同阶)，将其各分量两两相乘，得

$$C^{\mu\alpha}_{\nu\lambda\beta}=A^{\mu}_{\nu\lambda}B^{\alpha}_{\beta}$$

证明 $C^{\mu\alpha}_{\nu\lambda\beta}$ 为一张量。

首先可以看出，因 $A^{\mu}_{\nu\lambda}$ 有 $4\times4\times4=64$ 个分量，B^{α}_{β} 有 $4\times4=16$ 个分量，故 $C^{\mu\alpha}_{\nu\lambda\beta}$ 应有 $64\times16=1024$ 个分量。

从 $C^{\mu\alpha}_{\nu\lambda\beta}$ 的写法上来看，它像一具有二阶逆变三阶协变的五阶张量。

设在新坐标系中为

$$C'^{\eta\gamma}_{\rho\sigma\tau}=A'^{\eta}_{\rho\sigma}B'^{\gamma}_{\tau}=\frac{\partial x'^{\eta}}{\partial x^{\mu}}\frac{\partial x^{\nu}}{\partial x'^{\rho}}\frac{\partial x^{\lambda}}{\partial x'^{\sigma}}A^{\mu}_{\nu\lambda}\cdot\frac{\partial x'^{\gamma}}{\partial x^{\alpha}}\frac{\partial x^{\beta}}{\partial x'^{\tau}}B^{\alpha}_{\beta}$$

$$=\frac{\partial x'^{\eta}}{\partial x^{\mu}}\frac{\partial x^{\nu}}{\partial x'^{\rho}}\frac{\partial x^{\lambda}}{\partial x'^{\sigma}}\frac{\partial x'^{\gamma}}{\partial x^{\alpha}}\frac{\partial x^{\beta}}{\partial x'^{\tau}}C^{\mu\alpha}_{\nu\lambda\beta}$$

可见，$C^{\mu\alpha}_{\nu\lambda\beta}$ 的变换规律和五阶张量的一致，即张量的乘积仍为张量。

3. 降秩

设有混合张量 $T^{\mu\nu}_{\sigma}$，如果令指标 $\sigma=\mu$，则可得到一个新的张量 $T^{\mu\nu}_{\mu}$。由重复指标表示求和，得

$$T^{\mu\nu}_{\mu}=T^{1\nu}_{1}+T^{2\nu}_{2}+T^{3\nu}_{3}+T^{4\nu}_{4}$$

由上式可见，由于 ν 取 1～4 中之数，$T^{\mu\nu}_{\mu}$ 只有 4 个分量，指标 μ 成为哑指标，而原来的三阶混合张量 $T^{\mu\nu}_{\sigma}$ 有 64 个分量。将混合张量上、下指标各取一个变为一对哑指标，从而使分量的数目减少，这种由高阶张量构成低阶张量的运算称为降秩。张量降秩后仍为张量，只是阶数减 2。

设 $T^{\mu\nu}_{\sigma}$ 在新坐标系中为 $T'^{\alpha\beta}_{\lambda}$，则

$$T'^{\alpha\beta}_{\lambda}=\frac{\partial x'^{\alpha}}{\partial x^{\mu}}\frac{\partial x'^{\beta}}{\partial x^{\nu}}\frac{\partial x^{\sigma}}{\partial x'^{\lambda}}T^{\mu\nu}_{\sigma}$$

若令 $T^{\mu\nu}_{\sigma}$ 的上、下两指标 $\sigma=\mu$，则

$$T'^{\alpha\beta}_{\lambda}=\frac{\partial x'^{\alpha}}{\partial x^{\mu}}\frac{\partial x'^{\beta}}{\partial x^{\nu}}\frac{\partial x^{\mu}}{\partial x'^{\lambda}}T^{\mu\nu}_{\mu}$$

但

$$\frac{\partial x'^{\alpha}}{\partial x^{\mu}}\frac{\partial x^{\mu}}{\partial x'^{\lambda}}=\delta_{\lambda}^{\alpha}=\begin{cases}0 & \alpha\neq\lambda\\ 1 & \alpha=\lambda\end{cases}$$

于是

$$\boldsymbol{T}'^{\alpha\beta}_{\alpha}=\frac{\partial x'^{\beta}}{\partial x^{\nu}}\boldsymbol{T}^{\mu\nu}_{\mu}$$

即

$$\boldsymbol{T}'^{\beta}=\frac{\partial x'^{\beta}}{\partial x^{\nu}}\boldsymbol{T}^{\nu}$$

果然，缩并后三阶张量降为一阶，新张量按照一阶逆变张量规律变换。对于降秩的张量，通常不再继续书写哑指标，例如，$\boldsymbol{T}^{\mu\nu}_{\mu}$仅写作$\boldsymbol{T}^{\nu}$。

降秩只能对具有上、下指标的混合张量进行，它是由高阶张量获得低阶张量的一种运算方法，若经过一次降秩后，所得张量仍为具有上、下指标的高阶张量，则允许继续进行降秩。特别对于上、下指标数目相等的张量，可以用降秩方法求得不变量。

例如，张量 $\boldsymbol{T}^{\mu\nu}_{\alpha\beta}$的降秩过程如下：

$$\boldsymbol{T}^{\mu\nu}_{\alpha\beta}\xrightarrow{\text{第一次降秩}}\boldsymbol{T}^{\nu}_{\beta}\xrightarrow{\text{第二次降秩}}T\ (\text{不变量})$$

4.6　张量判别法——商定则

前面定义的张量是符合一定的变换规则的一组量。还有一些量，它们也由许多分量构成，但它们的分量在不同坐标系中的变换规则不符合张量的定义，因此不能算作张量。判断一个量是不是张量，有多种方法，下面介绍一种常用的方法，即商定则。

设 $A(\mu,\nu,\lambda)$是按指标 μ、ν、λ 排列的具有 4^3 个分量的量，如果它和任意张量 $\boldsymbol{B}^{\lambda}$ 的乘积为张量$\boldsymbol{C}^{\nu}_{\mu}$，则 $\boldsymbol{A}(\mu,\nu,\lambda)$为张量。

因

$$A(\mu,\nu,\lambda)\cdot\boldsymbol{B}^{\lambda}=\boldsymbol{C}^{\nu}_{\mu}\tag{4-6-1}$$

而在新坐标系中为

$$A'(\rho,\sigma,\gamma)\cdot\boldsymbol{B}'^{\gamma}=\boldsymbol{C}'^{\sigma}_{\rho}\tag{4-6-2}$$

将 $\boldsymbol{B}'^{\gamma}$及$\boldsymbol{C}'^{\sigma}_{\rho}$的变换关系代入上式，得

$$A'(\rho,\sigma,\gamma)\frac{\partial x'^{\gamma}}{\partial x^{\lambda}}\boldsymbol{B}^{\lambda}=\frac{\partial x'^{\sigma}}{\partial x^{\nu}}\frac{\partial x^{\mu}}{\partial x'^{\rho}}\boldsymbol{C}^{\nu}_{\mu}$$

再将式(4-6-1)代入，得

$$A'(\rho,\sigma,\gamma)\frac{\partial x'^{\gamma}}{\partial x^{\lambda}}\boldsymbol{B}^{\lambda}=\frac{\partial x'^{\sigma}}{\partial x^{\nu}}\frac{\partial x^{\mu}}{\partial x'^{\rho}}A(\mu,\nu,\lambda)\cdot\boldsymbol{B}^{\lambda}$$

由于 $\boldsymbol{B}^{\lambda}$ 为任意张量，得

$$A'(\rho, \sigma, \gamma)\frac{\partial x'^{\gamma}}{\partial x^{\lambda}}=\frac{\partial x'^{\sigma}}{\partial x^{\nu}}\frac{\partial x^{\mu}}{\partial x'^{\rho}}A(\mu, \nu, \lambda)$$

将上式两端乘以 $\frac{\partial x^{\lambda}}{\partial x'^{\eta}}$，有

$$A'(\rho, \sigma, \gamma)\frac{\partial x'^{\gamma}}{\partial x^{\lambda}}\frac{\partial x^{\lambda}}{\partial x'^{\eta}}=\frac{\partial x'^{\sigma}}{\partial x^{\nu}}\frac{\partial x^{\mu}}{\partial x'^{\rho}}\frac{\partial x^{\lambda}}{\partial x'^{\eta}}A(\mu, \nu, \lambda)$$

由于

$$\frac{\partial x'^{\gamma}}{\partial x^{\lambda}}\frac{\partial x^{\lambda}}{\partial x'^{\eta}}=\delta^{\gamma}_{\eta}=\begin{cases}0 & \gamma\neq\eta\\ 1 & \gamma=\eta\end{cases}$$

故

$$A'(\rho, \sigma, \eta)=\frac{\partial x'^{\sigma}}{\partial x^{\nu}}\frac{\partial x^{\mu}}{\partial x'^{\rho}}\frac{\partial x^{\lambda}}{\partial x'^{\eta}}A(\mu, \nu, \lambda) \tag{4-6-3}$$

由式(4－6－3)可见 $A(\mu, \nu, \lambda)$ 的变换规律和张量是一样的，它应写为 $A^{\nu}_{\mu\lambda}$。因此，某个由若干分量构成的量，与某一张量之乘积仍为张量，则该量本身亦必为张量，这便是判断张量的商定则。

张量这一数学工具的重要性在于，张量方程在坐标变换时其形式始终不变。如果将张量引入物理学中，那么，在任何不同的坐标系中，物理规律的表示形式都是一样的，这就是事物的本质。它反映这样一个事实：任何物理规律都是客观存在的，与坐标系的选择无关。

引入张量后，我们发现电磁场的变化规律在所有的惯性参考系中都一样，即在所有的坐标变换下，物理表达式的形式不变，或者说电磁场方程满足洛伦兹协变，这正是“狭义相对性原理”的表述。

广义相对论也正是基于这一思想，否定了绝对的优越的坐标系的存在，而认为一切参考系在本质上对于描述自然规律是等效的。就是说，基本自然规律在一切参考系中都应取相同的形式——广义相对性原理。从数学的角度来说就是基本物理定律在一切坐标系中都应取相同的形式，或者说，一切基本方程在坐标变换下都应该是“协变”的。

思　考　题

1. 基矢量与共轭基矢量是怎样的关系？
2. 逆变矢量和协变矢量有什么区别？
3. 什么是赝张量？
4. 张量最大的特点是什么？
5. 如何判别张量？

第五章　狭义相对论

5.1　狭义相对论基本原理

狭义相对论是关于时间、空间和物质运动的理论，这是20世纪初以来物理学发展的重大成就之一，它和量子力学一起，构成了现代物理学以及当代高技术发展的基础。狭义相对论的创立，对人类的时空观、物质观、运动观、因果观和宇宙观，都有重大影响。爱因斯坦经过近十年漫长的研究和思考，于1905年6月创立了惊世骇俗的狭义相对论，该理论包括两个基本原理。

(1) 狭义相对性原理：在一切惯性参照系中，所有的物理规律都相同。

(2) 光速不变原理：在所有的惯性系里，都可测得光在真空中的速度具有相同的值，与光源的运动无关。

5.2　洛伦兹变换

5.2.1　迈克尔逊-莫雷实验

19世纪30年代，法拉第发现电磁感应定律(1831年)之后，电磁技术开始应用到工业和人类的日常生活之中，这促进了人们对电磁运动规律的深入探索。1865年麦克斯韦建立了描述电磁运动普遍规律的麦克斯韦方程组，预言了电磁波的存在，后来于1888年被赫兹证实。电磁波是以波动方式传播的电磁场。如果将真空中电磁波的波动方程与机械波的波动方程相比较，就会发现电磁波的波速等于光速，于是断定光是特定波长范围的电磁波，这样光作为电磁波的一部分，在理论和实验两方面都得到确定。由于人们早已发现，传播机械波需要弹性介质，因此在光的电磁理论发展初期，人们自然会想到光和电磁波的传播也需要一种弹性介质，19世纪的物理学家们称这种介质为以太。他们认为，以太充满整个空间，即使真空也不例外。

然而，在涉及电磁现象，包括光的传播现象时，牛顿力学的相对性原理和伽利略变换却遇到了不可克服的困难。在相对以太静止的参考系中，光的速度在各个方向都是相同。麦克斯韦方程组是成立的；如果在相对以太运动的参考系中研究光速，按伽利略变换，光沿着各个方向传播的速度便不相等了，这意味着在运动参考系中麦克斯韦方程组出了问题。人们认为，不是伽利略变换不对，而是麦克斯韦方程组不服从伽利略变换，它只在相对以太静止的惯性参考系里才成立。这样，以太就成了一个优越的参考系，被称为以太参考系，于是，以太参考系就可作为所谓的"绝对"参考系了。而且，人们还可以用测量运动物体中光速的方法去寻找这一优越的参考系——以太。

人们若找到以太，则可以把以太定义为绝对空间，相当于找到了牛顿的绝对空间。于是，大家纷纷设计一些实验来寻找以太，在这些实验中，以迈克尔逊-莫雷的实验最具代表性。

迈克尔逊-莫雷实验的目的是观测地球相对以太的绝对运动，实验装置是迈克尔逊干涉仪(见图 5-1)，实验原理如下：

设以太相对太阳系静止(S 系)，地球(S'系)相对太阳系的速度为 v，实验时，先将干涉仪的一臂(如 MM_1)与地球运动方向平行，另一臂(如 MM_2)与地球运动方向垂直。在地面实验室系中，光沿各方向传播的速度大小并不相同，当两臂长相等时，光程差不为零，可以看到干涉条纹。如果将整个装置转过 90°，则干涉条纹移动。由条纹移动的数目，可以推算出地球相对以太参考系的绝对速度 v。

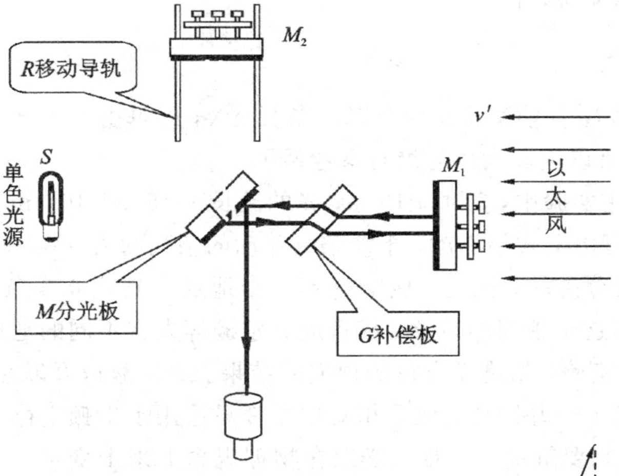

图 5-1 迈克尔逊-莫雷实验原理图

首先计算光线通过两臂往返的时间。对于 MM_1 臂，臂长为 l_1，则

$$t_1=\frac{l_1}{c-v}+\frac{l_1}{c+v}=\frac{2l_1c}{c^2-v^2}=\frac{2l_1}{c(1-v^2/c^2)}$$

对 MM_2 臂，臂长为 l_2，其光速为 $\sqrt{c^2-v^2}$(见图 5-2)，则

$$t_2=\frac{2l_2}{\sqrt{c^2-v^2}}=\frac{2l_2}{c(1-v^2/c^2)^{1/2}}$$

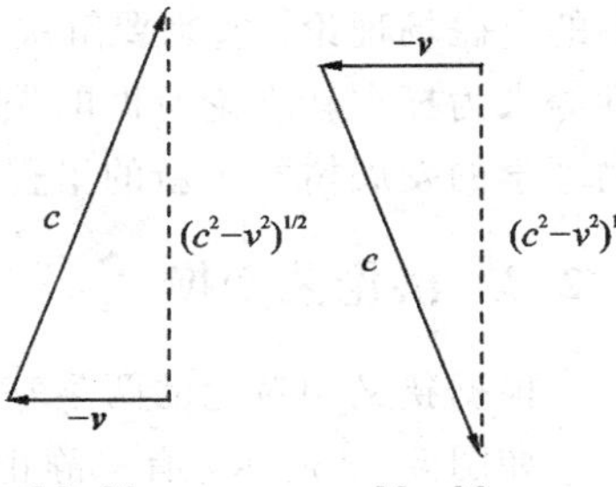

图 5-2 垂直方向光速

实验时取

$$l_1=l_2=l$$

时间差为

$$\Delta t=t_1-t_2=\frac{2l}{c\left(1-\frac{v^2}{c^2}\right)}-\frac{2l}{c\left(1-\frac{v^2}{c^2}\right)^{\frac{1}{2}}}$$

$$=\frac{2l}{c}\left[\left(1+\frac{v^2}{c^2}+\cdots\right)-\left(1+\frac{v^2}{2c^2}+\cdots\right)\right]$$

由于 $v\ll c$，上式可写成

$$\Delta t\approx\frac{l}{c}\frac{v^2}{c^2}$$

于是，两光束的光程差为

$$\Delta=c\cdot\Delta t\approx l\frac{v^2}{c^2}$$

若把整个仪器旋转 90°，则前后两次的光程差为 2Δ。在此过程中，望远镜的视场内应看到干涉条纹移动 ΔN 条，有

$$\Delta N=\frac{2\Delta}{\lambda}=\frac{2lv^2}{\lambda c^2}$$

式中，λ、c 和 l 均已知，如能测出条纹移动的条数 ΔN，即可由上式算出地球相对于以太的绝对速度 v，从而就可以把以太作为绝对参考系了。

在迈克尔逊-莫雷实验中，l 约为 10 m，光的波长 $\lambda=5.0\times10^2$ nm，v 取地球公转的速度 $3\times10^4\ \mathrm{m\cdot s^{-1}}$，可由上式估算出，干涉条纹移动的条数约为 0.4。而迈克尔逊干涉仪的精度已达到条纹的百分之一，因此，应能毫不困难地观察到这 0.4 条条纹的移动。但是，实验中并没有观察到这个预期的条纹。尽管迈克尔逊等人在不同的地理条件、不同的季节条件下，进行了多次实验，始终没有得到预期的结果。此实验以及双星歧变的观测等其他一些实验给人们带来了一些困惑，似乎相对性原理只适用于牛顿定律，而不能用于麦克斯韦的电磁场理论。看来要解决这一难题必须在物理观念上来个变革，于是在洛伦兹、庞加勒等人为探求新理论所做的先期工作的基础上，爱因斯坦于 1905 年创立了狭义相对论，为物理学的发展树立了新的里程碑。

5.2.2 洛伦兹变换

根据狭义相对论的两条基本原理，可以导出新的时空关系。

如图 5-3 所示，有一静止惯性参照系 S，另一惯性系 S'沿 x'轴正向相对 S 以匀速 v 运动，水平坐标轴重合。一事件 P 在 S、S'上的时空坐标 (x, y, z, t) 与 (x', y', z', t') 变换关系如何?

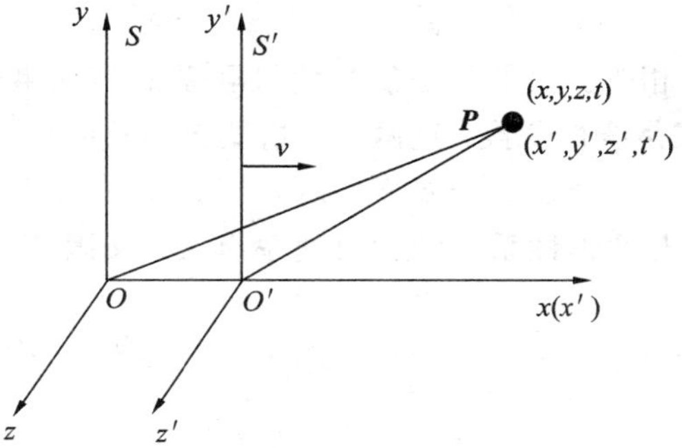

图 5-3 可以线性变换的两个坐标系

下面来研究在 S 系和 S' 系中的两个静止观察者观察同一物理事件 P 所得结果的关系。

1. 方法一

由时间和空间的均匀性和各向同性，首先应该确定坐标变换是线性的，即所有在空间中和时间中的点都是等价的，两事件的空间间隔和时间间隔与它们在参考系中何处何时发生无关，因此，变换必须是线性的。

设事件 P 在某一时刻的位置，由静止在 S 系中的观察者观察，是 t 时刻发生在 S 系中的(x, y, z)一点；同一事件由静止在 S' 系中的观察者观察，是在 t' 时刻发生于 S' 系中的(x', y', z')一点。

由于 S' 系和 S 系为两个惯性系，S' 系相对 S 系在水平方向以匀速 v 运动，在 $t=t'=0$ 时，S' 系和 S 系重合。并且，事件 P 只有 x 方向坐标不同，y，z 两方向坐标是相同的。

据此，可以写出新的变换为

$$\begin{cases} x' = \alpha x + \beta t \\ y' = y \\ z' = z \\ t' = \gamma t + \delta x \end{cases} \tag{5-2-1}$$

式中，α、β、γ、δ 都是与坐标和时间无关的常数，S' 系的原点 O' 在某一时刻的位置，在 S' 系中观察为 $x'=0$，而在 S 系中观察则为 $x=vt$，代入式(5-2-1)的第一式，即得

$$\alpha vt + \beta t = 0$$

于是

$$\beta = -\alpha v \tag{5-2-2}$$

再设 $t=t'=0$ 时刻从原点发出光信号，经过一定时间，光波的波前到达某一位置，这一事件在 S 系与 S' 系中观察各为(x, y, z, t)与(x', y', z', t')，由于光速不变，每一观察者所见到的光速的波前都是以 c 与波前所经过时间的乘积为半径的球面，即

$$x^2 + y^2 + z^2 - c^2 t^2 = 0$$

$$x'^2+y'^2+z'^2-c^2t'^2=0$$

可以看出，上面两式相等。如果不是以光信号联系的其他事件，它们可能不等于零，但是由于时空坐标变换式是线性变换，这两个二次式至多只能相差一常数因子，即

$$x'^2+y'^2+z'^2-c^2t'^2=\lambda(x^2+y^2+z^2-c^2t^2)$$

式中，$\lambda=\lambda(v)$，λ只可能与两惯性系间的相对速率有关；又因两惯性系是等价的，反过来也应有

$$x^2+y^2+z^2-c^2t^2=\lambda'(x'^2+y'^2+z'^2-c^2t'^2)$$

可见，$\lambda'=\lambda=1$。

因此，

$$x'^2+y'^2+z'^2-c^2t'^2=x^2+y^2+z^2-c^2t^2 \tag{5-2-3}$$

将变换关系式(5-2-1)代入上式，并利用式(5-2-2)，即得

$$\alpha^2(x-vt)^2-c^2(\gamma t+\delta x)^2=x^2-c^2t^2$$

上式对于任意的x、t都成立，所以两端相应的系数应该相等，故有

$$\begin{aligned}\alpha^2-c^2\delta^2&=1\\ v^2\alpha^2-c^2\gamma^2&=-c^2\\ v\alpha^2+c^2\gamma\delta&=0\end{aligned} \tag{5-2-4}$$

由此解得

$$\begin{cases}\alpha=\dfrac{1}{\sqrt{1-v^2/c^2}}\\ \beta=-\dfrac{v}{\sqrt{1-v^2/c^2}}\\ \gamma=\dfrac{1}{\sqrt{1-v^2/c^2}}\\ \delta=-\dfrac{\frac{v}{c^2}}{\sqrt{1-v^2/c^2}}\end{cases} \tag{5-2-5}$$

将这些系数的数值代入式(5-2-1)，就得出S'系和S系的坐标变换关系为

$$\begin{cases}x'=\dfrac{x-vt}{\sqrt{1-v^2/c^2}}\\ y'=y\\ z'=z\\ t'=\dfrac{t-\frac{v}{c^2}x}{\sqrt{1-v^2/c^2}}\end{cases} \tag{5-2-6}$$

也很容易得出逆变换形式：

$$\begin{cases} x = \dfrac{x' + vt'}{\sqrt{1-\beta^2}} \\ y = y' \\ z = z' \\ t = \dfrac{t' + \dfrac{v}{c^2}x'}{\sqrt{1-\beta^2}} \end{cases} \tag{5-2-7}$$

从上两式可以看出，不同的两个惯性参照系中，它们的空间和时间的量度并不相等，量度值都随参照系运动的快慢而变化着，而且空间和时间之间也有必然的联系。这说明洛伦兹变换表示一种全新的时空关系，它揭露了经典力学中“绝对时间”、“绝对空间”概念的局限性。

2. 方法二

1）新的时空关系

设 $t=t'=0$ 时，事件 P 的坐标 x 与 $x'+vt'$ 同时为零，可写成

$$\begin{cases} x=0 \\ x'+vt'=0 \end{cases}$$

或者

$$x=k(x'+vt')^m$$

两边时空坐标都是对一事件而言的，所以它们应该有一一对应的关系，即它们之间应为线性变换关系，所以 $m=1$，即

$$x = k(x' + vt') \tag{5-2-8}$$

同理，有

$$x' = k'(x - vt) \tag{5-2-9}$$

根据相对性原理，对等价的惯性系而言，(5-2-8)、(5-2-9)二式应有相同的形式，即

$$k' = k$$

$$\begin{cases} x = k(x' + vt') \\ x' = k(x - vt) \end{cases} \tag{5-2-10}$$

解 式(5-2-10)有

$$t' = kt + \frac{1-k^2}{kv}x \tag{5-2-11}$$

$$\begin{cases} x' = k(x - vt) \\ y' = y \\ z' = z \\ t' = kt + \dfrac{1-k^2}{kv}x \end{cases} \tag{5-2-12}$$

2）根据光速不变原理求 k

当 $t=t'=0$ 时，一光信号从原点沿 x 轴前进，信号到达坐标为

$$\begin{cases} x = ct \\ x' = ct' \end{cases} \quad (c\text{ 不变}) \tag{5-2-13}$$

将式(5-2-13)代入式(5-2-10)中，得

$$\begin{cases} ct=k(ct'+vt')=k(c+v)t' \\ ct'=k(ct-vt)=k(c-v)t \end{cases}$$

上述二式两边相乘，得

$$c^2tt'=k^2(c^2-v^2)tt'$$

最终得到

$$k=\sqrt{\frac{c^2}{c^2-v^2}}=\frac{1}{\sqrt{1-\frac{v^2}{c^2}}}=\frac{1}{\sqrt{1-\beta^2}} \qquad \left(\beta=\frac{v}{c}\right)$$

3）洛伦兹变换的具体形式

将 k 代入式(5-2-12)中，便可得到式(5-2-6)，用同样的方法亦可得到逆变换形式(5-2-7)。

上述两种方法从根本上讲是同一种方法，只不过是推演过程略微不同而已，可以验证，洛伦兹变换式(5-2-6)还可写成如下形式：

$$x'_\mu=a_{\mu\nu}x_\nu$$

即

$$\begin{pmatrix} x'_1 \\ x'_2 \\ x'_3 \\ x'_4 \end{pmatrix} = \begin{pmatrix} \frac{1}{\sqrt{1-\beta^2}} & 0 & 0 & \frac{i\beta}{\sqrt{1-\beta^2}} \\ 0 & 1 & 0 & 0 \\ 0 & 0 & 1 & 0 \\ \frac{-i\beta}{\sqrt{1-\beta^2}} & 0 & 0 & \frac{1}{\sqrt{1-\beta^2}} \end{pmatrix} \begin{pmatrix} x_1 \\ x_2 \\ x_3 \\ x_4 \end{pmatrix} \tag{5-2-14}$$

其中，$x_1=x$，$x_2=y$，$x_3=z$，$x_4=ict$。

最后，推导洛伦兹速度变换式。质点 P 在 S 系的速度为 $u(u_x, u_y, u_z)$，在 S' 系为 $u'(u'_x, u'_y, u'_z)$，根据速度的定义：

$$u_x=\frac{\mathrm{d}x}{\mathrm{d}t},\ u_y=\frac{\mathrm{d}y}{\mathrm{d}t},\ u_z=\frac{\mathrm{d}z}{\mathrm{d}t}$$

$$u'_x=\frac{\mathrm{d}x'}{\mathrm{d}t'},\ u'_y=\frac{\mathrm{d}y'}{\mathrm{d}t'},\ u'_z=\frac{\mathrm{d}z'}{\mathrm{d}t'}$$

对洛伦兹变换式(5-2-6)取微分，得

$$dx'=\frac{1}{\sqrt{1-\beta^2}}(dx-vdt)=\frac{1}{\sqrt{1-\beta^2}}\left(\frac{dx}{dt}-v\right)dt=\frac{1}{\sqrt{1-\beta^2}}(u_x-v)dt$$

$$dy'=dy$$

$$dz'=dz$$

$$dt'=\frac{1}{\sqrt{1-\beta^2}}\left(dt-\frac{v}{c^2}dx\right)=\frac{1}{\sqrt{1-\beta^2}}\left(1-\frac{v}{c^2}\frac{dx}{dt}\right)dt=\frac{1}{\sqrt{1-\beta^2}}\left(1-\frac{vu_x}{c^2}\right)dt$$

用 dt' 去除它前面的三式，即得速度分量之间的关系：

$$\begin{cases} u'_x=\dfrac{dx'}{dt'}=\dfrac{u_x-v}{1-\dfrac{v}{c^2}u_x} \\ u'_y=\dfrac{dy'}{dt'}=\dfrac{u_y\sqrt{1-\beta^2}}{1-\dfrac{v}{c^2}u_x} \\ u'_z=\dfrac{dz'}{dt'}=\dfrac{u_z\sqrt{1-\beta^2}}{1-\dfrac{v}{c^2}u_x} \end{cases} \tag{5-2-15}$$

根据相对性原理，把式(5-2-15)中的 v 换成 $-v$，带撇的量和不带撇的量对调，便得到从 S' 系到 S 系的速度变换式：

$$\begin{cases} u_x=\dfrac{u'_x+v}{1+\dfrac{v}{c^2}u'_x} \\ u_y=\dfrac{u'_y\sqrt{1-\beta^2}}{1+\dfrac{v}{c^2}u'_x} \\ u_z=\dfrac{u'_z\sqrt{1-\beta^2}}{1+\dfrac{v}{c^2}u'_x} \end{cases} \tag{5-2-16}$$

式(5-2-16)的速度变换式称为洛伦兹速度变换式，这些变换式表明虽然垂直于运动方向的长度不变，但速度是变的，这是因为时间间隔变了。

5.3 狭义相对论的时空理论

1. 同时的相对性

爱因斯坦认为，凡是与时间有关的一切判断，总是和“同时”这个概念相联系的。按相对论的说法，在某个惯性系中同时发生的两个事件，在另一相对它的运动的惯性系中，并不一定同时发生。这一结论叫做同时的相对性。

如图 5－4 所示，地面上的观察者看到有两个闪电正好同时击中一列向东行使的列车的车头和车尾，而位于列车中间的旅客则是不是同时看到两个闪电的呢？

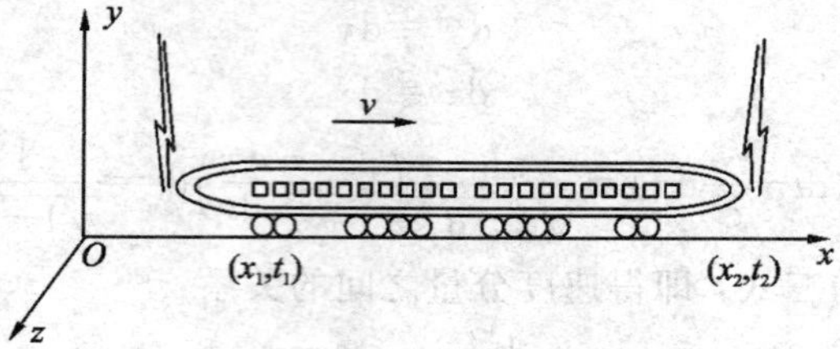

图 5－4　时间相对性的推导

设列车行驶的速度是 v，车头和车尾在地面参考系中的时空坐标为(x_2, t_2)和(x_1, t_1)，则根据洛伦兹变换，位于列车中间的旅客测得该事件的时间是：

$$t_1' = \frac{t_1 - \frac{vx_1}{c^2}}{\sqrt{1-v^2/c^2}}$$

$$t_2' = \frac{t_2 - \frac{vx_2}{c^2}}{\sqrt{1-v^2/c^2}}$$

于是

$$t_2' - t_1' = \frac{t_2 - t_1 - \frac{v(x_2 - x_1)}{c^2}}{\sqrt{1-v^2/c^2}}$$

地面观测者测得闪电同时击中车头和车尾，即 $t_1 = t_2$，则上式为

$$t_2' - t_1' = \frac{-v(x_2 - x_1)}{c^2\sqrt{1-v^2/c^2}}$$

因为 $v \neq 0$，$x_2 - x_1 \neq 0$，则结论是在列车上的观测者测得两闪电不是同时击中的。由题设条件，$v > 0$，$x_2 - x_1 > 0$，则有 $t_2' - t_1' < 0$，即从列车上观测，先看到车头处闪电。

例 5.1　在以 $0.6c$ 速度运动的车厢两端(车厢长 10 m)，有 A、B 两人互相开枪射击，如果在火车上的人们发现是 B 先于 A 10 mμs 开枪的，试问：在地面上的人来看，情况如何？

解　设 A、B 两人在火车参考系中的坐标分别是 x_A' 和 x_B'，则

$$x_A' - x_B' = -10(\text{m})$$
$$t_A' - t_B' = 10\ \text{m}\mu\text{s} = 10\times10^{-9}(\text{s})$$

由洛伦兹变换可得

$$\Delta t = \frac{\Delta t' + \frac{u}{c^2}\Delta x'}{\sqrt{1-\beta^2}} = \frac{10\times10^{-9} - \frac{10\times0.6}{3\times10^8}}{\sqrt{1-0.36}} = \frac{-1\times10^{-8}}{0.8}$$
$$= -12.5\times10^{-9}(\text{s}) = -12.5\ \text{m}\mu\text{s}$$

地面上的人将认为 A 先开枪射击 B，时间早 1.25 mμs。这个例子将时间的相对性很好地表达了出来。

2. 长度的相对性(长度收缩)

在伽利略变换中，两点之间的距离或物体的长度是不随惯性系而变化的，例如长为 1 m 的尺子，不论在运动的车厢里或者在地面上去测量它，其长度都是 1 m。那么，在洛伦兹变换下，情况会怎样呢？

设有两个观察者分别静止于惯性参考系 S 和 S' 中，S' 系以速度 v 相对 S 系沿 Ox 轴运动，一细棒静止于 S' 系中并沿 Ox' 轴放置，如图 5-5 所示。考虑到棒的长度应是在同一时刻测得棒两端点的距离，因此，S' 系中观察者若同时测得棒两端点的坐标为 x'_1 和 x'_2，则棒长为 $l'=x'_2-x'_1$。通常把观察者相对棒静止时所测得的棒长度称为棒的固有长度 l_0，在此处 $l'=l_0$。当两观察者相对静止时，他们测得的棒长相等。但当 S' 系(以及相对 S' 系静止的棒)以速度 v 沿 xx' 轴相对 S 系运动时，在 S' 系中观察者测得棒长不变仍为 l'，而 S 系中的观察者则认为棒相对 S 系运动，并同时测得其两端点的坐标为 x_1 和 x_2，即棒的长度为 $l=x_2-x_1$，利用洛伦兹变换式(5-2-6)，有

$$x'_1=\frac{x_1-vt_1}{\sqrt{1-\frac{v^2}{c^2}}},\quad x'_2=\frac{x_2-vt_2}{\sqrt{1-\frac{v^2}{c^2}}}$$

式中，$t_1=t_2$，将上两式相减得

$$x'_2-x'_1=\frac{x_2-x_1}{\sqrt{1-\frac{v^2}{c^2}}}$$

即

$$l=l'\sqrt{1-\frac{v^2}{c^2}}=l_0\sqrt{1-\beta^2}$$

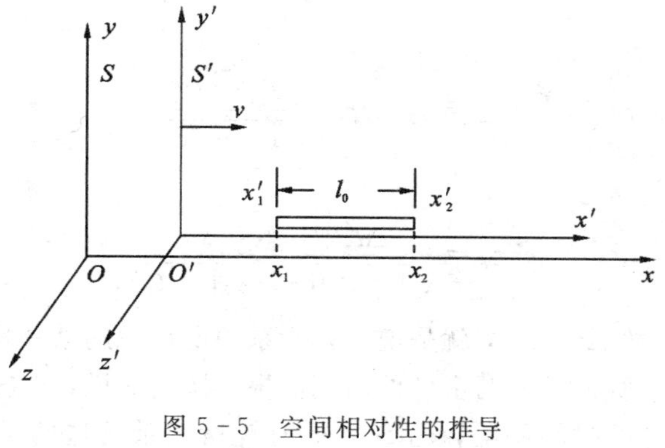

图 5-5　空间相对性的推导

由于 $\sqrt{1-\beta^2}<1$，故 $l<l'$，就是说，从 S 系测得运动细棒的长度 l，要比从相对细棒静

止的 S' 系中所测得的长度 l' 缩短至 $l_0\sqrt{1-\beta^2}$。物体的这种沿运动方向发生的长度收缩称为洛伦兹收缩。容易证明，若棒静止于 S 系中，则从 S' 系测得棒的长度，也只有其固有长度的 $\sqrt{1-\beta^2}$ 倍，这说明运动规律具有相对性。

例 5.2　如果飞船 A 上的观测者发现某目标物以 $0.6c$ 的速度向它飞来，并测得此时目标的距离是 100 千米，而飞船 B 与 A 正好在同一地点，它测得该目标物的速度为 $0.8c$，试求 B 测得此时与目标物的距离是多少?

解　此时

$$\gamma_A=\frac{1}{\sqrt{1-v_A^2/c^2}}=\frac{1}{0.8},\ \gamma_B=\frac{1}{\sqrt{1-v_B^2/c^2}}=\frac{1}{0.6}$$

由洛伦兹收缩公式可得

$$L_A=\frac{L_0}{\gamma_A},\ L_B=\frac{L_0}{\gamma_B}$$

所以

$$L_B=L_A\frac{\gamma_A}{\gamma_B}=\frac{0.6}{0.8}\times 100=75(\text{km})$$

3. 时间间隔的相对性(时间延缓)

在狭义相对论中，如同长度不是绝对的那样，时间间隔也不是绝对的。设在 S' 系中有一只静止的时钟，有两个事件先后发生在同一地点 x'，此钟记录的时刻分别为 t_1' 和 t_2'，于是在 S' 系中的时钟所记录两事件的时间间隔为 $\Delta t'=t_2'-t_1'$，常称为固有时 Δt_0，而 S 系中的时钟所记录的时刻分别为 t_1 和 t_2，即时钟所记录两事件的时间间隔为 $\Delta t=t_2-t_1$，若 S' 系以速度 v 沿 xx' 轴相对 S 系运动，则根据洛伦兹变换式(5-2-7)有

$$t_1=\frac{t_1'+\frac{vx'}{c^2}}{\sqrt{1-v^2/c^2}},\ t_2=\frac{t_2'+\frac{vx'}{c^2}}{\sqrt{1-v^2/c^2}}$$

于是

$$\Delta t=t_2-t_1=\frac{t_2'-t_1'}{\sqrt{1-v^2/c^2}}$$

即

$$\Delta t=\frac{\Delta t'}{\sqrt{1-v^2/c^2}}=\frac{\Delta t_0}{\sqrt{1-\beta^2}}$$

由于 $\sqrt{1-\beta^2}<1$，故 $\Delta t>\Delta t'$，就是说，从 S' 系中所记录的某一地点发生的两个事件的时间间隔，小于由 S 系所记录该两事件的时间间隔。换句话说，S 系的时钟记录 S' 系内某一地点发生的两个事件的时间间隔，比 S' 系的时钟所记录的这两个事件的时间间隔要长些，由于 S' 系是以速度 v 沿 xx' 轴方向相对 S 系运动的，因此可以说，运动着的时钟走慢

了，这称为时间延缓效应。同样，从 S' 系看 S 系的时钟，也认为运动着的 S 系的时钟走慢了。

例 5.3 设想一火箭以 $u=0.9999c$ 的速度相对地球作直线运动，计时器记录火箭上两个人下棋用去一天时间，则地球上的人测得他们用去多少时间？

解 设火箭为 S' 系、地球为 S 系。

火箭经过的时间是

$$\Delta t'=1(\text{天})$$

那么，地球上的人经过的时间是

$$\Delta t=\frac{\Delta t'}{\sqrt{1-\beta^2}}=\frac{1}{\sqrt{1-0.9999^2}}=71.428(\text{天})$$

运动着的时钟似乎走慢了。可以看出，如果火箭的速度非常接近光的速度，火箭上的时间将走的非常慢。这个例子提醒我们，未来飞向遥远宇宙外太空的旅行定会实现，人类可以去任何想去的地方。

4. 因果关系

在狭义相对论中，一个空间点 (x, y, z, t) 表示一个事件，不同的事件空间点不相同，两个存在因果关系的事件，必定原因(设时刻 t_1)在先，结果(设时刻 t_2)在后，即 $\Delta t=t_2-t_1>0$，那么，是否对所有的惯性系都如此呢？结论是肯定的。如果在其他惯性系中观测，这两个事件的时间间隔为 $\Delta t'=t'_2-t'_1$，根据洛伦兹变换式，得

$$\Delta t'=\frac{\Delta t-\frac{v}{c^2}\Delta x}{\sqrt{1-v^2/c^2}}=\frac{\Delta t\left(1-\frac{v}{c^2}\frac{\Delta x}{\Delta t}\right)}{\sqrt{1-v^2/c^2}}$$

我们知道，有因果关系的两个事件，其传播速度永远小于等于光速：

$$\frac{\Delta x}{\Delta t}\leqslant c$$

所以，上式中 $\left(1-\frac{v}{c^2}\frac{\Delta x}{\Delta t}\right)>0$，则 $\Delta t'$ 与 Δt 同号，说明时序不会颠倒，即因果关系不会颠倒。

综上所述，狭义相对论指出了时间和空间的量度与参考系的选择有关，时间与空间是相互联系的，并与物质有着不可分割的联系，或者说，物质以及物质的运动状态决定时间和空间。

5.4 狭义相对论的重要推论

把狭义相对论的新理论与经典力学相结合，就得到一些非常重要的推论。

5.4.1 相对论力学

力学相对性原理告诉我们，牛顿运动定律对伽俐略变换是不变的，就是说，牛顿运动

方程对伽利略变换是协变的，具有伽利略协变性。然而对洛伦兹变换就不可能不变，因此必须寻找新的方程来表示牛顿力学，这个方程在洛伦兹变换下是不变的，并且在$(v/c)^2 \ll 1$的条件下可以转化为牛顿运动方程。

牛顿运动定律的核心是第二定律。该定律原可写成两种形式，即

$$\boldsymbol{F} = m\boldsymbol{a} \tag{A}$$

$$\boldsymbol{F} = \frac{\mathrm{d}\boldsymbol{p}}{\mathrm{d}t} = \frac{\mathrm{d}}{\mathrm{d}t}(m\boldsymbol{v}) \tag{B}$$

两式比较，式(B)更基本，表明物体的动量改变是由相互作用力引起的。牛顿一开始本来就用的式(B)。式(A)是后来根据质量不变导出的推论。

式(B)中，t 和 $\boldsymbol{v}$ 的概念相对论中已经清楚，质量 m 和力 $\boldsymbol{F}$ 的概念还没有细致考虑。显然，如果 m 的精确表达式知道后，$\boldsymbol{F}$ 也就可以精确地给出。

5.4.2　相对论的质量

讨论：S 系中质量为 m_0 的 A 粒子以速度 $\boldsymbol{u}$ 沿 x 方向运动，相对 S 系以速度 $\boldsymbol{u}$ 运动的 S' 系上有同样的粒子 B 以相对 S' 系的 $-\boldsymbol{u}$ 的速度运动，两粒子相碰发生完全非弹性碰撞，如图 5-6 所示。

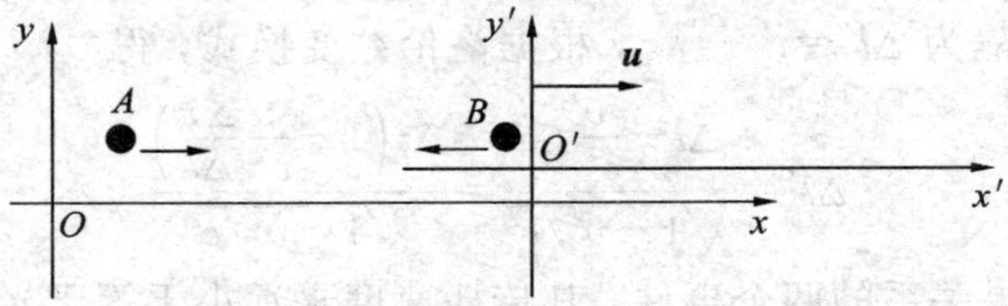

图 5-6　质量的相对论效应

碰撞前：

S 系：$m_A = m(u)$，$\boldsymbol{v}_A = \boldsymbol{u}$

$m_B = m_0$，$\boldsymbol{v}_B = 0$

S' 系：$m_A = m_0$，$\boldsymbol{v}_A = 0$

$m_B = m(u)$，$\boldsymbol{v}_B = -\boldsymbol{u}$

碰撞后：

S 系：复合粒子速度为 $\boldsymbol{v}$，质量为 $M(v)$。

S' 系：复合粒子速度为 $\boldsymbol{v}'$，由对称性可知 $\boldsymbol{v}' = -\boldsymbol{v}$，质量仍为 $M(v)$。

根据守恒定律，有

质量守恒：

$$m(u) + m_0 = M(v)$$

动量守恒：

$$m(u)\cdot\boldsymbol{u}=M(v)\cdot\boldsymbol{v}$$

上两式消去 $M(v)$，解得

$$\frac{u}{v}=1+\frac{m_0}{m(u)} \tag{5-4-1}$$

由速度变换式可知：

$$\boldsymbol{v}'=\frac{\boldsymbol{v}-\boldsymbol{u}}{1-\frac{uv}{c^2}}=-\boldsymbol{v}$$

即

$$\frac{u}{v}-1=1-\frac{uv}{c^2}$$

整理为

$$\left(\frac{u}{v}\right)^2-2\left(\frac{u}{v}\right)+\left(\frac{u}{c}\right)^2=0$$

解得

$$\frac{u}{v}=1\pm\sqrt{1-\frac{u^2}{c^2}}$$

因为 $\boldsymbol{v}<\boldsymbol{u}$，舍去负号，则

$$\frac{u}{v}=1+\sqrt{1-\frac{u^2}{c^2}}$$

代入式(5-4-1)，得到

$$\frac{m_0}{m(u)}=\sqrt{1-\frac{u^2}{c^2}}$$

将粒子的运动速度 $\boldsymbol{u}$ 改为 $\boldsymbol{v}$，得

$$m(v)=\frac{m_0}{\sqrt{1-\frac{v^2}{c^2}}}=\gamma m_0 \tag{5-4-2}$$

即

$$m=\gamma\cdot m_0$$

质量竟然与速度有关，两者是不独立的。因此 $\boldsymbol{p}=m\boldsymbol{v}$ 中的 m 是否还看成物质的数量，就有疑问了。显然，相对论的确比牛顿力学难理解。

5.4.3 相对论的动量和能量

1. 相对论的动量

相对论中，动量的概念及形式没有变化。动量守恒定律目前是最基本的定律，无论是宏观的碰撞还是微观的碰撞，该定律都被证明是成立的。碰撞研究是力学的基础，也是牛

顿定律的主要来源。显然，保持动量的原有形式有可靠的根基，即

$$p = mv = \frac{m_0 v}{\sqrt{1-\frac{v^2}{c^2}}} = \gamma m_0 v \tag{5-4-3}$$

2. 相对论的能量

能量的概念与动量相比就不太直观了。在经典力学中，它是与功密切相关的概念。功是力在空间的积累，而能量是作多少功的度量。经典力学中能量是首先从动能定理得出的。所以，对高速运动的粒子，仍然可以从动能定理出发导出相对论情况下的更普遍的能量形式。

单个粒子在外力 $\boldsymbol{F}$ 作用下移动一段位移 $\mathrm{d}\boldsymbol{r}$，使得动能从 $0 \to E_K$。

根据动能定理($A=\Delta E_K$)，牛顿定律$\left(\boldsymbol{F}=\frac{\mathrm{d}\boldsymbol{p}}{\mathrm{d}t}\right)$，质速关系($m=\gamma \cdot m_0$)推导出

$$\Delta E_K = E_K - 0 = \int \boldsymbol{F} \cdot \mathrm{d}\boldsymbol{r} = \int \frac{\mathrm{d}\boldsymbol{p}}{\mathrm{d}t} \cdot \mathrm{d}\boldsymbol{r} = \int \mathrm{d}\boldsymbol{p} \cdot \boldsymbol{v} = \int_0^p \frac{p}{m}\, \mathrm{d}p$$

由

$$m = \frac{m_0}{\sqrt{1-\frac{v^2}{c^2}}}$$

知

$$m^2 c^2 - m^2 v^2 = m_0 c^2$$

即

$$m^2 c^2 - p^2 = m_0 c^2$$

求导

$$mc^2\, \mathrm{d}m = p\,\mathrm{d}p$$

代入上式，得

$$E_K = \int_{m_0}^{m} \frac{mc^2}{m}\, \mathrm{d}m = mc^2 - m_0 c^2$$

显然，粒子的总能量为

$$E = mc^2 \tag{5-4-4}$$

粒子的静止能量为

$$E_0 = m_0 c^2$$

粒子的动能为

$$\begin{aligned} E_K &= mc^2 - m_0 c^2 \\ &= \left(\frac{1}{\sqrt{1-v^2/c^2}} - 1\right) m_0 c^2 = \frac{1}{2} m_0 v^2 + \frac{2 m_0 v^4}{8c^2} + \cdots \end{aligned}$$

可见，粒子的动能不等于经典的形式，但当 $v \ll c$ 时，

$$E_K = \frac{1}{2}mv^2$$

显然，在导出质能关系的同时，导出了各种能量，但因为讨论的是单个粒子，所以没有表示出各种势能，但可以模仿其思路得到所有想得到的各种能量。

通过质能关系的研究，我们得到一个运动物体相对另一个相对静止物体的总能量，这个总能量往往远大于动能，这就因为它把所有的内部能量都包括了。这在人类历史上是一个非常了不起的发现。因而可以说，相对论的诞生是人类从对世界的片面认识到完整认识的转折。经典物理认识物质的内部能量是以原子为最小单位来研究的，所以热力学中所谓的内能不是所有的内部能量，而相对论把粒子和场结合起来讨论则包括了粒子内部的所有结构，因而静止能量 $E_0 = m_0c^2$ 是所有内部能量。

例 5.4　已知 1 kg 的物体所包含的静止能量有 9×10^{16} J，如果将这些能量供 100 幢楼使用，每幢楼 200 套房，每套房的用电功率是 10 000 W（每小时用 10 度电），每天用电 10 小时，能用多少年？

解　总功率为

$$W = 100 \times 200 \times 10^4 = 2 \times 10^8 \text{(W)}$$

年耗电量为

$$E = 365 \times 10 \times 3600 \times 2 \times 10^8 = 2.63 \times 10^{15} \text{(W)}$$

所以

$$n = \frac{9 \times 10^{16}}{2.63 \times 10^{15}} = 34.22\text{(年)}$$

从这个例子我们看出，解决未来人类赖以生存的能源问题，核能是一个必然选项。

3. 动量与能量的关系

由相对论中的能量和动量公式 $E = mc^2$ 和 $\boldsymbol{p} = m\boldsymbol{v}$，消去 m 得到

$$Ev = c^2 p$$

该式中含有 v，所以不是直接的能量和动量关系。

由

$$E = mc^2 = \frac{m_0 c^2}{\sqrt{1 - \dfrac{v^2}{c^2}}}$$

两边平方得

$$E^2 \left(1 - \frac{v^2}{c^2}\right) = m_0^2 c^4$$

即能量和动量关系为

$$E^2 - p^2 c^2 = m_0^2 c^4 \tag{5-4-5}$$

或者

$$E^2=E_0^2+p^2c^2$$

能量和动量之间的这种直角三角形关系有点神奇，它把抽象的物理概念和规律用图形非常形象地表达了出来，所以异常优美(如图 3-16 所示)。

再来看动能与动量的关系：

因

$$E=m_0c^2+E_K$$

则

$$(m_0c^2+E_K)^2-p^2c^2=m_0^2c^4$$

简化得

$$E_K=\sqrt{m_0^2c^4+c^2p^2}-m_0c^2 \tag{5-4-6}$$

当 $pc\ll m_0c^2$ 时，可得

$$E_K=m_0c^2\left[\left(1+\frac{c^2p^2}{m_0^2c^4}\right)^{\frac{1}{2}}-1\right]\approx\frac{1}{2}\frac{p^2}{m_0}$$

与经典力学中的关系一致。

光子的动量和能量关系为

$$p=\frac{E}{c}$$

因光子的静止质量等于零，则 $E^2=p^2c^2$，即

$$p=\frac{E}{c}$$

或因 $E=mc^2$，$p=mc$，则

$$p=\frac{E}{c}$$

5.4.4 其他推论

1. 光速是极限速度

关于光速是极限速度，有两种理解：一是任何粒子不能加速到超过光速；二是不能通过坐标变换把速度加到超过光速。可以从 $\gamma=\dfrac{1}{\sqrt{1-v^2/c^2}}$ 为实数看出 v 不能超过 c；再来考察在相对 Σ 系以 v 运动的 Σ' 系中速度为 c 的光子(v 与 c 同方向)在 Σ 系中速度是否大于 c。因 $u'_x=c$，则由速度变换知：

$$u_x=\frac{u'_x+v}{1+\dfrac{v}{c^2}u'_x}=\frac{c+v}{1+\dfrac{v}{c}}=c$$

竟然没有超过 c。可见光速是极限速度。

2. 菲涅尔牵引效应

菲涅尔波动光学认为运动物体部分地随以太运动，因此在岸上观察流动水中的光速应为 $u=u'+fv=\frac{c}{n}+fv$。实验得 $f=1-1/n^2$。通过相对论速度变换则可很自然地得到相同的结论。设水相对岸的速度为 v，光相对水的速度为 $u'=\frac{c}{n}$，则

$$u=\frac{u'_x+v}{1+\frac{v}{c^2}u'}=\frac{\frac{c}{n}+v}{1+\frac{v\frac{c}{n}}{c^2}}=\frac{\frac{c}{n}+v}{1+\frac{v}{cn}}$$

由

$$(1+x)^{-1}=1-x+x^2-x^3\cdots\approx 1-x\ (x\ \text{很小})$$

得

$$\frac{1}{\left(1+\frac{v}{cn}\right)}\approx 1-\frac{v}{cn}$$

$$u=\frac{\frac{c}{n}+v}{1+\frac{v}{cn}}\approx\left(\frac{c}{n}+v\right)\left(1-\frac{v}{cn}\right)=\frac{c}{n}-\frac{v}{n^2}+v-\frac{v^2}{cn}$$

$$\approx\frac{c}{n}+\left(1-\frac{1}{n^2}\right)v=\frac{c}{n}+fv$$

3. 多普勒效应

多普勒效应是因波源与观察者相对运动产生的频率改变的现象。

对机械波，设 V_R 为观察者速度，V_S 为波源速度，V 为波的传播速度，ν' 为固有频率，则实际频率为

$$\nu=\frac{V+V_R}{V-V_S}\nu'\approx\nu'\left(1+\frac{v}{V}\right)$$

其中，$v=V_R+V_S\ (v\ll V)$。且当二者互相接近时，$v>0$，反之 $v<0$。

对光速(电磁波速)，由电磁理论得到

$$\nu=\sqrt{\frac{c-v}{c+v}}\nu'\qquad(\text{远离时发生红移})$$

$$\nu=\sqrt{\frac{c+v}{c-v}}\nu'\qquad(\text{接近时发生紫移})$$

用相对论可很容易地推出这个结论。如图 5-7 所示，设光源在 $X'=0$ 处以 v 向 X 正

方向运动(接近)，当 $t=0$ 时，S 系与 S' 系重合，则

$$\nu'=\frac{1}{T'}$$

$$T=\frac{T'}{\sqrt{1-\frac{v^2}{c^2}}}$$

$$\nu=\frac{c}{\lambda}$$

$$\lambda=cT-vT$$

由这四个关系得

$$\nu=\frac{c}{cT-vT}=\frac{\sqrt{1-v^2/c^2}}{1-\frac{v}{c}}\nu'=\sqrt{\frac{c+v}{c-v}}\nu'$$

当 $v\ll c$ 时，有

$$\nu=\frac{1+\beta}{\sqrt{1-\beta^2}}\nu'\approx(1+\beta)\nu'=\frac{c+v}{c}\nu'$$

与经典结果一致。

同理，如果光源在 $X'=0$ 处以 v 向 X 负方向运动(远离)，

$$\nu=\sqrt{\frac{c-V}{c+V}}\nu'=\frac{1-\beta}{\sqrt{1-\beta^2}}\nu'\approx(1-\beta)\nu'=\frac{c-v}{c}\nu'$$

也与经典结果一致。

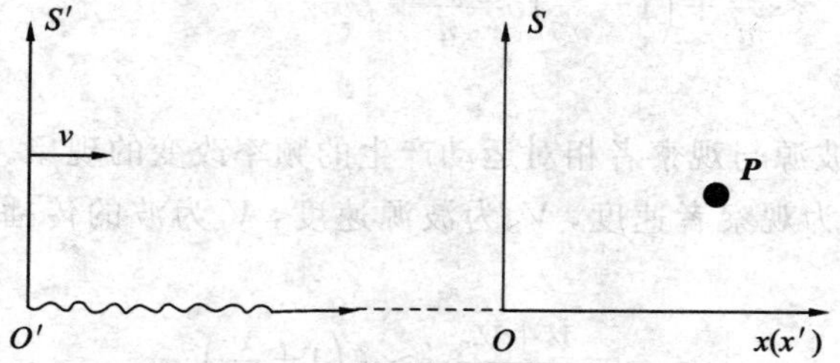

图 5-7 多普勒效应

5.5 四维时空

狭义相对论已经告诉我们，时间和空间是相互联系的。也就是说，时空组成了一个四维的连续、统一体，决定或描述着物体的运动，而洛伦兹变换式已经清楚地表达出了这一特征。那么，这个四维空间对物理规律是如何表达的？

5.5.1　四维时空间隔

由洛伦兹变换知道时空是一个整体，那么，四维时空的关系如何构造呢？

在三维空间，由光速不变原理有

$$dr = c\,dt = \sqrt{dx^2 + dy^2 + dz^2}$$

或者三维空间间隔：

$$dr^2 = dx^2 + dy^2 + dz^2$$

并且

$$c^2dt^2 - dx^2 - dy^2 - dz^2 \equiv 0 \quad \text{(是个不变量)}$$

如果将四维空间(x_1，x_2，x_3，x_4)间隔表示成

$$\begin{aligned} d\zeta^2 &= dx_1^2 + dx_2^2 + dx_3^2 + dx_4^2 \\ &= dx_1^2 + dx_2^2 + dx_3^2 + dx_4^2 \\ &= dx_\mu \cdot dx_\mu \end{aligned} \tag{5-5-1}$$

这是一个把四维空间的四个分量的数值分别平方之后再求和所得到的量，也可以写成

$$d\zeta^2 = (c\,dt)^2 - dr^2$$

那么很明显，上式是一个不变量，或者说是一个不随坐标变换而变化的量。这也正是我们要构造的四维时空间隔。

还可以写成

$$dS^2 = dr^2 - (c\,dt)^2 \qquad (d\zeta^2 = -dS^2\text{，两者意义等同})$$

由间隔概念可以把四维空间划分为三个区域：$dS^2 > 0$ 称为类空间隔；$dS^2 = 0$ 称为类光间隔；$dS^2 < 0$ 称为类时间隔。

对于类空间隔，总可以找到一个参考系使其时间分量为零，也就是由该间隔所代表的两个事件同时发生(没有因果关系的事件，其间隔一定是类空的)；而对于类时间隔，则一定能找到一个使其空间分量为零的参考系，相应的两事件将发生于空间同一地点。

5.5.2　四维速度与四维加速度

我们已经知道，三维速度的分量为

$$v_i = \frac{dx_i}{dt} \qquad (i = 1, 2, 3)$$

用小写拉丁字母 i、j、k 等表示三维指标，即取 1，2，3 三个值。

用小写希腊字母 μ、ν 等表示四维指标，取 1，2，3，4 四个值。

所以，三维速度的分量是由四维矢量的三个空间分量被第四个时间分量来除所构成的量。因而，应该找一个四维速度矢量，它的前三个分量在相对论效应不太明显时($v \ll c$)应和三维速度的分量一致。

由四维空间间隔必须满足：

$$d\zeta^2 = c^2 d\tau^2$$

其中 $d\tau$ 为四维时空的固有时，有

$$d\tau^2 = \frac{1}{c^2} d\zeta^2 = \frac{1}{c^2}(c^2 dt^2 - dr^2) = dt^2 \left[1 - \frac{1}{c^2}\left(\frac{dr}{dt}\right)^2\right]$$

当 $v \ll c$ 时，固有时间隔为

$$d\tau = dt\sqrt{1 - \frac{v^2}{c^2}} \tag{5-5-2}$$

则 $dt = \frac{dx_4}{ic}$ 就是一个四维矢量的第四个分量，而不是标量。而 $d\tau$ 是标量(即不变量，它和基本不变量 $d\zeta$ 本质相同)，和 dt 十分接近。

我们用 $d\tau$ 代替 dt 就可以构成符合要求的四维速度 $\boldsymbol{u}_\mu$：

$$\boldsymbol{u}_\mu = \frac{d\boldsymbol{x}_\mu}{d\tau} \tag{5-5-3}$$

其中，$d\tau$ 在坐标变换下是不变的。$\boldsymbol{u}_\mu$ 的变换规律和 dx_μ 相同，它是四维矢量。它的前三个分量(也称空间分量)为

$$\boldsymbol{u}_i = \frac{d\boldsymbol{x}_i}{d\tau} = \frac{1}{\sqrt{1-\frac{v^2}{c^2}}}\frac{d\boldsymbol{x}_i}{dt} = \frac{\boldsymbol{v}_i}{\sqrt{1-\frac{v^2}{c^2}}} \tag{5-5-4}$$

即它们构成一个三维矢量(三维坐标变换下按矢量规律变换的量)：

$$\boldsymbol{u} = \frac{d\boldsymbol{x}_i}{d\tau} = \frac{1}{\sqrt{1-\frac{v^2}{c^2}}}\frac{d\boldsymbol{x}_i}{dt} = \frac{\boldsymbol{v}}{\sqrt{1-\frac{v^2}{c^2}}} \tag{5-5-5}$$

第四分量(也称时间分量)为

$$u_4 = \frac{dx_4}{d\tau} = \frac{ic\,dt}{dt\sqrt{1-\frac{v^2}{c^2}}} = \frac{ic}{\sqrt{1-\frac{v^2}{c^2}}} \tag{5-5-6}$$

它是一个三维标量。

这样，四维速度矢量具有如下形式(三个空间分量和一个时间分量)：

$$\boldsymbol{u}_\mu = (\boldsymbol{u},\ u_4) = \left(\frac{\boldsymbol{v}}{\sqrt{1-\frac{v^2}{c^2}}},\ \frac{ic}{\sqrt{1-\frac{v^2}{c^2}}}\right) \tag{5-5-7}$$

四维速度的分量满足一个重要的关系式：

$$-c^2 = u_1^2 + u_2^2 + u_3^2 + u_4^2$$

或

$$\boldsymbol{u}_\mu \boldsymbol{u}_\mu = -c^2 \tag{5-5-8}$$

四维加速度矢量($\boldsymbol{a}_\mu$)的定义为

$$\boldsymbol{a}_\mu=\frac{\mathrm{d}}{\mathrm{d}\tau}(\boldsymbol{u}_\mu)=\frac{\mathrm{d}^2x_\mu}{\mathrm{d}\tau^2} \tag{5-5-9}$$

将式(5－5－8)对 τ 取微商，得

$$\boldsymbol{u}_\mu\cdot\frac{\mathrm{d}u_\mu}{\mathrm{d}\tau}+\frac{\mathrm{d}u_\mu}{\mathrm{d}\tau}\cdot\boldsymbol{u}_\mu=0$$

即

$$\boldsymbol{u}_\mu\cdot\frac{\mathrm{d}u_\mu}{\mathrm{d}\tau}=\boldsymbol{u}_\mu\cdot\boldsymbol{a}_\mu=0 \tag{5-5-10}$$

式(5－5－10)表明，四维速度矢量和四维加速度矢量是永远相互“垂直”的。

5.5.3　四维动量

从哲学上说，物质和运动是不可分的。没有不运动的物质，也没有无物质的运动。从这一点来说，用速度来描述物体的运动就不如用动量来描述为好，因为速度只谈运动而不谈物质，而动量则是物质和运动的结合。

所以我们定义相对论中的动量应是四维矢量：

$$\boldsymbol{P}_\mu=m_0\boldsymbol{u}_\mu \tag{5-5-11}$$

这里，静止质量 m_0 是个确定的数值，与坐标系的选择无关，是不变量，即标量。$\boldsymbol{u}_\mu$ 是四维速度矢量。$\boldsymbol{P}_\mu$ 的变换规律和 $\boldsymbol{u}_\mu$ 相同，因此，也是四维矢量。

四维动量 $\boldsymbol{P}_\mu$ 的各个分量：

空间分量(前三个分量)为

$$P_i=m_0u_i=\frac{m_0v_i}{\sqrt{1-\beta^2}} \tag{5-5-12}$$

引入符号

$$m=\frac{m_0}{\sqrt{1-\beta^2}} \tag{5-5-13}$$

则式(5－5－12)可写成

$$P_i=mv_i$$

或

$$\boldsymbol{P}=m\boldsymbol{v} \tag{5-5-14}$$

其中，质量 m 不是标量，而是随着运动速度 $\boldsymbol{v}$ 而增大的量。

四维动量的第四个分量为

$$P_4=m_0u_4=m_0\frac{\mathrm{d}x_4}{\mathrm{d}\tau}=m_0\frac{ic\,\mathrm{d}t}{\mathrm{d}t\sqrt{1-\beta^2}}=\frac{m_0}{\sqrt{1-\beta^2}}\cdot ic=icm \tag{5-5-15}$$

5.5.4　四维力

在牛顿力学中，$\boldsymbol{F}=m\boldsymbol{a}$ 和 $\boldsymbol{F}=\dfrac{\mathrm{d}\boldsymbol{p}}{\mathrm{d}t}$是等效的。

同样，我们可以定义四维力矢量：

$$\boldsymbol{f}_\mu=\frac{\mathrm{d}\boldsymbol{P}_\mu}{\mathrm{d}\tau} \tag{5-5-16}$$

因为

$$\boldsymbol{P}_\mu=m_0\boldsymbol{u}_\mu$$

所以

$$\boldsymbol{f}_\mu=m_0\frac{\mathrm{d}\boldsymbol{u}_\mu}{\mathrm{d}\tau}=m_0\boldsymbol{a}_\mu \tag{5-5-17}$$

这是四维力和四维加速度之间的关系，颇类似牛顿第二定律。

四维力各分量的意义：

空间分量：

$$f_i=\frac{\mathrm{d}P_i}{\mathrm{d}\tau}=\frac{1}{\sqrt{1-\beta^2}}\frac{\mathrm{d}P_i}{\mathrm{d}t}$$

它们构成如下的一个三维向量：

$$\boldsymbol{f}=\frac{1}{\sqrt{1-\beta^2}}\frac{\mathrm{d}\boldsymbol{P}}{\mathrm{d}t} \tag{5-5-18}$$

注意到$\dfrac{\mathrm{d}\boldsymbol{P}}{\mathrm{d}t}$就是三维力 $\boldsymbol{F}$。四维力的空间分量 $f_i(f_1, f_2, f_3)$和三维力 $\boldsymbol{F}$ 之间的关系为

$$\boldsymbol{f}=\frac{\boldsymbol{F}}{\sqrt{1-\beta^2}} \tag{5-5-19}$$

式(5-5-19)是三维矢量式，意思是在不包括时间的三维空间坐标变换下按三维矢量规律变换。

四维力的第四分量(时间分量)为

$$f_4=\frac{\mathrm{d}P_4}{\mathrm{d}\tau}=\frac{1}{\sqrt{1-\beta^2}}\frac{\mathrm{d}P_4}{\mathrm{d}t} \tag{5-5-20}$$

5.5.5　爱因斯坦质能公式

已知 $\boldsymbol{f}_\mu=m_0\boldsymbol{a}_\mu$和 $\boldsymbol{u}_\mu\cdot\boldsymbol{a}_\mu=0$，得

$$\boldsymbol{f}_\mu\cdot\boldsymbol{u}_\mu=0 \tag{5-5-21}$$

将上式的空间分量和时间分量分开，得

$$f_4\cdot\boldsymbol{u}_4=-f_i\cdot\boldsymbol{u}_i=-\boldsymbol{f}\cdot\boldsymbol{v}$$

将式(5-5-5)、式(5-5-6)、式(5-5-19)、式(5-5-20)代入，得到

$$\frac{1}{\sqrt{1-\beta^2}}\frac{\mathrm{d}P_4}{\mathrm{d}t}\cdot\frac{ic}{\sqrt{1-\beta^2}}=-\frac{\boldsymbol{F}}{\sqrt{1-\beta^2}}\cdot\frac{\boldsymbol{v}}{\sqrt{1-\beta^2}}$$

所以

$$\frac{\mathrm{d}P_4}{\mathrm{d}t}=\frac{i}{c}\boldsymbol{F}\cdot\boldsymbol{v} \tag{5-5-22}$$

$\boldsymbol{F}\cdot\boldsymbol{v}$ 就是力 $\boldsymbol{F}$ 的功率，而功率等于能量随时间的增加率 $\mathrm{d}E/\mathrm{d}t$。
所以

$$\frac{\mathrm{d}P_4}{\mathrm{d}t}=\frac{i}{c}\frac{\mathrm{d}E}{\mathrm{d}t} \tag{5-5-23}$$

$$P_4=\frac{i}{c}E+K$$

这里 K 是一个积分常数，它满足$\frac{\mathrm{d}K}{\mathrm{d}t}=0$，也就是说它是一个永远不随时间变化的量，毫无意义，应该去掉，因此得

$$P_4=\frac{i}{c}E \tag{5-5-24}$$

而将 $P_4=icm$ 代入，即得

$$E=mc^2=\frac{m_0c^2}{\sqrt{1-\beta^2}} \tag{5-5-25}$$

这就是著名的爱因斯坦质能关系公式。它说明任何物质中都蕴藏着极其巨大的能量，因而预言了原子能的存在。

5.5.6 洛伦兹力的四维形式

电磁场作用在点电荷 e 上的力称为洛伦兹力。此力分为两部分，一部分是电场力 $e\boldsymbol{E}$，另一部分是磁场力$\frac{e}{c}\boldsymbol{v}\times\boldsymbol{H}$。这里，$\boldsymbol{v}$ 是电荷 e 的运动速度。洛伦兹力的公式是：

$$\boldsymbol{F}=e\boldsymbol{E}+\frac{e}{c}\boldsymbol{v}\times\boldsymbol{H} \tag{5-5-26}$$

式(5-5-26)是欧氏空间中的三维矢量方程。根据相对论的观点，时空是四维闵可夫斯基空间。而物理定律必须和时空结构相一致，即表达物理定律的方程必须是闵可夫斯基空间中的张量方程。所以必须将洛伦兹力公式(5-5-26)改造成四维闵可夫斯基空间的张量方程。

由式(5-5-26)可以看出，电磁场对电荷的作用取决于6个量：$\boldsymbol{E}$ 和 $\boldsymbol{H}$ 的各三个分量。也就是说电磁场是由6个独立分量来描述的。

可以看出，四维时空中(一阶)张量是矢量，有4个分量，因此不够。而(二阶)张量一

般是 16 个分量，又多了。对称张量有 10 个独立元素，即对角线上 4 个，非对角线上 6 个，也多了。反对称张量正好是 6 个独立元素。其定义是：

$$F_{\mu\nu} = -F_{\nu\mu} \qquad (F_{\mu\mu} = -F_{\mu\mu} = 0) \tag{5-5-27}$$

即

$$F_{\mu\nu}=\begin{pmatrix} 0 & F_{12} & F_{13} & F_{14} \\ \vdots & 0 & F_{23} & F_{2} \\ & \cdots & 0 & F_{34} \\ -F_{14} & \cdots & & 0 \end{pmatrix}$$

因此，电磁场 $\boldsymbol{E}$ 和 $\boldsymbol{H}$ 是由统一的电磁场张量 $F_{\mu\nu}$ 来描述的。

从洛伦兹力公式出发，寻找代替 $\boldsymbol{E}$ 和 $\boldsymbol{H}$ 的张量 $F_{\mu\nu}$。

公式(5－5－26)可变为

$$\frac{\mathrm{d}\boldsymbol{P}}{\mathrm{d}t}=e\boldsymbol{E}+\frac{e}{c}\boldsymbol{v}\times\boldsymbol{H}$$

这里 $\boldsymbol{P}$ 是三维动量，或写成

$$\mathrm{d}\boldsymbol{P}=e\left(\boldsymbol{E}\cdot\mathrm{d}t+\frac{1}{c}\mathrm{d}\boldsymbol{x}\times\boldsymbol{H}\right)$$

三维动量 $\boldsymbol{P}$ 正是四维动量 P_μ 的空间部分 P_i，上式写成分量形式为

$$\mathrm{d}P_i=e\left[E_i\cdot\mathrm{d}t+\frac{1}{c}(\mathrm{d}\boldsymbol{x}\times\boldsymbol{H})_i\right]$$

$$=\frac{e}{c}[E_i\cdot c\mathrm{d}t+(\mathrm{d}x_j\cdot H_k-\mathrm{d}x_k\cdot H_j)]$$

这里，P_i 应理解为四维动量的空间分量，$\mathrm{d}x_i(\mathrm{d}x_1，\mathrm{d}x_2，\mathrm{d}x_3)$ 等也应理解为四维元矢 $\mathrm{d}x_\mu$ 的空间分量，其中 $i，j，k$ 表示正顺序，即(1，2，3)，(2，3，1)，(3，1，2)。

我们尝试引入符号：

$$F_{ij} = H_k \tag{5-5-28}$$

则前式可写成

$$\mathrm{d}P_i=\frac{e}{c}(E_i\cdot c\mathrm{d}t+F_{ij}\cdot\mathrm{d}x_j-F_{ki}\cdot\mathrm{d}x_k)$$

考虑到反对称性 $F_{ki}=-F_{ik}$，则得

$$\mathrm{d}P_i=\frac{e}{c}(-iE_i\mathrm{d}x_4+F_{ij}\,\mathrm{d}x_j+F_{ik}\cdot\mathrm{d}x_k)$$

(到目前为止，j 和 k 皆非求和符号)如果令

$$-iE_i = F_{i4} \tag{5-5-29}$$

并考虑到 $F_{\mu\mu}=0$，则得

$$\mathrm{d}P_i = \frac{e}{c}\sum_{n=1}^{4}F_{in}\,\mathrm{d}x_n \tag{5-5-30}$$

如果采用爱因斯坦的重复符号表示求和，则得

$$\mathrm{d}P_i = \frac{e}{c}F_{in}\mathrm{d}x_n \tag{5-5-31}$$

将此式除以 $\mathrm{d}\tau$，即得四维力空间部分 f_i的公式：

$$f_i = \frac{e}{c}F_{in}u_n \qquad (n=1,2,3,4) \tag{5-5-32}$$

注意，上面公式中虽然 n 要取 4 个数，但由于 $F_{\mu\mu}=0$，因此只有三项，等于三维空间的三个分量之和，所以它属于空间部分。

现在讨论第四分量：

由式(5-5-31)得

$$\mathrm{d}P_4 = \frac{e}{c}F_{4n}\mathrm{d}x_n \qquad (考虑到\ F_{44}=0)$$

$$= \frac{e}{c}F_{4i}\mathrm{d}x_i \quad (i=1,2,3)$$

因为

$$iE_i = F_{4i}$$

所以

$$\mathrm{d}P_4 = i\,\frac{e}{c}E_i\mathrm{d}x_i = i\,\frac{e}{c}\boldsymbol{E}\cdot\mathrm{d}\boldsymbol{r} = \frac{i}{c}\boldsymbol{F}_e\cdot\mathrm{d}\boldsymbol{r}$$

这里，$\boldsymbol{F}_e$是三维电场力。由于 $P_4=icm$，则

$$\mathrm{d}(icm) = \frac{i}{c}\boldsymbol{F}_e\cdot\mathrm{d}\boldsymbol{r}$$

即

$$\mathrm{d}(mc^2) = \boldsymbol{F}_e\cdot\mathrm{d}r = \mathrm{d}(E) \tag{5-5-33}$$

所以

$$E = mc^2$$

我们同样得到了相对论力学中得出的极其重要的爱因斯坦质能公式。

综上所述，公式 (5-5-32)可以写成四维的形式，即

$$f_\mu = \frac{e}{c}F_{\mu\nu}u_\nu \qquad (\mu,\nu=1,2,3,4) \tag{5-5-34}$$

这就是四维洛伦兹力公式。前三个方程是三维洛伦兹力公式，第四个方程包含着相对论的质能关系。

5.5.7 电磁场方程的协变形式

1. 电磁场的矢势和标势

经典力学的规律在四维时空中具有不变性，电磁场理论也同样具有相同的形式，它们

不随参考系的变化而变化，这种协变性为我们研究物质的运动规律带来了极大的方便。下面介绍麦克斯韦方程组的四维协变形式。

1）矢势和标势的导出

在电动力学中，麦克斯韦方程组为

积分形式：

$$\begin{cases}\oint_S \boldsymbol{E}\cdot \mathrm{d}\boldsymbol{S}=\dfrac{q}{\varepsilon_0}\\ \oint_L \boldsymbol{E}\cdot \mathrm{d}\boldsymbol{l}=-\int_S \dfrac{\partial \boldsymbol{B}}{\partial t}\cdot \mathrm{d}\boldsymbol{S}\\ \oint_S \boldsymbol{B}\cdot \mathrm{d}\boldsymbol{S}=0\\ \oint_L \boldsymbol{B}\cdot \mathrm{d}\boldsymbol{l}=\mu_0\int_S\left(\boldsymbol{J}+\varepsilon_0\dfrac{\partial \boldsymbol{E}}{\partial t}\right)\cdot \mathrm{d}\boldsymbol{S}\end{cases}$$

或微分形式：

$$\begin{cases}\nabla\cdot \boldsymbol{E}=\dfrac{\rho}{\varepsilon_0} & (5-5-35)\\ \nabla\times \boldsymbol{E}=-\dfrac{\partial \boldsymbol{B}}{\partial t} & (5-5-36)\\ \nabla\cdot \boldsymbol{B}=0 & (5-5-37)\\ \nabla\times \boldsymbol{B}=\mu_0\boldsymbol{J}+\mu_0\varepsilon_0\dfrac{\partial \boldsymbol{E}}{\partial t} & (5-5-38)\end{cases}$$

将上面的麦克斯韦方程(5-5-36)、(5-5-37)与下面两个恒等式

$$\nabla\cdot(\nabla\times\boldsymbol{A})\equiv 0\qquad \nabla\times(\nabla\varphi)\equiv 0$$

进行比较，发现磁场 $\boldsymbol{B}$ 可以表示成某一矢量的旋度，即

$$\boldsymbol{B}=\nabla\times\boldsymbol{A}\tag{5-5-39}$$

定义 $\boldsymbol{A}$ 为矢势，并且将 $\nabla\times\boldsymbol{E}=-\dfrac{\partial \boldsymbol{B}}{\partial t}$ 变成

$$\nabla\times\boldsymbol{E}+\nabla\times\frac{\partial \boldsymbol{A}}{\partial t}=0$$

或者

$$\nabla\times\left(\boldsymbol{E}+\frac{\partial \boldsymbol{A}}{\partial t}\right)=0$$

如果令

$$\left(\boldsymbol{E}+\frac{\partial \boldsymbol{A}}{\partial t}\right)=-\nabla\varphi$$

则电场 $\boldsymbol{E}$ 就可以表示成

$$\boldsymbol{E}=-\nabla\varphi-\frac{\partial\boldsymbol{A}}{\partial t} \tag{5-5-40}$$

定义 φ 为标势。

2) 矢势和标势的其他形式

由式(5-5-39)、式(5-5-40)所定义的 $\boldsymbol{A}$ 和 φ 并不是唯一的，因为如果作下列变换

$$\boldsymbol{A}\Rightarrow\boldsymbol{A}'=\boldsymbol{A}+\nabla\Phi$$

$$\varphi\Rightarrow\varphi'=\varphi-\frac{\partial\Phi}{\partial t}$$

(式中 Φ 为任意的标函数)很容易证明：

$$\boldsymbol{B}=\nabla\times\boldsymbol{A}'$$

$$\boldsymbol{E}=-\nabla\varphi'-\frac{\partial\boldsymbol{A}'}{\partial t}$$

故不同的 $\boldsymbol{A}$、φ 与 $\boldsymbol{A}'$、φ' 描述同一电磁场，也就是说，各种不同的势都可以表征同一个电磁场。这样一来，势的选项就有很多，为我们描述电磁场带来了极大的方便。不同的势之间的变换称为规范变换，电磁场的性质及规律在规范变换下也一定是不变的。

现在将式(5-5-39)、式(5-5-40)分别代入式(5-5-35)、式(5-5-38)，得到

$$\nabla\cdot\boldsymbol{E}=\nabla\cdot\left(-\nabla\varphi-\frac{\partial\boldsymbol{A}}{\partial t}\right)=\frac{\rho}{\varepsilon_0}$$

$$\nabla\times\boldsymbol{B}=\nabla\times(\nabla\times\boldsymbol{A})=-\nabla^2\boldsymbol{A}+\nabla(\nabla\cdot\boldsymbol{A})=\mu_0\boldsymbol{J}-\mu_0\varepsilon_0\frac{\partial}{\partial t}\nabla\varphi-\mu_0\varepsilon_0\frac{\partial^2\boldsymbol{A}}{\partial t^2}$$

上面两式分别整理后，可写成

$$\nabla^2\varphi-\frac{1}{c^2}\frac{\partial^2\varphi}{\partial t^2}+\frac{\partial}{\partial t}\left(\nabla\cdot\boldsymbol{A}+\frac{1}{c^2}\frac{\partial\varphi}{\partial t}\right)=-\frac{\rho}{\varepsilon_0} \tag{5-5-41}$$

$$\nabla^2\boldsymbol{A}-\frac{1}{c^2}\frac{\partial^2\boldsymbol{A}}{\partial t^2}-\nabla\left(\nabla\cdot\boldsymbol{A}+\frac{1}{c^2}\frac{\partial\varphi}{\partial t}\right)=-\mu_0\boldsymbol{J} \tag{5-5-42}$$

考虑到规范变换的不变性，可以选择

$$\nabla\cdot\boldsymbol{A}+\frac{1}{c^2}\frac{\partial\varphi}{\partial t}=0 \tag{5-5-43}$$

式(5-5-43)称为洛伦兹条件，所以在洛伦兹规范下，式(5-5-41)、(5-5-42)分别化简为

$$\nabla^2\varphi-\frac{1}{c^2}\frac{\partial^2\varphi}{\partial t^2}=-\frac{\rho}{\varepsilon_0} \tag{5-5-44}$$

$$\nabla^2\boldsymbol{A}-\frac{1}{c^2}\frac{\partial^2\boldsymbol{A}}{\partial t^2}=-\mu_0\boldsymbol{J} \tag{5-5-45}$$

可以看出，在这种规范下，电磁场规律的描述形式大为简化。

2. 四维势矢量

我们首先引进四维矢量算符$\frac{\partial}{\partial x_\mu}$，它作用在四维矢量 $\boldsymbol{A}_\mu$ 上便形成四维散度：

$$\frac{\partial A}{\partial x_\mu}=\frac{\partial A_1}{\partial x_1}+\frac{\partial A_2}{\partial x_2}+\frac{\partial A_3}{\partial x_3}+\frac{\partial A_4}{\partial x_4}$$

这是一个四维标量。

再引入四维标量算符：

$$\square=\frac{\partial}{\partial x_\mu}\frac{\partial}{\partial x_\mu}=\nabla^2-\frac{1}{c^2}\frac{\partial^2}{\partial t^2}$$

通常称为达朗贝尔算符。

利用达朗贝尔算符，可以将式(5－5－44)、式(5－5－45)写成

$$\square\varphi=-\frac{\rho}{\varepsilon_0} \tag{5-5-46}$$

$$\square\boldsymbol{A}=-\mu_0\boldsymbol{J} \tag{5-5-47}$$

此外，$\boldsymbol{A}$ 和 φ 还需满足洛伦兹条件式(5－5－43)：

$$\nabla\cdot\boldsymbol{A}+\frac{1}{c^2}\frac{\partial\varphi}{\partial t}=0$$

假定在某一惯性系中，$\boldsymbol{A}$ 与$\frac{i}{c}\varphi$ 组成一个四维矢量 $\boldsymbol{A}_\mu$，即

$$\boldsymbol{A}_\mu=\left(A_1,\ A_2,\ A_3,\ \frac{i}{c}\varphi\right) \tag{5-5-48}$$

则洛伦兹条件可写成

$$\frac{\partial\boldsymbol{A}_\mu}{\partial x_\mu}=0 \tag{5-5-49}$$

显然，这是一个不变式，具有洛伦兹协变性，它是由矢势和标势组成的四维势 $\boldsymbol{A}_\mu=\left(\boldsymbol{A},\ \frac{i}{c}\varphi\right)$，就是说把矢势可看做这个四维矢量的三个空间分量，而标势则看做它的时间分量。

3. 四维电流密度矢量

我们已经知道电流的连续性方程(或者电荷守恒定律的微分形式)：

$$\nabla\cdot\boldsymbol{J}+\frac{\partial\rho}{\partial t}=0 \tag{5-5-50}$$

同样假定在某一惯性系中，$\boldsymbol{J}$ 与 $ic\rho$ 组成一个四维矢量 $\boldsymbol{J}_\mu$，即

$$\boldsymbol{J}_\mu=(\boldsymbol{J},\ ic\rho) \tag{5-5-51}$$

则上式就可以写成

$$\frac{\partial\boldsymbol{J}_\mu}{\partial x_\mu}=0 \tag{5-5-52}$$

这也是一个不变式，具有洛伦兹协变性，$\boldsymbol{J}_\mu=(\boldsymbol{J},\ ic\rho)$，叫做四维电流密度矢量。电流密度矢量可看做它的三个空间分量，电荷密度则可看做它的时间分量。

最后，还可以将式(5－5－46)、式(5－5－47)合并成

$$\Box \boldsymbol{A}_\mu=-\mu_0\boldsymbol{J}_\mu \tag{5-5-53}$$

基于式(5－5－49)和式(5－5－52)，可以肯定式(5－5－53)也是洛伦兹协变式，就是说电磁场的势方程在洛伦兹变换下可以保持形式不变。

4. 电磁场方程的协变形式

由场与势的关系公式(5－5－39)、(5－5－40)，即

$$\boldsymbol{B}=\nabla\times\boldsymbol{A}$$

$$\boldsymbol{E}=-\nabla\varphi-\frac{\partial\boldsymbol{A}}{\partial t}$$

用四维势 $\boldsymbol{A}_\mu$ 表示 $\boldsymbol{E}$ 与 $\boldsymbol{B}$ 的各分量，得到

$$E_1=ic\left(\frac{\partial A_4}{\partial x_1}-\frac{\partial A_1}{\partial x_4}\right),\quad E_2=ic\left(\frac{\partial A_4}{\partial x_2}-\frac{\partial A_2}{\partial x_4}\right),\quad E_3=ic\left(\frac{\partial A_4}{\partial x_3}-\frac{\partial A_3}{\partial x_4}\right)$$

$$B_1=\frac{\partial A_3}{\partial x_2}-\frac{\partial A_2}{\partial x_3},\ B_2=\frac{\partial A_1}{\partial x_3}-\frac{\partial A_3}{\partial x_1},\ B_3=\frac{\partial A_2}{\partial x_1}-\frac{\partial A_1}{\partial x_2}$$

很明显，我们要构造的四维张量有六个分量，由前面洛伦兹力的讨论，可以确定应该是反对称张量；并且从上面六个公式的特点看，$F_{\mu\nu}=\frac{\partial A_\nu}{\partial x_\mu}-\frac{\partial A_\mu}{\partial x_\nu}$，满足所有要求，这样，张量的具体形式为

$$\boldsymbol{F}_{\mu\nu}=\frac{\partial\boldsymbol{A}_\nu}{\partial x_\mu}-\frac{\partial\boldsymbol{A}_\mu}{\partial x_\nu}=\begin{bmatrix}0 & B_3 & -B_2 & -\frac{iE_1}{c}\\ -B_3 & 0 & B_1 & -\frac{iE_2}{c}\\ B_2 & -B_1 & 0 & -\frac{iE_3}{c}\\ \frac{iE_1}{c} & \frac{iE_2}{c} & \frac{iE_3}{c} & 0\end{bmatrix} \tag{5-5-54}$$

$F_{\mu\nu}$ 叫做电磁场张量，这个结果说明，电场和磁场之间存在着更本质的联系，它们是同一个张量的不同组成部分。

利用电磁场张量，可将麦克斯韦方程组中式(5－5－35)、式(5－5－38)进行合并，步骤如下：

式(5－5－35)可以写成($J_4=ic\rho$)

$$\nabla\cdot\boldsymbol{E}=\frac{\rho}{\varepsilon_0}=-ic\mu_0J_4$$

即

$$\frac{i}{c}\left(\frac{\partial E_1}{\partial x_1}+\frac{\partial E_2}{\partial x_2}+\frac{\partial E_3}{\partial x_3}\right)=\mu_0 J_4 \tag{5-5-55}$$

式(5-5-38)可以写成($x_4=ict$)

$$\nabla\times\boldsymbol{B}-\frac{i}{c}\frac{\partial\boldsymbol{E}}{\partial x_4}=\mu_0\boldsymbol{J}$$

即

$$\left(\frac{\partial B_3}{\partial x_2}-\frac{\partial B_2}{\partial x_3}\right)\boldsymbol{i}+\left(\frac{\partial B_1}{\partial x_3}-\frac{\partial B_3}{\partial x_1}\right)\boldsymbol{j}+\left(\frac{\partial B_2}{\partial x_1}-\frac{\partial B_1}{\partial x_2}\right)\boldsymbol{k}-\frac{i}{c}\left(\frac{\partial E_1}{\partial x_4}\boldsymbol{i}+\frac{\partial E_2}{\partial x_4}\boldsymbol{j}+\frac{\partial E_3}{\partial x_4}\boldsymbol{k}\right)$$
$$=\mu_0(J_1\boldsymbol{i}+J_2\boldsymbol{j}+J_3\boldsymbol{k}) \tag{5-5-56}$$

将式(5-5-55)和式(5-5-56)相加，并写出各分量：

$$\frac{\partial B_3}{\partial x_2}-\frac{\partial B_2}{\partial x_3}-\frac{i}{c}\frac{\partial E_1}{\partial x_4}=\mu_0 J_1$$
$$\frac{\partial B_1}{\partial x_3}-\frac{\partial B_3}{\partial x_1}-\frac{i}{c}\frac{\partial E_2}{\partial x_4}=\mu_0 J_2$$
$$\frac{\partial B_2}{\partial x_1}-\frac{\partial B_1}{\partial x_2}-\frac{i}{c}\frac{\partial E_3}{\partial x_4}=\mu_0 J_3$$
$$\frac{i}{c}\left(\frac{\partial E_1}{\partial x_1}+\frac{\partial E_2}{\partial x_2}+\frac{\partial E_3}{\partial x_3}\right)=\mu_0 J_4$$

显然，上面四式可以概括成

$$\frac{\partial F_{\mu\nu}}{\partial x_\nu}=\mu_0 J_\mu \qquad (\mu,\ \nu=1,\ 2,\ 3,\ 4) \tag{5-5-57}$$

同样，也将麦克斯韦方程组中式(5-5-36)、式(5-5-37)进行合并，步骤如下：

式(5-5-36)可以写成

$$\left(\frac{\partial E_3}{\partial x_2}-\frac{\partial E_2}{\partial x_3}\right)\boldsymbol{i}+\left(\frac{\partial E_1}{\partial x_3}-\frac{\partial E_3}{\partial x_1}\right)\boldsymbol{j}+\left(\frac{\partial E_2}{\partial x_1}-\frac{\partial E_1}{\partial x_2}\right)\boldsymbol{k}$$
$$=-ic\left(\frac{\partial B_1}{\partial x_4}\boldsymbol{i}+\frac{\partial B_2}{\partial x_4}\boldsymbol{j}+\frac{\partial B_3}{\partial x_4}\boldsymbol{k}\right) \tag{5-5-58}$$

式(5-5-37)可以写成

$$\frac{\partial B_1}{\partial x_1}+\frac{\partial B_2}{\partial x_2}+\frac{\partial B_3}{\partial x_3}=0 \tag{5-5-59}$$

将式(5-5-58)和式(5-5-59)相加，并写出各分量：

$$\frac{i}{c}\left(\frac{\partial E_3}{\partial x_2}-\frac{\partial E_2}{\partial x_3}\right)-\frac{\partial B_1}{\partial x_4}=0$$
$$\frac{i}{c}\left(\frac{\partial E_1}{\partial x_3}-\frac{\partial E_3}{\partial x_1}\right)-\frac{\partial B_2}{\partial x_4}=0$$
$$\frac{i}{c}\left(\frac{\partial E_2}{\partial x_1}-\frac{\partial E_1}{\partial x_2}\right)-\frac{\partial B_3}{\partial x_4}=0$$

$$\frac{\partial B_1}{\partial x_1}+\frac{\partial B_2}{\partial x_2}+\frac{\partial B_3}{\partial x_3}=0$$

上面四式亦可以概括成

$$\frac{\partial F_{\mu\nu}}{\partial x_\lambda}+\frac{\partial F_{\nu\lambda}}{\partial x_\mu}+\frac{\partial F_{\lambda\mu}}{\partial x_\nu}=0 \tag{5-5-60}$$

式(5－5－57)和式(5－5－60)即四维协变的麦克斯韦方程组。这样，麦克斯韦电磁场方程就在四维时空的各种惯性参照系中都具有相同的形式(亦即物理规律相同)。

如果将电磁张量的各分量从 S 系变换到 S' 系，即从 $F_{\mu\nu}$ 变换到 $F'_{\mu\nu}$，就得到电磁场的变换公式，具体的变换如下：

$$F'_{\mu\nu}=a_{\mu\nu}F_{\mu\nu}a_{\mu\nu}^{-1}$$

$$=\begin{bmatrix}\frac{1}{\sqrt{1-\beta^2}} & 0 & 0 & \frac{i\beta}{\sqrt{1-\beta^2}}\\ 0 & 1 & 0 & 0\\ 0 & 0 & 1 & 0\\ \frac{-i\beta}{\sqrt{1-\beta^2}} & 0 & 0 & \frac{1}{\sqrt{1-\beta^2}}\end{bmatrix}\cdot\begin{bmatrix}0 & F_{12} & F_{13} & F_{14}\\ F_{21} & 0 & F_{23} & F_{24}\\ F_{31} & F_{32} & 0 & F_{34}\\ F_{41} & F_{42} & F_{43} & 0\end{bmatrix}\cdot\begin{bmatrix}\frac{1}{\sqrt{1-\beta^2}} & 0 & 0 & \frac{-i\beta}{\sqrt{1-\beta^2}}\\ 0 & 1 & 0 & 0\\ 0 & 0 & 1 & 0\\ \frac{i\beta}{\sqrt{1-\beta^2}} & 0 & 0 & \frac{1}{\sqrt{1-\beta^2}}\end{bmatrix}$$

$$=\begin{bmatrix}0 & \frac{F_{12}+i\beta F_{42}}{\sqrt{1-\beta^2}} & \frac{F_{13}+i\beta F_{43}}{\sqrt{1-\beta^2}} & F_{14}\\ \frac{F_{21}+i\beta F_{24}}{\sqrt{1-\beta^2}} & 0 & F_{23} & \frac{-i\beta F_{21}+F_{24}}{\sqrt{1-\beta^2}}\\ \frac{F_{31}+i\beta F_{34}}{\sqrt{1-\beta^2}} & F_{32} & 0 & \frac{-i\beta F_{31}+F_{34}}{\sqrt{1-\beta^2}}\\ F_{41} & \frac{-i\beta F_{12}+F_{42}}{\sqrt{1-\beta^2}} & \frac{-i\beta F_{13}+F_{43}}{\sqrt{1-\beta^2}} & 0\end{bmatrix}$$

用场矢量 $\boldsymbol{E}$ 和 $\boldsymbol{B}$ 表示，则

$$E'_x=E_x,\ B'_x=B_x$$

$$E'_y=\frac{E_y-vB_z}{\sqrt{1-\beta^2}},\ B'_y=\frac{B_y+\frac{v}{c^2}E_z}{\sqrt{1-\beta^2}}$$

$$E'_z=\frac{E_z+vB_y}{\sqrt{1-\beta^2}},\ B'_z=\frac{B_z-\frac{v}{c^2}E_y}{\sqrt{1-\beta^2}}$$

可以看出，电场与磁场不再彼此独立，当坐标系变换时，$\boldsymbol{E}$ 和 $\boldsymbol{B}$ 不是各自独立变换，而是互相影响、混合变换。但是，不论是坐标变换前的 $F_{\mu\nu}$，还是变换后的 $F'_{\mu\nu}$，它们都满足式(5－5－57)和式(5－5－60)，也就是说，无论坐标如何变换，物理规律都是相同的。

思 考 题

1. 伽利略力学相对性原理与狭义相对性原理之间的主要区别是什么?

2. 若飞船以接近光速的速度平行于地面飞行，则从地面上观察到的宇航员的形体将是怎样的?

3. 在太阳参考系中，有两个相同的时钟，分别放在地球和火星上，如果略去星球的自转，只考虑其轨道效应，那么地球上的时钟和火星上的时钟，哪个走的较慢?

4. 两飞船 A、B 均沿静止参考系的 x 轴方向运动，速度分别为 v_1 和 v_2，由飞船 A 向飞船 B 发射一束光，相对于飞船 A 的速度为 c，则该光束相对于飞船 B 的速度为多少?

5. 什么是多普勒效应?它表达怎样的自然规律?

6. 你如何看未来的宇宙旅行?

7. 未来人类获取清洁能源的出路在哪里?

第六章　广义相对论

6.1　广义相对论基本原理

在狭义相对论建立之后，爱因斯坦并没有停止科学研究的步伐。1907年，他以敏锐的洞察力发现狭义相对论存在着巨大的缺陷，抓住了两个致命的环节，一是惯性系为何优于非惯性系的问题；二是狭义相对论没有解决引力问题。又经过近十年坚持不懈的探索和努力，一个更为深刻与普遍的广义相对论理论诞生了，该理论也包括两个基本原理。

(1) 等效原理：对于一个观察者来说，将物体加速运动同一内部存在均匀引力场的惯性系来代替，两者描述的物理过程是完全等效的。

(2) 广义相对性原理：物理定律虽然在不同的坐标系中都具有不同的数学形式，即它们必须在任意坐标变换下保持协变(同一事件)。

6.2　引力的等效性研究

6.2.1　物体的引力质量和惯性质量

由牛顿的万有引力理论知，两物体之间引力的大小为

$$F = G\frac{m_g m'_g}{r^2} \tag{6-2-1}$$

其中：r 为两物体间的距离；G 为引力常数；m_g 和 m'_g 分别表示两物体的特性，这种特性决定两物体之间引力的大小，我们定义为引力质量。

利用引力势 φ 可把式(6-2-1)写为力矢量的分量式：

$$F_i = -m_g\frac{\partial\varphi}{\partial x_i} \tag{6-2-2}$$

其中：$\varphi = -G\frac{m'_g}{r}$，为 m'_g 在距离 r 处所产生的引力势；F_i 为第 i 轴上的力分量。

定义惯性的理论是牛顿第二运动定律：

$$\boldsymbol{F} = m_i\boldsymbol{a} \tag{6-2-3}$$

它表现了物体所受的外力和物体产生的加速度之间的关系。这里质量是作为物体惯性的量

度而定义下来的，用 m_i 表示，称为惯性质量。式(6－2－3)的分量式可写为

$$F_i = m_i \frac{\mathrm{d}^2 x_i}{\mathrm{d}t^2} \tag{6-2-4}$$

于是，由式(6－2－2)和式(6－2－4)得

$$-m_g \frac{\partial \varphi}{\partial x_i} = m_i \frac{\mathrm{d}^2 x_i}{\mathrm{d}t^2}$$

同时用两种方法定义的质量 m_g 和 m_i 是否相等呢？

如果两者相等，则

$$\frac{\mathrm{d}^2 x_i}{\mathrm{d}t^2} = -\frac{\partial \varphi}{\partial x_i}$$

说明该运动方程中不包括反映物体特性的质量，也就是所有的质点不管其质量的大小，在给定的引力场中都具有相同的加速度。

6.2.2 厄缶实验

在牛顿理论中，牛顿第二定律的惯性质量 m_i 同引力定律的引力质量 m_g 是否相等，并没有本质的意义。如果一物体的 m_i 与 m_g 不相等，那么在引力作用下，它的加速度同当地引力常数之间就有下面的关系：

$$g' = \left(\frac{m_g}{m_i}\right) g$$

比值 $\left(\frac{m_g}{m_i}\right)$ 不同的物体，将有不同的加速度 g'。

然而，自伽利略的时代起，人们就发现，对于不同的物体，这个比值都是一样的。惠更斯、牛顿等人都进行过这类实验。1889 年，厄缶(匈牙利)精确地证明了对于各种物质，比值 m_g/m_i 的差别不大于 10^{-9}(见图 3－21)。

厄缶在一横杆的两端各挂木制的 A 和铂制的 B 两个重量相差不大的重物，杆的中点悬在一细金属丝上。如果 g 是地球引力常数，g'_z 是地球自转引起的离心加速度的垂直分量，l_A 和 l_B 是两个重物的有效杆臂长，那么当平衡时，由于 A、B 的重量相差不大，因而横杆略为倾斜以满足

$$l_A(m_{gA} g - m_{iA} g'_z) = l_B(m_{gB} g - m_{iB} g'_z)$$

同时，在厄缶进行实验的纬度上，地球自转引起的离心加速度有一可观的水平分量 g'_s，会使得横杆受到一个水平转矩：

$$T = l_A m_{iA} g'_s - l_B m_{iB} g'_s$$

消去 l_B，又由于 g'_z 远小于 g，可以略去，因而得到

$$T = l_A m_{gA} g'_s \left(\frac{m_{iA}}{m_{gA}} - \frac{m_{iB}}{m_{gB}}\right)$$

这样，只要二者的比值$\frac{m_g}{m_i}$不同，就会扭转悬挂横杆的细金属丝。但是，厄缶在10^{-9}的精度上没有测出这种扭转。

20世纪60年代，R. H. 狄克等人改进了厄缶实验，把精度提高到10^{-11}。1971年V. 布拉金斯基等人的实验结果是

$$\frac{|m_i - m_g|}{m_i} < 9 \times 10^{-13}$$

精度提高到了0.9×10^{-12}。所以说，实验证明两者是相等的。

在物理学中，一个普适常数的发现往往要引出整套的理论。普适的光速c引出了狭义相对论，普朗克常数h引出了量子论。普适常数$\frac{m_g}{m_i}$则是解决引力问题的关键。爱因斯坦在深入分析引力质量同惯性质量等价这一早已熟知的事实的基础上，提出了引力场同加速运动局域性等效的概念。

6.2.3 等效原理

由上述$m_g = m_i$可导出在均匀的引力场中，所有物体在引力作用下得到相同的加速度。也就是说，不仅在均匀引力场中所有物体的加速度相等，而且在非惯性系中也可以观察到所有物体具有相同的加速度。比如，在无引力场的空间，选择一加速参考系，在这一加速参考系中，每一物体都受到一惯性力，所有物体的惯性加速度也都相等。我们可以说均匀引力场对物体的作用等效于这个惯性力的作用。于是，在引力场中，我们只要选择一个合适的参照系，就可以把引力场对物体的作用消除掉。在这样一个参考系中，既显不出引力的作用，也显不出惯性力的作用。因此，在引力场中的这样一个非惯性系中的一切物理过程，一切物理规律和在没有引力场时的惯性参考系中一样。

上面的叙述是针对均匀引力场的，而实际的引力场总是不均匀的。空间各点的引力势不同，使得不同点处重力加速度不同，甚至同一点的引力势也会随时间而发生变化。因此，不可能在整个空间及相当长的一段时间只选择一个参考系来抵消整个空间各点的引力作用，而必须在空间和时间无限小的邻域内来选择坐标系以抵消该点的引力作用。显然，对于空间不同的点及不同的时刻，需选择不同的参考系。由于这种参考系是针对充分小的时空范围而引入的，因此称之为局部惯性系。

图 6-1 空间不同点的加速度不同

在地球引力场中，自由落体参考系是局部惯性系。由于距地面不同高度上落体加速度是不同的，并且同一高度不同地点的加速度方向也不相同(见图 6-1)，所以不同点的局部惯性系之间可能具有相对加速度。这和狭义相对论的情况不同，在狭义相对论中，各

惯性系之间只能有匀速运动、相对速度，不能有相对加速度。

现将等效原理总结如下：在引力场中，对于任一充分小的时间空间范围(严格说应当是无限小的范围)，总可以选择这样一个非惯性参考系，使得在这个参考系中，物质运动或其他物理过程都不受引力场的影响。

该原理将产生一个新的问题：空间各个局部惯性系之间的关系是怎样的？或者说，局部惯性系在整个空间具有怎样的性质和特点？

6.3　空间的内禀性质

6.3.1　度规张量

在普通的三维空间中，为了表示点的位置，需要引入坐标系。常用的坐标系是笛卡尔坐标系(见图 6-2)，由 OX、OY、OZ 三条互相垂直的轴构成。

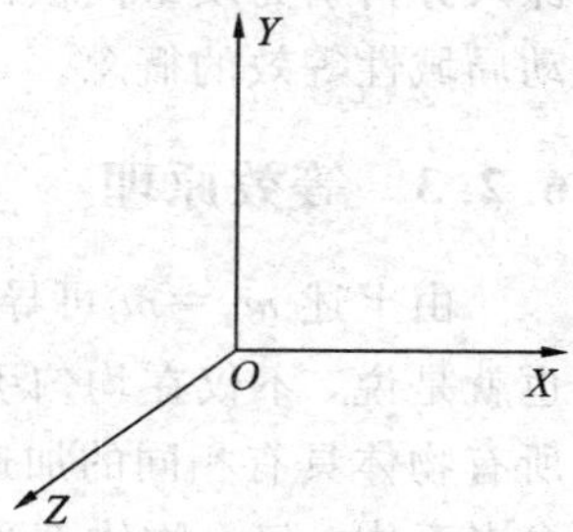

图 6-2　笛卡尔坐标系

在笛卡尔坐标系中，任意相邻两点之间的距离为

$$dS^2 = dX^2 + dY^2 + dZ^2 \tag{6-3-1}$$

其中，dS 为相邻两点之间的微分距离。

除笛卡尔坐标系外，还可以引入各种曲线坐标系。

例如，球坐标系：

$$dS^2 = dr^2 + r^2 d\theta^2 + (r\sin\theta)^2 d\varphi^2 \tag{6-3-2}$$

柱坐标系：

$$dS^2 = dr^2 + r^2 d\varphi^2 + dz^2 \tag{6-3-3}$$

这里我们关注的是在各种坐标系中相邻两点之间的距离(弧长)。以上三式在不同的坐标系中，dS^2 的表达形式不一样，但 dS^2 的值亦即固定两点间的距离总是不变的(见图 6-3)，或者说线段 AC 的长度始终不变。

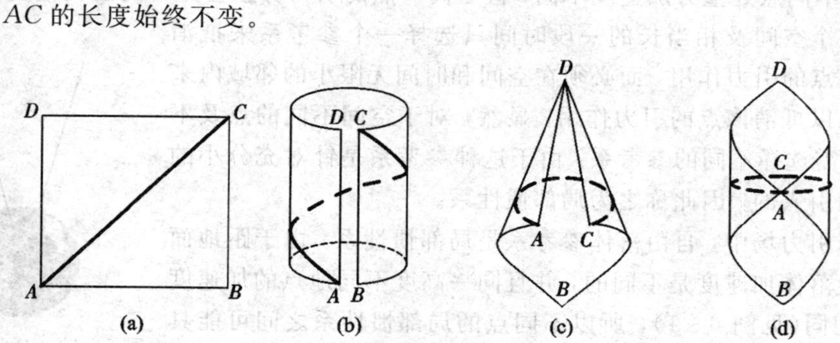

图 6-3　不同空间中的长度

我们把注意力放在 dS^2 表达式中坐标增量前的系数上。

式(6－3－1)中，三个系数均为1。

式(6－3－2)中，三个系数分别为1、r^2、$(r\sin\theta)^2$。

式(6－3－3)中，三个系数分别为1、r^2、1。

可见，在笛卡尔坐标系中，决定 $\mathrm{d}S^2$ 的三个系数均为常数。

如果引入任意的曲线坐标系，则 $\mathrm{d}S^2$ 的表达式就成为普遍形式，设任意曲线坐标系的坐标曲线为 x_1、x_2、x_3。把前面所得式作一推广，即在 $\mathrm{d}S^2$ 的表达式中不仅包括 $\mathrm{d}x_i^2$ 项(i 取1～3)，而且也包括 $\mathrm{d}x_i\mathrm{d}x_j$ 项(j 取1～3)，则

$$\mathrm{d}S^2 = g_{11}\mathrm{d}x_1{}^2 + g_{12}\mathrm{d}x_1\mathrm{d}x_2 + g_{13}\mathrm{d}x_1\mathrm{d}x_3 + g_{22}\mathrm{d}x_2{}^2 + g_{23}\mathrm{d}x_2\mathrm{d}x_3 + g_{33}\mathrm{d}x_3{}^2 \tag{6-3-4}$$

用 g_{ij} 来表示系数，它决定着弧元 $\mathrm{d}S$ 的长度。

$g_{ij}=g_{ij}(x_1, x_2, x_3)$一般情况下是坐标的函数，这样，空间各点处的弧元 $\mathrm{d}S$ 由该处的 g_{ij} 确定，称 g_{ij} 为度规张量。

在三维空间中，度规张量 g_{ij} 共有9个分量，用矩阵形式表示如下：

$$[g_{ij}]=\begin{bmatrix} g_{11} & g_{12} & g_{13} \\ g_{21} & g_{22} & g_{23} \\ g_{31} & g_{32} & g_{33} \end{bmatrix}$$

即空间任一点处的弧元 $\mathrm{d}S$ 由这一组量按式(6－3－4)的形式决定。

在笛卡尔坐标系中，$g_{11}=g_{22}=g_{33}=1$，其他都为零，即

$$[g_{ij}]=\begin{bmatrix} 1 & 0 & 0 \\ 0 & 1 & 0 \\ 0 & 0 & 1 \end{bmatrix}$$

在球坐标系中，$g_{11}=1$，$g_{22}=r^2$，$g_{33}=(r\sin\theta)^2$，其他都为零，即

$$[g_{ij}]=\begin{bmatrix} 1 & 0 & 0 \\ 0 & r^2 & 0 \\ 0 & 0 & (r\sin\theta)^2 \end{bmatrix}$$

在柱坐标系中，$g_{11}=1$，$g_{22}=r^2$，$g_{33}=1$，其他都为零，即

$$[g_{ij}]=\begin{bmatrix} 1 & 0 & 0 \\ 0 & r^2 & 0 \\ 0 & 0 & 1 \end{bmatrix}$$

可以肯定，在三维空间中选取不同的坐标系，度规张量的表达式就不相同，也就是说，不同的坐标系有不同的度规。但空间的内禀性质决定了各点的弧元 $\mathrm{d}S$ 是相同的，其数值都相等，并且完全可以由该空间的度规张量求解得到。所以，我们明白了这样一个道理：空间的内禀性质决定了任意两点的间隔(弧长)在不同的空间都是相等的，如果知道了某一

空间的度规张量，就可以求得任意两点的弧长，从而空间的性质也就清楚了。

6.3.2　任意空间的度规张量

1. 二维曲面上的度规

在任意形状的二维曲面上，无法建立二维笛卡尔坐标系。仿照笛卡尔坐标系的建立，可以在曲面上取两族曲线：

$$x_1=常数，x_2=常数$$

它们交织在曲面上，曲面上的每一点均为两条曲线的交点，于是就可以确定曲面上任一点的位置。这两族曲线称为曲坐标线，x_1和x_2即称为该点的曲坐标。引入曲坐标后，就可以求解该曲面上的度规张量。图 6-4 为任意二维曲面σ，若在其上建立曲坐标系，坐标轴为x_1、x_2，并将曲面σ置于三维空间中，则曲面σ上任一点M的坐标在三维坐标系中为(X, Y, Z)，而在二维曲坐标系中为(x_1, x_2)，X、Y、Z可用x_1和x_2表示为

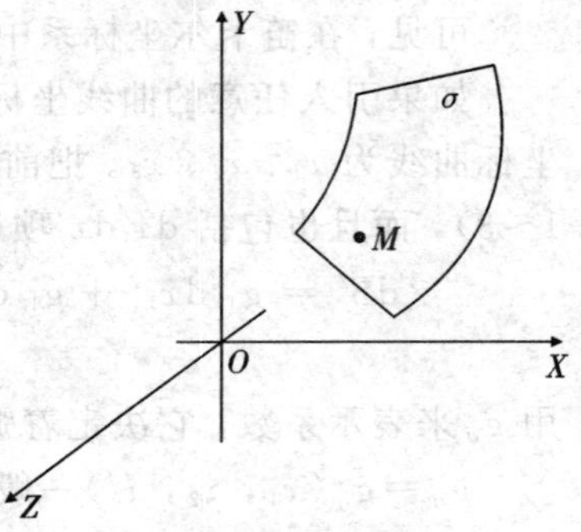

图 6-4　曲面度规

$$X=X(x_1, x_2), Y=Y(x_1, x_2), Z=Z(x_1, x_2)$$

在三维空间M点处的$\mathrm{d}S$为

$$\mathrm{d}S^2=\mathrm{d}X^2+\mathrm{d}Y^2+\mathrm{d}Z^2$$

其中，

$$\mathrm{d}X=\frac{\partial X}{\partial x_1}\mathrm{d}x_1+\frac{\partial X}{\partial x_2}\mathrm{d}x_2$$

$$\mathrm{d}Y=\frac{\partial Y}{\partial x_1}\mathrm{d}x_1+\frac{\partial Y}{\partial x_2}\mathrm{d}x_2$$

$$\mathrm{d}Z=\frac{\partial Z}{\partial x_1}\mathrm{d}x_1+\frac{\partial Z}{\partial x_2}\mathrm{d}x_2$$

则

$$\mathrm{d}X^2=\left(\frac{\partial X}{\partial x_1}\mathrm{d}x_1\right)^2+\left(\frac{\partial X}{\partial x_2}\mathrm{d}x_2\right)^2+2\cdot\frac{\partial X}{\partial x_1}\cdot\frac{\partial X}{\partial x_2}\mathrm{d}x_1\mathrm{d}x_2$$

$$\mathrm{d}Y^2=\left(\frac{\partial Y}{\partial x_1}\mathrm{d}x_1\right)^2+\left(\frac{\partial Y}{\partial x_2}\mathrm{d}x_2\right)^2+2\cdot\frac{\partial Y}{\partial x_1}\cdot\frac{\partial Y}{\partial x_2}\mathrm{d}x_1\mathrm{d}x_2$$

$$\mathrm{d}Z^2=\left(\frac{\partial Z}{\partial x_1}\mathrm{d}x_1\right)^2+\left(\frac{\partial Z}{\partial x_2}\mathrm{d}x_2\right)^2+2\cdot\frac{\partial Z}{\partial x_1}\cdot\frac{\partial Z}{\partial x_2}\mathrm{d}x_1\mathrm{d}x_2$$

于是

$$\mathrm{d}S^2=g_{11}\mathrm{d}x_1{}^2+g_{12}\mathrm{d}x_1\mathrm{d}x_2+g_{21}\mathrm{d}x_2\mathrm{d}x_1+g_{22}\mathrm{d}x_2{}^2$$

式中，

$$g_{11}=\left(\frac{\partial X}{\partial x_1}\right)^2+\left(\frac{\partial Y}{\partial x_1}\right)^2+\left(\frac{\partial Z}{\partial x_1}\right)^2$$

$$g_{12}=g_{21}=\left(\frac{\partial X}{\partial x_1}\cdot\frac{\partial X}{\partial x_2}\right)+\left(\frac{\partial Y}{\partial x_1}\cdot\frac{\partial Y}{\partial x_2}\right)+\left(\frac{\partial Z}{\partial x_1}\cdot\frac{\partial Z}{\partial x_2}\right)$$

$$g_{22}=\left(\frac{\partial X}{\partial x_2}\right)^2+\left(\frac{\partial Y}{\partial x_2}\right)^2+\left(\frac{\partial Z}{\partial x_2}\right)^2$$

可见，在曲面上的度规可由二维曲坐标和三维笛卡尔坐标之间的关系求出，且 g_{11}、g_{12}、g_{21}($g_{12}=g_{21}$)、g_{22}都是 x_1和 x_2的函数。

例 6.1 如图 6-5 所示，求半径为 a 的圆柱面上的度规张量。

解 在柱面上引入两族曲坐标线 z 和 φ(z 为常数的线为圆柱面上的圆周线；φ 为常数的线为圆柱面上的母线)。

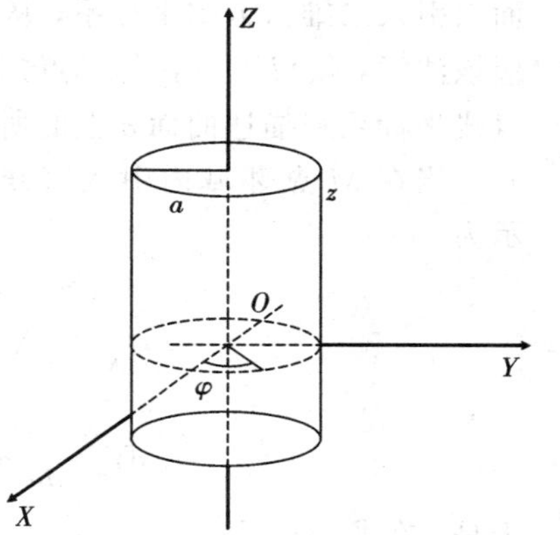

图 6-5 圆柱面上的度规

将这个二维曲面引入三维空间，并引入笛卡尔坐标系，则在三维空间中可求得柱面上任一点的 dS，即

$$dS^2=dX^2+dY^2+dZ^2$$

由于

$$X=a\cos\varphi,\ Y=a\sin\varphi,\ Z=z$$

令

$$x_1=\varphi,\ x_2=z$$

求得

$$\frac{\partial X}{\partial x_1}=\frac{\partial X}{\partial \varphi}=-a\sin\varphi,\ \frac{\partial X}{\partial x_2}=\frac{\partial X}{\partial z}=0$$

$$\frac{\partial Y}{\partial x_1}=\frac{\partial Y}{\partial \varphi}=a\cos\varphi,\ \frac{\partial Y}{\partial x_2}=\frac{\partial Y}{\partial z}=0$$

$$\frac{\partial Z}{\partial x_1}=\frac{\partial Z}{\partial \varphi}=0,\ \frac{\partial Z}{\partial x_2}=\frac{\partial Z}{\partial z}=1$$

这里，

$$g_{11}=\left(\frac{\partial X}{\partial x_1}\right)^2+\left(\frac{\partial Y}{\partial x_1}\right)^2+\left(\frac{\partial Z}{\partial x_1}\right)^2=a^2\sin^2\varphi+a^2\cos^2\varphi=a^2$$

$$g_{12}=g_{21}=\left(\frac{\partial X}{\partial x_1}\cdot\frac{\partial X}{\partial x_2}\right)+\left(\frac{\partial Y}{\partial x_1}\cdot\frac{\partial Y}{\partial x_2}\right)+\left(\frac{\partial Z}{\partial x_1}\cdot\frac{\partial Z}{\partial x_2}\right)=0$$

$$g_{22}=\left(\frac{\partial X}{\partial x_2}\right)^2+\left(\frac{\partial Y}{\partial x_2}\right)^2+\left(\frac{\partial Z}{\partial x_2}\right)^2=1$$

可见，在圆柱面上任一点的 dS 为

$$dS^2=a^2d\varphi^2+dz^2$$

度规为

$$[g_{ij}]=\begin{bmatrix}a^2 & 0\\0 & 1\end{bmatrix}$$

2. 由曲面上任意点 M 的切平面求该曲面上的度规

如图 6－6 所示，由任意二维曲面 σ，可以建立曲坐标系，坐标轴为 x_1，x_2。M 为面上任一点，过 M 作一切平面。显然，切平面和曲面 σ 的交点为 M，不仅如此，在一级近似的范围内，还可以认为曲面 σ 上 M 点的无限小邻域内的各点也和切平面相重合。可以在切平面内引入二维笛卡尔坐标系，从而也就在 M 点的无限小的邻域内引入了二维直线坐标系。应该注意，仅仅可以在每一点的无限小邻域内引入直线坐标系，绝不可能只引入一个二维直线坐标系来描述曲面 σ 上的所有点。

当在 M 点邻域内引入直线坐标系时，该点处的弧元 $\mathrm{d}S$ 可表示为

$$\mathrm{d}S^2=\mathrm{d}X^2+\mathrm{d}Y^2$$

$$\mathrm{d}X=\frac{\partial X}{\partial x_1}\mathrm{d}x_1+\frac{\partial X}{\partial x_2}\mathrm{d}x_2$$

$$\mathrm{d}Y=\frac{\partial Y}{\partial x_1}\mathrm{d}x_1+\frac{\partial Y}{\partial x_2}\mathrm{d}x_2$$

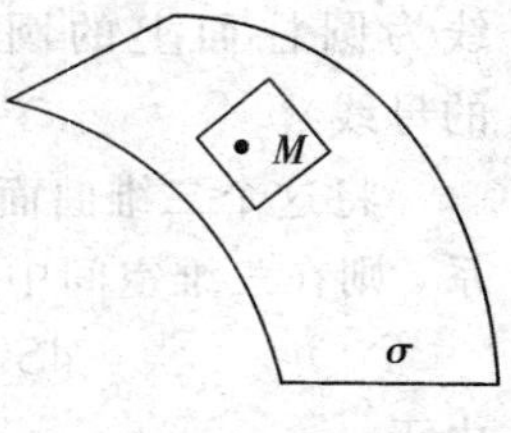

图 6－6　无限小区域内曲面度规的求法

于是，在曲坐标系中，有

$$\mathrm{d}S^2=g_{11}(x_1, x_2)\mathrm{d}x_1{}^2+g_{12}(x_1, x_2)\mathrm{d}x_1\mathrm{d}x_2+g_{21}(x_1, x_2)\mathrm{d}x_2\mathrm{d}x_1+g_{22}(x_1, x_2)\mathrm{d}x_2{}^2$$

其中，

$$\left.\begin{aligned}g_{11}&=\left(\frac{\partial X}{\partial x_1}\right)^2+\left(\frac{\partial Y}{\partial x_1}\right)^2\\g_{12}&=g_{21}=\left(\frac{\partial X}{\partial x_1}\cdot\frac{\partial X}{\partial x_2}\right)+\left(\frac{\partial Y}{\partial x_1}\cdot\frac{\partial Y}{\partial x_2}\right)\\g_{22}&=\left(\frac{\partial X}{\partial x_2}\right)^2+\left(\frac{\partial Y}{\partial x_2}\right)^2\end{aligned}\right\}\tag{6-3-5}$$

在二维曲面上求得度规张量，就可以不再借助三维空间坐标来研究曲面的几何性质。

例 6.2　通过切平面来求球面上的度规张量。

解　设球半径为 a，在球面上分别引经、纬两族曲坐标线 θ 和 φ，M 为球面上任一点，如图 6－7(a)所示，那么如何求该点的度规呢？

为了清楚起见，在 M 点及其邻域作图，如图 6－7(b)所示，M 点的曲坐标为 θ 和 φ，过 M 点作切平面，在切平面上引入直线坐标系，坐标轴为 X、Y。

在 M 点邻域内：

$$\mathrm{d}S^2=\mathrm{d}X^2+\mathrm{d}Y^2$$

而

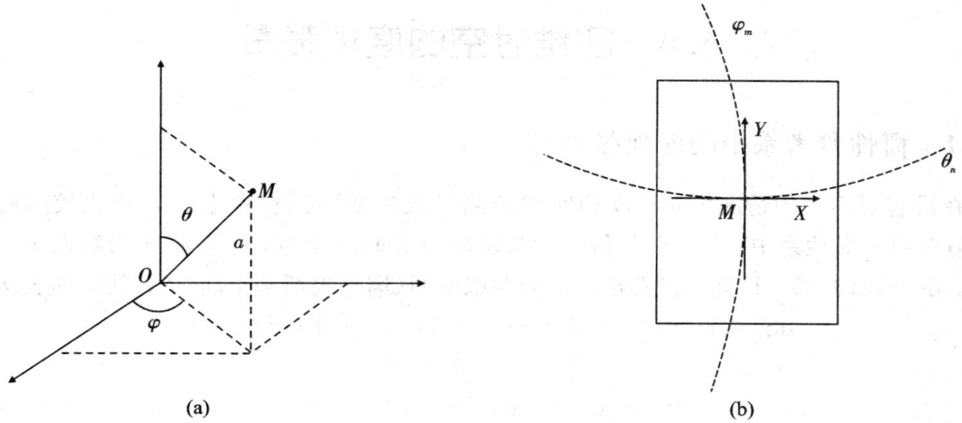

图 6－7 球面度规的求解

$$dX = a\sin\theta d\varphi,\ dY = a d\theta$$

令

$$x_1 = \theta,\ x_2 = \varphi$$

求得

$$\frac{\partial X}{\partial x_1} = \frac{\partial X}{\partial \theta} = 0,\ \frac{\partial X}{\partial x_2} = \frac{\partial X}{\partial \varphi} = a\sin\theta$$

$$\frac{\partial Y}{\partial x_1} = \frac{\partial Y}{\partial \theta} = a,\ \frac{\partial Y}{\partial x_2} = \frac{\partial Y}{\partial \varphi} = 0$$

将其代入式(6－3－5)，得

$$g_{11} = a^2$$

$$g_{12} = g_{21} = 0$$

$$g_{22} = a^2\sin^2\theta$$

于是，

$$dS^2 = a^2 d\theta^2 + a^2\sin^2\theta d\varphi^2$$

可见，球面上任一点度规为

$$[g_{ij}] = \begin{bmatrix} a^2 & 0 \\ 0 & a^2\sin^2\theta \end{bmatrix}$$

亦可表示为

$$dS^2 = (d\theta,\ d\varphi)\begin{bmatrix} a^2 & 0 \\ 0 & a^2\sin^2\theta \end{bmatrix}\begin{pmatrix} d\theta \\ d\varphi \end{pmatrix}$$

这就告诉我们如何从所处空间的局部出发，求解空间各点的度规张量，进而将其推广到整个空间，研究空间性质，这一研究方法在广义相对论中非常重要。

6.4　四维时空的度规张量

6.4.1　惯性参考系中的度规张量

在没有引力场的情况下，长度和时间的测量虽然在不同惯性系上互相比较时有所不同，但在同一惯性系中，可以使用统一的长度单位和时间单位，这在狭义相对论中是基本常识。由公式(3-5-1)知，狭义相对论的四维空间(闵可夫斯基空间)，其间隔的表达式为

$$\mathrm{d}S^2=\mathrm{d}x_1^2+\mathrm{d}x_2^2+\mathrm{d}x_3^2+\mathrm{d}x_4^2=\mathrm{d}x^2+\mathrm{d}y^2+\mathrm{d}z^2-(c\mathrm{d}t)^2$$

或

$$\mathrm{d}S^2=\mathrm{d}{x_1}^2+\mathrm{d}{x_2}^2+\mathrm{d}{x_3}^2-(c\mathrm{d}t)^2 \tag{6-4-1}$$

则度规张量(闵可夫斯基张量)为

$$[\eta_{\mu\nu}]=\begin{bmatrix}1&0&0&0\\0&1&0&0\\0&0&1&0\\0&0&0&-1\end{bmatrix} \tag{6-4-2}$$

注意：这里用 $\eta_{\mu\nu}$ 而不用 $g_{\mu\nu}$，就是因为同一个惯性系中空间和时间是各向同性的，16 个分量中 12 个是零，使得四维时空异常简单、明了。

为了便于讨论，将式(6-4-1)稍作调整，写为

$$\begin{aligned}\mathrm{d}S^2&=-(c\mathrm{d}t)^2+\mathrm{d}{x_1}^2+\mathrm{d}{x_2}^2+\mathrm{d}{x_3}^2\\&=-\mathrm{d}x_0^2+\mathrm{d}{x_1}^2+\mathrm{d}{x_2}^2+\mathrm{d}{x_3}^2\end{aligned}$$

注意，这里不再用 $x_4=ict$，而是改用 $x_0=ct$，并且 μ，ν 的取值变为(μ，ν=0，1，2，3)。这样，度规张量就变为

$$[\eta_{\mu\nu}]=\begin{bmatrix}-1&0&0&0\\0&1&0&0\\0&0&1&0\\0&0&0&1\end{bmatrix} \tag{6-4-3}$$

6.4.2　引力场中的度规张量

当有引力时，四维时空(闵可夫斯基空间)就会变得更加复杂，度规张量肯定不会还是式(6-4-3)的简单形式。可以初步断定，引力场的四度空间和无引力场的四度空间在性质上是不同的，对后者(闵可夫斯基空间)可以引入伽利略坐标系(直线坐标系)进行描述，其坐标变换规律遵从洛伦兹变换；而在引力场的四度空间中，由于不存在一个使得空间各点的引力作用都为零的参考系，也就无法引入伽利略坐标系，其度规张量也就无法写成式(6-4-3)

的形式，而是比它要复杂。就是说，如果闵可夫斯基空间是个平直空间，那么存在引力的空间就肯定不是平直空间，这样的空间被称为弯曲空间(黎曼空间)。

那么，有引力场的弯曲时空与闵可夫斯基时空有何不同？弯曲空间中的度规张量具有怎样的形式？下面借助于局部惯性系，通过求解质点的运动方程，来解决这些问题。

1. 仿射联络

设一个质点只在引力的作用下运动，没有其他外力，从局部来看，由于质点所受的引力和惯性力互相抵消，它的运动方程就是自由质点的运动方程，此参考系也叫局部惯性系。设在某个时空点处局部惯性系中质点的坐标为 X_0，X_1，X_2，X_3。

由狭义相对论知它的运动方程为①

$$\frac{\mathrm{d}^2 X_\mu}{\mathrm{d}S^2}=0 \tag{6-4-4}$$

其中，dS 为该点处的四维弧元，且 $\mathrm{d}S=c\mathrm{d}\tau$，$\mathrm{d}\tau$ 为该点处的固有时(亦称原时)间隔，μ 取 0～3中的任一数。

用坐标变换将式(6－4－4)变为“实验室”坐标系(整个弯曲空间的坐标系)。由于实验室坐标系中的变量 x_0，x_1，x_2，x_3和局部惯性系坐标有一定的函数关系：

$$x_\mu=x_\mu(X)$$

或

$$X_\mu=X_\mu(x)$$

则

$$\begin{aligned}\frac{\mathrm{d}^2 X_\mu}{\mathrm{d}S^2}&=\frac{\mathrm{d}}{\mathrm{d}S}\left(\frac{\partial X_\mu}{\partial x_\nu}\frac{\mathrm{d}x_\nu}{\mathrm{d}S}\right)\\&=\frac{\mathrm{d}x_\nu}{\mathrm{d}S}\cdot\frac{\mathrm{d}}{\mathrm{d}S}\left(\frac{\partial X_\mu}{\partial x_\nu}\right)+\frac{\partial X_\mu}{\partial x_\nu}\cdot\frac{\mathrm{d}^2 x_\nu}{\mathrm{d}S^2}\\&=\frac{\mathrm{d}x_\nu}{\mathrm{d}S}\cdot\frac{\partial^2 X_\mu}{\partial x_\nu\partial x_\alpha}\cdot\frac{\mathrm{d}x_\alpha}{\mathrm{d}S}+\frac{\partial X_\mu}{\partial x_\nu}\cdot\frac{\mathrm{d}^2 x_\nu}{\mathrm{d}S^2}\end{aligned}$$

可得

$$\frac{\mathrm{d}x_\nu}{\mathrm{d}S}\cdot\frac{\partial^2 X_\mu}{\partial x_\nu\partial x_\alpha}\cdot\frac{\mathrm{d}x_\alpha}{\mathrm{d}S}+\frac{\partial X_\mu}{\partial x_\nu}\cdot\frac{\mathrm{d}^2 x_\nu}{\mathrm{d}S^2}=0 \tag{6-4-5}$$

式(6－4－5)乘以$\frac{\partial x_\lambda}{\partial X_\mu}$，得

$$\frac{\partial x_\lambda}{\partial X_\mu}\cdot\frac{\mathrm{d}x_\nu}{\mathrm{d}S}\cdot\frac{\partial^2 X_\mu}{\partial x_\nu\partial x_\alpha}\cdot\frac{\mathrm{d}x_\alpha}{\mathrm{d}S}+\frac{\partial x_\lambda}{\partial X_\mu}\cdot\frac{\partial X_\mu}{\partial x_\nu}\cdot\frac{\mathrm{d}^2 x_\nu}{\mathrm{d}S^2}=0$$

① 张家铝，曹烈兆，陈兆甲．相对论物理 热力学 统计物理．合肥：中国科学技术大学出版社，1990：31，107.

且利用

$$\frac{\partial x_\lambda}{\partial X_\mu}\cdot\frac{\partial X_\mu}{\partial x_\nu}=\delta_\nu^\lambda$$

δ_ν^λ的定义为

$$\delta_\nu^\lambda=\begin{cases}0 & \nu\neq\lambda\\ 1 & \nu=\lambda\end{cases}$$

式(6－4－5)成为

$$\frac{d^2x_\lambda}{dS^2}+\frac{dx_\nu}{dS}\cdot\frac{dx_\alpha}{dS}\cdot\frac{\partial x_\lambda}{\partial X_\mu}\cdot\frac{\partial^2X_\mu}{\partial x_\nu\partial x_\alpha}=0$$

令

$$\frac{\partial x_\lambda}{\partial X_\mu}\cdot\frac{\partial^2X_\mu}{\partial x_\nu\partial x_\alpha}=\Gamma_{\nu\alpha}^\lambda$$

得质点在实验室坐标系中的方程为

$$\frac{d^2x_\lambda}{dS^2}+\Gamma_{\nu\alpha}^\lambda\frac{dx_\nu}{dS}\cdot\frac{dx_\alpha}{dS}=0 \tag{6-4-6}$$

（注意：这里在推导这一方程时，用了狭义相对论中就已经约定过的“重复指标表示求和”。例如，

$$\frac{\partial X_\mu}{\partial x_\nu}\cdot\frac{dx_\nu}{dS}=\frac{\partial X_\mu}{\partial x_0}\cdot\frac{dx_0}{dS}+\frac{\partial X_\mu}{\partial x_1}\cdot\frac{dx_1}{dS}+\frac{\partial X_\mu}{\partial x_2}\cdot\frac{dx_2}{dS}+\frac{\partial X_\mu}{\partial x_3}\cdot\frac{dx_3}{dS})$$

这里引入了在广义相对论中非常重要的量$\Gamma_{\nu\alpha}^\lambda$，这个量的每个指标都可取0～3中的任一数，可见该量应有$4\times4\times4=64$个分量。而由$\Gamma_{\nu\alpha}^\lambda$的表达式很容易看出下标$\nu$和$\alpha$是对称的，故独立分量少于64。因此，称$\Gamma_{\nu\alpha}^\lambda$为仿射联络。

质点在引力场中的运动，原为动力学问题，当运用等效原理引入局部惯性系来处理问题时，实则是加速运动参考系代替了引力的作用，并且由局部惯性系来看，运动变成了惯性运动。这样，运动方程中只出现了一些坐标变换关系，只要知道空间各点的度规张量，就可进行空间各点的坐标变换，上面动力学方程的求解就是一件很容易的事，所以动力学问题变成了几何问题。

2. 引力场中的度规张量

设在某一时空点的局部惯性系中度规张量为$\boldsymbol{\eta}_{\mu\nu}$，则该点处的弧元为

$$dS^2=\boldsymbol{\eta}_{\mu\nu}dX_\mu dX_\nu$$

将

$$dX_\mu=\frac{\partial X_\mu}{\partial x_\sigma}dx_\sigma,\ dX_\nu=\frac{\partial X_\nu}{\partial x_\lambda}dx_\lambda$$

代入得

$$dS^2=\boldsymbol{\eta}_{\mu\nu}\frac{\partial X_\mu}{\partial x_\sigma}\frac{\partial X_\nu}{\partial x_\lambda}dx_\sigma dx_\lambda \tag{6-4-7}$$

由度规张量的定义，显然在 x 坐标系中，度规张量为

$$\boldsymbol{g}_{\sigma\lambda}=\frac{\partial X_{\mu}}{\partial x_{\sigma}}\frac{\partial X_{\nu}}{\partial x_{\lambda}}\boldsymbol{\eta}_{\mu\nu} \tag{6-4-8}$$

因此，如果知道了四维空间各点 x(用 X 表示四个坐标)的局部惯性系，即知道了 $x_{\mu}=x_{\mu}(X)$两个坐标系之间的关系，就可求出该点的仿射联络和度规。反之，若知道了某个范围中各点的 $g_{\sigma\lambda}$ 和 $\Gamma^{\lambda}_{\nu\alpha}$，也可以确定这个范围中引力的全部作用。函数 $g_{\sigma\lambda}$ 和 $\Gamma^{\lambda}_{\nu\alpha}$ 就是描述引力场的物理量，把物理问题转变成了几何问题(这里的关键是如何理解物体的运动规律取决于空间的几何性质)。

6.5 度规张量和仿射联络之间的关系

注意，这里是在弯曲空间讨论问题，就是说必须严格区分是逆变矢量还是协变矢量，所以，在今后的讨论中，逆变矢量在右上角，协变矢量在右下角。

6.5.1 度规张量的协变形式和逆变形式

1. 度规张量的协变形式

欧氏空间某一点的微分弧元是

$$\mathrm{d}S^2=\boldsymbol{g}_{ij}\,\mathrm{d}x_i\,\mathrm{d}x_j$$

$\mathrm{d}S^2$ 表示空间间隔的平方，是空间的内禀性质，不随坐标的变换而变，而在四维引力空间，因为坐标微分矢量是逆变矢量，则弧元可写成

$$\begin{aligned}\mathrm{d}S^2&=\boldsymbol{g}_{\mu\nu}\,\mathrm{d}x^{\mu}\,\mathrm{d}x^{\nu}\\&=\boldsymbol{g}_{\mu\nu}\cdot\frac{\partial x^{\mu}}{\partial x'^{\sigma}}\cdot\mathrm{d}x'^{\sigma}\cdot\frac{\partial x^{\nu}}{\partial x'^{\gamma}}\cdot\mathrm{d}x'^{\gamma}\\&=\boldsymbol{g}_{\mu\nu}\cdot\frac{\partial x^{\mu}}{\partial x'^{\sigma}}\cdot\frac{\partial x^{\nu}}{\partial x'^{\gamma}}\cdot\mathrm{d}x'^{\sigma}\cdot\mathrm{d}x'^{\gamma}\\&=\boldsymbol{g}'_{\sigma\gamma}\cdot\mathrm{d}x'^{\sigma}\cdot\mathrm{d}x'^{\gamma}\end{aligned}$$

可见，在 x'坐标系中，度规张量为 $g'_{\sigma\gamma}$，且

$$\boldsymbol{g}'_{\sigma\gamma}=\boldsymbol{g}_{\mu\nu}\cdot\frac{\partial x^{\mu}}{\partial x'^{\sigma}}\cdot\frac{\partial x^{\nu}}{\partial x'^{\gamma}} \tag{6-5-1}$$

显然，式(6-5-1)为二阶协变张量的变换规律，所以，度规张量 $\boldsymbol{g}_{\mu\nu}$ 为二阶协变张量。

2. 度规张量的逆变形式

如果以 g 表示 $g_{\mu\nu}$ 构成的行列式

$$g=|g_{\mu\nu}|=\begin{vmatrix}g_{00}&g_{01}&g_{02}&g_{03}\\g_{10}&g_{11}&g_{12}&g_{13}\\g_{20}&g_{21}&g_{22}&g_{23}\\g_{30}&g_{31}&g_{32}&g_{33}\end{vmatrix}$$

则用下列方式可构成另一组元。

取上面行列式中的任一元素 $g_{\mu\nu}$ 的代数余子式 $G_{\mu\nu}$，然后被 g 除，即

$$\frac{G_{\mu\nu}}{g}=g^{\mu\nu} \tag{6-5-2}$$

显然，$g^{\mu\nu}$ 的元素应当有 4×4=16 个，下面来研究这样定义的 $g^{\mu\nu}$ 将有什么样的变换性质。由行列式的知识可得(拉普拉斯定理)

$$g_{\mu\sigma}g^{\nu\sigma}=\delta_{\mu}^{\nu}=\begin{cases}0 & \nu\neq\mu\\ 1 & \nu=\mu\end{cases} \tag{6-5-3}$$

当考虑式(6-5-1)时，则

$$\delta_{\mu}^{\nu}=g_{\mu\sigma}g^{\nu\sigma}=\frac{\partial x'^{\lambda}}{\partial x^{\mu}}\frac{\partial x'^{\rho}}{\partial x^{\sigma}}g'_{\lambda\rho}g^{\nu\sigma}$$

上式两边乘以 $\frac{\partial x^{\mu}}{\partial x'^{\gamma}}\cdot\frac{\partial x'^{\eta}}{\partial x^{\nu}}$，得

$$\frac{\partial x^{\mu}}{\partial x'^{\gamma}}\cdot\frac{\partial x'^{\eta}}{\partial x^{\nu}}\cdot\delta_{\mu}^{\nu}=\frac{\partial x^{\mu}}{\partial x'^{\gamma}}\cdot\frac{\partial x'^{\eta}}{\partial x^{\nu}}\cdot\frac{\partial x'^{\lambda}}{\partial x^{\mu}}\cdot\frac{\partial x'^{\rho}}{\partial x^{\sigma}}\cdot g'_{\lambda\rho}\cdot g^{\nu\sigma}$$

整理上式，得

$$\delta_{\gamma}^{\eta}=\delta_{\gamma}^{\lambda}\frac{\partial x'^{\eta}}{\partial x^{\nu}}\frac{\partial x'^{\rho}}{\partial x^{\sigma}}g'_{\lambda\rho}g^{\nu\sigma}$$

即

$$\delta_{\gamma}^{\eta}=\frac{\partial x'^{\eta}}{\partial x^{\nu}}\frac{\partial x'^{\rho}}{\partial x^{\sigma}}g'_{\gamma\rho}g^{\nu\sigma} \tag{A}$$

但由于

$$\delta_{\gamma}^{\eta}=g'_{\gamma\rho}g'^{\eta\rho} \tag{B}$$

比较式(A)和式(B)，得

$$\boldsymbol{g}'^{\eta\rho}=\frac{\partial x'^{\eta}}{\partial x^{\nu}}\frac{\partial x'^{\rho}}{\partial x^{\sigma}}\boldsymbol{g}^{\nu\sigma} \tag{6-5-4}$$

显然，式(6-5-4)是逆变张量的变换规律，因此该式即逆变张量 $\boldsymbol{g}^{\mu\nu}$ 的定义式。$\boldsymbol{g}^{\mu\nu}$ 也和 $\boldsymbol{g}_{\mu\nu}$ 一样，表示空间的度量性质，只不过是同一量的不同表示方式而已。根据张量缩并规则，式(6-5-4)可写为

$$\boldsymbol{g}_{\mu\sigma}\boldsymbol{g}^{\nu\sigma}=g_{\mu}^{\nu}=\delta_{\mu}^{\nu}$$

也就是说，$\boldsymbol{g}_{\mu}^{\nu}=\boldsymbol{\delta}_{\mu}^{\nu}$ 应为混合张量。事实上，

$$\boldsymbol{g}'^{\kappa}_{\lambda}=\boldsymbol{g}'_{\lambda\rho}\boldsymbol{g}'^{\kappa\rho}=\frac{\partial x^{\mu}}{\partial x'^{\lambda}}\cdot\frac{\partial x^{\sigma}}{\partial x'^{\rho}}\cdot\boldsymbol{g}_{\mu\sigma}\cdot\frac{\partial x'^{\kappa}}{\partial x^{\nu}}\cdot\frac{\partial x'^{\rho}}{\partial x^{\sigma}}\cdot\boldsymbol{g}^{\nu\sigma}$$

$$=\frac{\partial x^{\mu}}{\partial x'^{\lambda}}\cdot\frac{\partial x'^{\kappa}}{\partial x^{\nu}}\cdot\boldsymbol{g}_{\mu\sigma}\boldsymbol{g}^{\nu\sigma}=\frac{\partial x^{\mu}}{\partial x'^{\lambda}}\cdot\frac{\partial x'^{\kappa}}{\partial x^{\nu}}\cdot\boldsymbol{g}_{\mu}^{\nu}$$

所以，g_{μ}^{ν} 的变换规律和二阶混合张量一致。

可见，

$$g_{\mu}^{\nu}=\delta_{\mu}^{\nu}=\begin{cases}0 & \nu\neq\mu\\ 1 & \nu=\mu\end{cases}$$

为二阶混合张量。

应注意的是，g_{μ}^{μ}并不是g_{μ}^{ν}中上下指标相等的分量，而是降秩张量：

$$g_{\mu}^{\mu}=g_{0}^{0}+g_{1}^{1}+g_{2}^{2}+g_{3}^{3}=4$$

利用张量$\boldsymbol{g}_{\mu}^{\nu}$可以代换任一张量的指标，例如：某一逆变矢量$\boldsymbol{A}^{\mu}$与$\boldsymbol{g}_{\mu}^{\nu}$相乘，得

$$\boldsymbol{g}_{\mu}^{\nu}\boldsymbol{A}^{\mu}=\boldsymbol{A}^{\nu}$$

某一协变矢量$\boldsymbol{A}_{\nu}$与$\boldsymbol{g}_{\mu}^{\nu}$相乘，得

$$\boldsymbol{g}_{\mu}^{\nu}\boldsymbol{A}_{\nu}=\boldsymbol{A}_{\mu}$$

利用张量$\boldsymbol{g}^{\mu\nu}$和$\boldsymbol{g}_{\mu\nu}$可以升降任一张量的指标，从而获得新的张量。

如，由逆变矢量$\boldsymbol{A}^{\mu}$构成协变矢量：

$$\boldsymbol{g}_{\mu\nu}\boldsymbol{A}^{\mu}=\boldsymbol{A}_{\nu}$$

由协变矢量$\boldsymbol{A}_{\nu}$构成逆变矢量：

$$\boldsymbol{g}^{\mu\nu}\boldsymbol{A}_{\nu}=\boldsymbol{A}^{\mu}$$

6.5.2 仿射联络 $\Gamma_{\nu\alpha}^{\lambda}$的变换

在广义相对论中，除了基本张量$g_{\mu\nu}$外，另一个重要的量就是仿射联络$\Gamma_{\nu\alpha}^{\lambda}$。从外形来看，它似乎是一个一阶逆变二阶协变的张量，但它的变换规律是否符合三阶混合张量的变换规律呢？

我们知道，

$$\frac{\partial x_{\lambda}}{\partial X_{\mu}}\cdot\frac{\partial^{2}X_{\mu}}{\partial x_{\nu}\partial x_{\alpha}}=\Gamma_{\nu\alpha}^{\lambda}$$

其中，x为引力场中的任意坐标系，而X为所求点邻域内的局部惯性坐标系，由于坐标的微分为逆变矢量，我们把坐标的分量写为x^{λ}及X^{μ}。于是上式成为

$$\Gamma_{\nu\alpha}^{\lambda}=\frac{\partial x^{\lambda}}{\partial X^{\mu}}\cdot\frac{\partial^{2}X^{\mu}}{\partial x^{\nu}\partial x^{\alpha}}$$

设坐标由x变到x'，求$\Gamma'^{\sigma}_{\gamma\beta}$：

$$\begin{aligned}\Gamma'^{\sigma}_{\gamma\beta}&=\frac{\partial x'^{\sigma}}{\partial X^{\mu}}\cdot\frac{\partial^{2}X^{\mu}}{\partial x'^{\gamma}\partial x'^{\beta}}=\frac{\partial x'^{\sigma}}{\partial x^{\lambda}}\cdot\frac{\partial x^{\lambda}}{\partial X^{\mu}}\cdot\frac{\partial}{\partial x'^{\gamma}}\left(\frac{\partial X^{\mu}}{\partial x^{\alpha}}\cdot\frac{\partial x^{\alpha}}{\partial x'^{\beta}}\right)\\&=\frac{\partial x'^{\sigma}}{\partial x^{\lambda}}\cdot\frac{\partial x^{\lambda}}{\partial X^{\mu}}\left[\frac{\partial x^{\alpha}}{\partial x'^{\beta}}\cdot\frac{\partial x^{\nu}}{\partial x'^{\gamma}}\cdot\frac{\partial^{2}X^{\mu}}{\partial x^{\alpha}\partial x^{\nu}}+\frac{\partial X^{\mu}}{\partial x^{\alpha}}\cdot\frac{\partial^{2}x^{\alpha}}{\partial x'^{\beta}\partial x'^{\gamma}}\right]\\&=\frac{\partial x'^{\sigma}}{\partial x^{\lambda}}\cdot\frac{\partial x^{\alpha}}{\partial x'^{\beta}}\cdot\frac{\partial x^{\nu}}{\partial x'^{\gamma}}\cdot\Gamma_{\nu\alpha}^{\lambda}+\frac{\partial x'^{\sigma}}{\partial x^{\lambda}}\cdot\frac{\partial^{2}x^{\lambda}}{\partial x'^{\beta}\partial x'^{\gamma}}\end{aligned}$$

即

$$\Gamma'^{\sigma}_{\gamma\beta} = \frac{\partial x'^{\sigma}}{\partial x^{\lambda}} \cdot \frac{\partial x^{\alpha}}{\partial x'^{\beta}} \cdot \frac{\partial x^{\nu}}{\partial x'^{\gamma}} \cdot \Gamma^{\lambda}_{\nu\alpha} + \frac{\partial x'^{\sigma}}{\partial x^{\lambda}} \cdot \frac{\partial^2 x^{\lambda}}{\partial x'^{\beta} \partial x'^{\gamma}} \tag{6-5-5}$$

这就是仿射联络 $\Gamma^{\lambda}_{\nu\alpha}$的变换规律。

显然，它不符合张量的变换规律，式(6-5-5)中多了一项$\frac{\partial x'^{\sigma}}{\partial x^{\lambda}} \cdot \frac{\partial^2 x^{\lambda}}{\partial x'^{\beta} \partial x'^{\gamma}}$，所以，仿射联络 $\Gamma^{\lambda}_{\nu\alpha}$不是张量。

6.5.3　度规张量和仿射联络之间的关系

由于式(6-4-6)可以改写成

$$\frac{d^2 x^{\lambda}}{dS^2} + \Gamma^{\lambda}_{\nu\alpha} \frac{dx^{\nu}}{dS} \cdot \frac{dx^{\alpha}}{dS} = 0 \tag{6-5-6}$$

而式(6-4-7)可以改写成

$$dS^2 = \boldsymbol{g}_{\mu\nu} dx^{\mu} dx^{\nu} \tag{6-5-7}$$

由式(6-5-7)得

$$\boldsymbol{g}_{\mu\nu} \frac{dx^{\mu}}{dS} \cdot \frac{dx^{\nu}}{dS} = 1$$

两边对 S 求微商，得

$$\frac{d}{dS}\left(\boldsymbol{g}_{\mu\nu} \frac{dx^{\mu}}{dS} \cdot \frac{dx^{\nu}}{dS}\right) = 0$$

于是

$$\frac{d\boldsymbol{g}_{\mu\nu}}{dS} \cdot \frac{dx^{\mu}}{dS} \cdot \frac{dx^{\nu}}{dS} + \boldsymbol{g}_{\mu\nu} \cdot \frac{d^2 x^{\mu}}{dS^2} \cdot \frac{dx^{\nu}}{dS} + \boldsymbol{g}_{\mu\nu} \cdot \frac{dx^{\mu}}{dS} \cdot \frac{d^2 x^{\nu}}{dS^2} = 0$$

再结合式(6-5-6)

$$\frac{d^2 x^{\lambda}}{dS^2} = -\Gamma^{\lambda}_{\nu\alpha} \frac{dx^{\nu}}{dS} \cdot \frac{dx^{\alpha}}{dS}$$

上式化为

$$\frac{d\boldsymbol{g}_{\mu\nu}}{dS} \cdot \frac{dx^{\mu}}{dS} \cdot \frac{dx^{\nu}}{dS} - \boldsymbol{g}_{\rho\nu} \cdot \Gamma^{\rho}_{\lambda\mu} \cdot \frac{dx^{\lambda}}{dS} \cdot \frac{dx^{\mu}}{dS} \cdot \frac{dx^{\nu}}{dS} - \boldsymbol{g}_{\mu\rho} \cdot \Gamma^{\rho}_{\lambda\nu} \cdot \frac{dx^{\lambda}}{dS} \cdot \frac{dx^{\mu}}{dS} \cdot \frac{dx^{\nu}}{dS} = 0$$

即得

$$\left(\frac{\partial \boldsymbol{g}_{\mu\nu}}{\partial x_{\lambda}} - \boldsymbol{g}_{\rho\nu} \cdot \Gamma^{\rho}_{\lambda\mu} - \boldsymbol{g}_{\mu\rho} \cdot \Gamma^{\rho}_{\lambda\nu}\right) \frac{dx^{\lambda}}{dS} \cdot \frac{dx^{\mu}}{dS} \cdot \frac{dx^{\nu}}{dS} = 0$$

于是

$$\frac{\partial \boldsymbol{g}_{\mu\nu}}{\partial x_{\lambda}} - \boldsymbol{g}_{\rho\nu} \cdot \Gamma^{\rho}_{\lambda\mu} - \boldsymbol{g}_{\mu\rho} \cdot \Gamma^{\rho}_{\lambda\nu} = 0 \tag{6-5-8}$$

将指标 μ 和 λ 对调：

$$\frac{\partial \boldsymbol{g}_{\lambda\nu}}{\partial x_{\mu}} - \boldsymbol{g}_{\rho\nu} \cdot \Gamma^{\rho}_{\mu\lambda} - \boldsymbol{g}_{\lambda\rho} \cdot \Gamma^{\rho}_{\mu\nu} = 0 \tag{6-5-9}$$

再将指标 ν 和 λ 对调：

$$\frac{\partial g_{\mu\lambda}}{\partial x_\nu} - g_{\rho\lambda} \cdot \Gamma^\rho_{\nu\mu} - g_{\mu\rho} \cdot \Gamma^\rho_{\nu\lambda} = 0 \qquad (6-5-10)$$

式(6－5－8)＋式(6－5－9)－式(6－5－10)，并考虑到指标的对称性，得到

$$\frac{\partial g_{\mu\nu}}{\partial x_\lambda} + \frac{\partial g_{\lambda\nu}}{\partial x_\mu} - \frac{\partial g_{\mu\lambda}}{\partial x_\nu} = 2g_{\rho\nu} \cdot \Gamma^\rho_{\lambda\mu}$$

因 $g^{\sigma\nu}g_{\nu\rho} = \delta^\sigma_\rho$，所以

$$\Gamma^\sigma_{\lambda\mu} = \frac{1}{2} g^{\nu\sigma}(g_{\mu\nu,\lambda} + g_{\lambda\nu,\mu} - g_{\mu\lambda,\nu}) \qquad (6-5-11)$$

式中，$g_{\mu\nu,\lambda}$ 表示 $g_{\mu\nu}$ 对 x_λ 求偏导，其余类推。$\frac{1}{2}(g_{\mu\nu,\lambda} + g_{\lambda\nu,\mu} - g_{\mu\lambda,\nu})$ 往往用符号 $\Gamma_{\nu,\lambda\mu}$ 表示，称为第一类克里斯托费尔符号，因此

$$\Gamma^\sigma_{\lambda\mu} = g^{\nu\sigma}\Gamma_{\nu,\lambda\mu}$$

6.6 引力场中的时间和长度

1. 坐标时与固有时

在狭义相对论中，已经有了固有时的概念，它表示在物体静止的参考系中测得的某一物理过程的时间。在有引力场存在的空间，静止于局部惯性系中的标准时钟所指示的时间称为该点的固有时。在引力场中，不可能存在一个参考系使得各点的引力都为零。因此，不同的地点各有自己的固有时，没有统一的计时标准。为了研究问题方便，我们引入一个新的时间计量标准——坐标时，使空间各点的指时相同(时间一致)，其所指示的时间便成为四维空间的另一个连续变量，作为坐标线看待，它和空间坐标线构成四维坐标系，亦即

$$x^0, x^1, x^2, x^3$$

设 t 为坐标时钟所记录的时间，现求某点的固有时和坐标时之间的关系。

设两事件在空间同一地点先后发生，则 $\mathrm{d}x^1 = \mathrm{d}x^2 = \mathrm{d}x^3 = 0$，于是四维间隔为

$$\mathrm{d}S^2 = g_{00}\,\mathrm{d}x^0\,\mathrm{d}x^0$$

但

$$\mathrm{d}S^2 = -c^2\,\mathrm{d}\tau^2$$

可得

$$\mathrm{d}\tau = \frac{1}{c}\sqrt{-g_{00}}\,\mathrm{d}x^0 = \sqrt{-g_{00}}\,\mathrm{d}t \qquad (6-6-1)$$

因而同一地点，两事件的时间间隔是

$$\tau = \frac{1}{c}\int \sqrt{-g_{00}}\,\mathrm{d}x_0 = \int \sqrt{-g_{00}}\,\mathrm{d}t \qquad (6-6-2)$$

因 g_{00} 为 x_i 的函数，在不同的地点 g_{00} 不同，故对于相同的 $\mathrm{d}t$，不同地点的 $\mathrm{d}\tau$ 是不同的，固有时因地而异。所以发生在空间两点的事件的先后次序，就不能简单地从坐标时 x^0 的大小来确定，这里关键的问题就是要先建立同时性的概念。

假设一个光信号从 A 点传至无限紧邻的 O 点，然后又沿原路回到 A 点，若 A 点发射光信号的坐标时间是 $x^0_{(1)}$，信号传至 O 点的时间是 $x^0_{(O)}$，而返回 A 点的时间是 $x^0_{(2)}$，则与 $x^0_{(O)}$ 同时的 $x^0_{(A)}$ 值定义为

$$x^0_{(A)} = \frac{x^0_{(1)} + x^0_{(2)}}{2} \tag{6-6-3}$$

这表示 $x^0_{(O)}$ 时刻在 O 点发生的事件是与 $x^0_{(A)}$ 时刻在 A 点的事件同时出现的。如果光从 A 点传到 O 点的时间间隔为 $\mathrm{d}x^0_{(1)}$，由 O 点返回 A 点的时间间隔为 $\mathrm{d}x^0_{(2)}$，那么

$$x^0_{(1)} = x^0_{(O)} - \mathrm{d}x^0_{(1)}$$

$$x^0_{(2)} = x^0_{(O)} + \mathrm{d}x^0_{(2)}$$

因此与 $x^0_{(O)}$ 同时的坐标时 $x^0_{(A)}$ 为

$$x^0_{(A)} = x^0_{(O)} + \frac{\mathrm{d}x^0_{(2)} - \mathrm{d}x^0_{(1)}}{2} \tag{6-6-4}$$

在狭义相对论中，同一参考系内各点静止的时钟走时是一样的，而且不随时间变化，因此，$\mathrm{d}x^0_{(2)} = \mathrm{d}x^0_{(1)}$，式(6-6-4)给出 $x^0_{(A)} = x^0_{(O)}$，所以上述同时性的定义与狭义相对论是吻合的。

2. 空间距离

现在来求空间距离元 $\mathrm{d}L$。在狭义相对论中，定义 $\mathrm{d}L$ 为两个在同一时间发生的相距为无限近的事件间的间隔。而在广义相对论中，这在通常的情况下是不可能的，因为在引力场中，对于空间的不同点，固有时与坐标 x^0 有不同的关系，不能简单地用 $\mathrm{d}x^0=0$ 来讨论问题。

设在空间任一点 A，以光作为信号射向相隔 $\mathrm{d}x^\mu$ 的邻点 B，并由 B 反射回 A。在光的传播中，四维弧元 $\mathrm{d}S^2=0$，于是

$$\mathrm{d}S^2 = g_{00}\mathrm{d}x^0\mathrm{d}x^0 + 2g_{0i}\mathrm{d}x^0\mathrm{d}x^i + g_{ik}\mathrm{d}x^i\mathrm{d}x^k = 0$$

其中，指标 i 和 k 可取 1～3 中的任一数，且重复指标表示求和。由上面的二次方程，将 $\mathrm{d}x^0$ 作为未知数求解，得

$$\mathrm{d}x^0 = \frac{1}{g_{00}}\left[-g_{0k}\mathrm{d}x^k \pm \sqrt{(g_{0i}g_{0k} - g_{ik}g_{00})\mathrm{d}x^i\mathrm{d}x^k}\right] \tag{6-6-5}$$

这里是两个解，取哪一个都可以。因此

$$\mathrm{d}x^0_{(1)} = \frac{1}{g_{00}}\left[-g_{0k}\mathrm{d}x^k + \sqrt{(g_{0i}g_{0k} - g_{ik}g_{00})\mathrm{d}x^i\mathrm{d}x^k}\right] \tag{6-6-6}$$

上式表示光由 A 传到 B 时 x^0 的变化。计算光由 B 返回到 A 相应的 x^0 的变化，可改变上式中 $\mathrm{d}x^i$、$\mathrm{d}x^k$ 的符号，得

$$\mathrm{d}x^0_{(2)} = \frac{1}{g_{00}}\left[g_{0k}\mathrm{d}x^k + \sqrt{(g_{0i}g_{0k} - g_{ik}g_{00})\mathrm{d}x^i\mathrm{d}x^k}\right] \tag{6-6-7}$$

光自 A 点出发经 B 反射回 A，A 点的坐标时间增加了 $\mathrm{d}t$，即

$$\begin{aligned} c\mathrm{d}t &= \mathrm{d}x^0_{(1)} + \mathrm{d}x^0_{(2)} \\ &= \frac{2}{g_{00}}\left[\sqrt{(g_{0i}g_{0k} - g_{ik}g_{00})\mathrm{d}x^i\mathrm{d}x^k}\right] \end{aligned}$$

从而求得这一过程中 A 点固有时的变化为

$$\mathrm{d}\tau = \frac{1}{c}\sqrt{g_{00}}\mathrm{d}x^0 = \sqrt{g_{00}} \cdot \frac{2}{cg_{00}}\left[\sqrt{(g_{0i}g_{0k} - g_{ik}g_{00})\mathrm{d}x^i\mathrm{d}x^k}\right]$$

于是 A、B 间的空间距离为

$$\mathrm{d}L = c \cdot \frac{\mathrm{d}\tau}{2} = \frac{1}{\sqrt{g_{00}}}\sqrt{(g_{0i}g_{0k} - g_{ik}g_{00})\mathrm{d}x^i\mathrm{d}x^k}$$

或

$$\mathrm{d}L^2 = \left(\frac{g_{0i}g_{0k}}{g_{00}} - g_{ik}\right)\mathrm{d}x^i\mathrm{d}x^k$$

也可表示为

$$-\mathrm{d}L^2 = \gamma_{ik}\mathrm{d}x^i\mathrm{d}x^k \tag{6-6-8}$$

其中，

$$\gamma_{ik} = g_{ik} - \frac{g_{0i}g_{0k}}{g_{00}}$$

由于指标 i 和 k 可取 1～3 中的任一数，且 $\mathrm{d}L$ 表示三维空间弧长，故 γ_{ik} 为存在引力场的三维空间的度规张量。式(6－6－8)也确定了无限小区域内的长度。但不能用积分拓展成有限距离，因为 γ_{ik} 中包含 x^0，度规张量随 x^0 而变，该式的积分实际上相当于四维空间随路径而变的积分，因此在普遍情况下，空间两点的有限距离失去了明确意义。只有在 γ_{ik} 不随时间变化的情况下，才可使该式进行积分来确定两点间的有限距离。

6.7 协变微分

6.7.1 矢量的协变导数

前面讨论的矢量和张量都仅限于空间某一固定点，张量的代数运算也仅对该点而言。对于整个引力场空间，可以引入张量场，即每一点对应一个张量，不同点的张量连续变化，张量成为时空点的连续函数。在张量中，重要的问题是如何求得张量导数。

下面由矢量开始研究矢量的求导，然后将结果推广到各阶张量的求导。

1. 协变矢量的协变导数

设在引力场空间中有一协变矢量场 $\boldsymbol{A}_\mu(x)$ 为坐标 x 的函数。当其由坐标为 x^α 的一点 M 移至坐标为 $x^\alpha + \mathrm{d}x^\alpha$ 的邻近一点 M' 时，则矢量 $\boldsymbol{A}_\mu$ 的各分量的变化可由普通的微分规则求得

$$\mathrm{d}\boldsymbol{A}_{\mu}=\frac{\partial \boldsymbol{A}_{\mu}}{\partial x^{\alpha}}\mathrm{d}x^{\alpha}$$

下面证明如此得到的矢量导数$\frac{\partial \boldsymbol{A}_{\mu}}{\partial x^{\alpha}}$并不构成张量。

设坐标系由 x 变到 x'，则矢量 $\boldsymbol{A}_{\mu}$的变换式为

$$\boldsymbol{A}'_{\nu}=\frac{\partial x^{\mu}}{\partial x'^{\nu}}\boldsymbol{A}_{\mu}$$

将上式对 x'^{β}求导：

$$\frac{\partial \boldsymbol{A}'_{\nu}}{\partial x'^{\beta}}=\frac{\partial x^{\mu}}{\partial x'^{\nu}}\frac{\partial x^{\sigma}}{\partial x'^{\beta}}\frac{\partial \boldsymbol{A}_{\mu}}{\partial x^{\sigma}}+\boldsymbol{A}_{\mu}\frac{\partial^{2} x^{\mu}}{\partial x'^{\nu}\partial x'^{\beta}} \tag{6-7-1}$$

由上式可看出由于多了一项二次导数$\frac{\partial^{2} x^{\mu}}{\partial x'^{\nu}\partial x'^{\beta}}$，矢量 $\boldsymbol{A}_{\mu}$的导数$\frac{\partial \boldsymbol{A}_{\mu}}{\partial x^{\sigma}}$并不符合张量变换规律，故它不是张量。

由仿射联络的变换式知：

$$\Gamma'^{\sigma}_{\gamma\beta}=\frac{\partial x'^{\sigma}}{\partial x^{\lambda}}\cdot\frac{\partial x^{\alpha}}{\partial x'^{\beta}}\cdot\frac{\partial x^{\nu}}{\partial x'^{\gamma}}\cdot\Gamma^{\lambda}_{\nu\alpha}+\frac{\partial x'^{\sigma}}{\partial x^{\lambda}}\cdot\frac{\partial^{2} x^{\lambda}}{\partial x'^{\beta}\partial x'^{\gamma}}$$

上式两端同乘$\frac{\partial x^{\rho}}{\partial x'^{\sigma}}$：

$$\frac{\partial x^{\rho}}{\partial x'^{\sigma}}\cdot\Gamma'^{\sigma}_{\gamma\beta}=\frac{\partial x^{\alpha}}{\partial x'^{\beta}}\cdot\frac{\partial x^{\nu}}{\partial x'^{\gamma}}\cdot\Gamma^{\rho}_{\nu\alpha}+\frac{\partial^{2} x^{\rho}}{\partial x'^{\beta}\partial x'^{\gamma}}$$

由上式得

$$\frac{\partial^{2} x^{\rho}}{\partial x'^{\beta}\partial x'^{\gamma}}=\frac{\partial x^{\rho}}{\partial x'^{\sigma}}\cdot\Gamma'^{\sigma}_{\gamma\beta}-\frac{\partial x^{\alpha}}{\partial x'^{\beta}}\cdot\frac{\partial x^{\nu}}{\partial x'^{\gamma}}\cdot\Gamma^{\rho}_{\nu\alpha} \tag{6-7-2}$$

将式(6－7－2)中的指标 ρ 换成μ，将指标 ν 换成λ，将指标 γ 换成ν：

$$\frac{\partial^{2} x^{\mu}}{\partial x'^{\beta}\partial x'^{\nu}}=\frac{\partial x^{\mu}}{\partial x'^{\sigma}}\cdot\Gamma'^{\sigma}_{\nu\beta}-\frac{\partial x^{\alpha}}{\partial x'^{\beta}}\cdot\frac{\partial x^{\lambda}}{\partial x'^{\nu}}\cdot\Gamma^{\mu}_{\lambda\alpha}$$

然后代入式(6－7－1)：

$$\frac{\partial \boldsymbol{A}'_{\nu}}{\partial x'^{\beta}}=\frac{\partial x^{\mu}}{\partial x'^{\nu}}\cdot\frac{\partial x^{\sigma}}{\partial x'^{\beta}}\cdot\frac{\partial \boldsymbol{A}_{\mu}}{\partial x^{\sigma}}+\boldsymbol{A}_{\mu}\cdot\left(\frac{\partial x^{\mu}}{\partial x'^{\sigma}}\cdot\Gamma'^{\sigma}_{\nu\beta}-\frac{\partial x^{\alpha}}{\partial x'^{\beta}}\cdot\frac{\partial x^{\lambda}}{\partial x'^{\nu}}\cdot\Gamma^{\mu}_{\lambda\alpha}\right)$$

移项得

$$\frac{\partial \boldsymbol{A}'_{\nu}}{\partial x'^{\beta}}-\boldsymbol{A}_{\mu}\cdot\frac{\partial x^{\mu}}{\partial x'^{\sigma}}\cdot\Gamma'^{\sigma}_{\nu\beta}=\frac{\partial x^{\mu}}{\partial x'^{\nu}}\cdot\frac{\partial x^{\sigma}}{\partial x'^{\beta}}\cdot\frac{\partial \boldsymbol{A}_{\mu}}{\partial x^{\sigma}}-\boldsymbol{A}_{\mu}\cdot\frac{\partial x^{\alpha}}{\partial x'^{\beta}}\cdot\frac{\partial x^{\lambda}}{\partial x'^{\nu}}\cdot\Gamma^{\mu}_{\lambda\alpha}$$

将上式右边第一项中的指标 σ 换成α，指标 μ 换成λ，则

$$\frac{\partial \boldsymbol{A}'_{\nu}}{\partial x'^{\beta}}-\boldsymbol{A}_{\mu}\cdot\frac{\partial x^{\mu}}{\partial x'^{\sigma}}\cdot\Gamma'^{\sigma}_{\nu\beta}=\frac{\partial x^{\lambda}}{\partial x'^{\nu}}\cdot\frac{\partial x^{\alpha}}{\partial x'^{\beta}}\cdot\frac{\partial \boldsymbol{A}_{\lambda}}{\partial x^{\alpha}}-\boldsymbol{A}_{\mu}\cdot\frac{\partial x^{\alpha}}{\partial x'^{\beta}}\cdot\frac{\partial x^{\lambda}}{\partial x'^{\nu}}\cdot\Gamma^{\mu}_{\lambda\alpha}$$

$$=\frac{\partial x^{\lambda}}{\partial x'^{\nu}}\cdot\frac{\partial x^{\alpha}}{\partial x'^{\beta}}\left(\frac{\partial \boldsymbol{A}_{\lambda}}{\partial x^{\alpha}}-\boldsymbol{A}_{\mu}\cdot\Gamma^{\mu}_{\lambda\alpha}\right)$$

而

$$A_\mu \cdot \frac{\partial x^\mu}{\partial x'^\sigma} = A'_\sigma$$

上式化为

$$\frac{\partial A'_\nu}{\partial x'^\beta} - A'_\sigma \cdot \Gamma'^\sigma_{\nu\beta} = \frac{\partial x^\lambda}{\partial x'^\nu} \cdot \frac{\partial x^\alpha}{\partial x'^\beta}\left(\frac{\partial A_\lambda}{\partial x^\alpha} - A_\mu \cdot \Gamma^\mu_{\lambda\alpha}\right) \tag{6-7-3}$$

可以看出，式(6－7－3)中，$\left(\frac{\partial A_\lambda}{\partial x^\alpha} - A_\mu \cdot \Gamma^\mu_{\lambda\alpha}\right)$构成一量，该量在坐标变换下依照二阶协变张量的规律变换，因此，该量为二阶协变张量。

单独的$\frac{\partial A_\lambda}{\partial x^\alpha}$不是张量，加上$(-A_\mu \cdot \Gamma^\mu_{\lambda\alpha})$一项后，构成张量。

我们定义该量为协变矢量的协变导数，通常以符号$\nabla_\alpha A_\lambda$或$A_{\lambda;\alpha}$表示，即

$$A_{\lambda;\alpha} = \frac{\partial A_\lambda}{\partial x^\alpha} - A_\mu \cdot \Gamma^\mu_{\lambda\alpha} \tag{6-7-4}$$

2. 逆变矢量的协变导数

设有一逆变矢量场$A^\nu(x)$为坐标x的函数。当坐标由x变为x'时，矢量A^ν的变换式为

$$A'^\mu = \frac{\partial x'^\mu}{\partial x^\nu} A^\nu$$

将上式对x'^β求导：

$$\frac{\partial A'^\mu}{\partial x'^\beta} = \frac{\partial x'^\mu}{\partial x^\nu}\frac{\partial x^\sigma}{\partial x'^\beta}\frac{\partial A^\nu}{\partial x^\sigma} + A^\nu \frac{\partial x^\lambda}{\partial x'^\beta}\frac{\partial^2 x'^\mu}{\partial x^\nu \partial x^\lambda} \tag{6-7-5}$$

上式同样不符合张量变换规律，所以逆变矢量A^ν的协变导数$\frac{\partial A^\nu}{\partial x^\sigma}$也不是张量。

由仿射联络$\Gamma^\lambda_{\nu\alpha}$的变换式知：

$$\Gamma'^\sigma_{\beta\gamma} = \frac{\partial x'^\sigma}{\partial x^\lambda} \cdot \frac{\partial x^\alpha}{\partial x'^\beta} \cdot \frac{\partial x^\nu}{\partial x'^\gamma} \cdot \Gamma^\lambda_{\alpha\nu} + \frac{\partial x'^\sigma}{\partial x^\lambda} \cdot \frac{\partial^2 x^\lambda}{\partial x'^\beta \partial x'^\gamma}$$

如果改用x'坐标中的$\Gamma'^\sigma_{\gamma\beta}$表示$x$坐标中的$\Gamma^\lambda_{\nu\alpha}$，由上式可得

$$\Gamma^\sigma_{\beta\gamma} = \frac{\partial x^\sigma}{\partial x'^\lambda} \cdot \frac{\partial x'^\alpha}{\partial x^\beta} \cdot \frac{\partial x'^\nu}{\partial x^\gamma} \cdot \Gamma'^\lambda_{\alpha\nu} + \frac{\partial x^\sigma}{\partial x'^\lambda} \cdot \frac{\partial^2 x'^\lambda}{\partial x^\beta \partial x^\gamma}$$

上式两端同乘$\frac{\partial x'^\rho}{\partial x^\sigma}$：

$$\frac{\partial x'^\rho}{\partial x^\sigma} \cdot \Gamma^\sigma_{\beta\gamma} = \frac{\partial x'^\alpha}{\partial x^\beta} \cdot \frac{\partial x'^\nu}{\partial x^\gamma} \cdot \Gamma'^\rho_{\nu\alpha} + \frac{\partial^2 x'^\rho}{\partial x^\beta \partial x^\gamma}$$

由该式求得

$$\frac{\partial^2 x'^\rho}{\partial x^\beta \partial x^\gamma} = \frac{\partial x'^\rho}{\partial x^\sigma} \cdot \Gamma^\sigma_{\beta\gamma} - \frac{\partial x'^\alpha}{\partial x^\beta} \cdot \frac{\partial x'^\nu}{\partial x^\gamma} \cdot \Gamma'^\rho_{\nu\alpha} \tag{6-7-6}$$

将式(6－7－6)中的指标ρ换成μ，将β换成λ，将ν换成ρ，将γ换成ν：

$$\frac{\partial^2 x'^{\mu}}{\partial x^{\lambda}\partial x^{\nu}}=\frac{\partial x'^{\mu}}{\partial x^{\sigma}}\cdot\Gamma^{\sigma}_{\lambda\nu}-\frac{\partial x'^{\alpha}}{\partial x^{\lambda}}\cdot\frac{\partial x'^{\rho}}{\partial x^{\nu}}\cdot\Gamma'^{\mu}_{\rho\alpha}$$

将上式代入式(6－7－5)：

$$\begin{aligned}\frac{\partial \boldsymbol{A}'^{\mu}}{\partial x'^{\beta}}&=\frac{\partial x'^{\mu}}{\partial x^{\nu}}\cdot\frac{\partial x^{\sigma}}{\partial x'^{\beta}}\cdot\frac{\partial \boldsymbol{A}^{\nu}}{\partial x^{\sigma}}+\boldsymbol{A}^{\nu}\cdot\frac{\partial x^{\lambda}}{\partial x'^{\beta}}\left(\frac{\partial x'^{\mu}}{\partial x^{\sigma}}\cdot\Gamma^{\sigma}_{\lambda\nu}-\frac{\partial x'^{\alpha}}{\partial x^{\lambda}}\cdot\frac{\partial x'^{\rho}}{\partial x^{\nu}}\cdot\Gamma'^{\mu}_{\rho\alpha}\right)\\&=\frac{\partial x'^{\mu}}{\partial x^{\nu}}\cdot\frac{\partial x^{\sigma}}{\partial x'^{\beta}}\cdot\frac{\partial \boldsymbol{A}^{\nu}}{\partial x^{\sigma}}+\boldsymbol{A}^{\nu}\cdot\frac{\partial x^{\lambda}}{\partial x'^{\beta}}\cdot\frac{\partial x'^{\mu}}{\partial x^{\sigma}}\cdot\Gamma^{\sigma}_{\lambda\nu}-\boldsymbol{A}^{\nu}\cdot\frac{\partial x'^{\rho}}{\partial x^{\nu}}\cdot\Gamma'^{\mu}_{\rho\beta}\end{aligned}$$

移项得

$$\frac{\partial \boldsymbol{A}'^{\mu}}{\partial x'^{\beta}}+\boldsymbol{A}'^{\rho}\cdot\Gamma'^{\mu}_{\rho\beta}=\frac{\partial x'^{\mu}}{\partial x^{\nu}}\cdot\frac{\partial x^{\sigma}}{\partial x'^{\beta}}\cdot\frac{\partial \boldsymbol{A}^{\nu}}{\partial x^{\sigma}}+\boldsymbol{A}^{\nu}\cdot\frac{\partial x^{\lambda}}{\partial x'^{\beta}}\cdot\frac{\partial x'^{\mu}}{\partial x^{\sigma}}\cdot\Gamma^{\sigma}_{\lambda\nu}$$

将上式右边第二项中的指标 σ 和 λ 互换，将指标 λ 和 ν 互换：

$$\begin{aligned}\frac{\partial \boldsymbol{A}'^{\mu}}{\partial x'^{\beta}}+\boldsymbol{A}'^{\rho}\cdot\Gamma'^{\mu}_{\rho\beta}&=\frac{\partial x'^{\mu}}{\partial x^{\nu}}\cdot\frac{\partial x^{\sigma}}{\partial x'^{\beta}}\cdot\frac{\partial \boldsymbol{A}^{\nu}}{\partial x^{\sigma}}+\boldsymbol{A}^{\lambda}\cdot\frac{\partial x^{\sigma}}{\partial x'^{\beta}}\cdot\frac{\partial x'^{\mu}}{\partial x^{\nu}}\cdot\Gamma^{\nu}_{\sigma\lambda}\\&=\frac{\partial x'^{\mu}}{\partial x^{\nu}}\cdot\frac{\partial x^{\sigma}}{\partial x'^{\beta}}\left(\frac{\partial \boldsymbol{A}^{\nu}}{\partial x^{\sigma}}+\boldsymbol{A}^{\lambda}\cdot\Gamma^{\nu}_{\sigma\lambda}\right)\end{aligned}\tag{6－7－7}$$

式(6－7－7)表示量$\left(\frac{\partial \boldsymbol{A}^{\nu}}{\partial x^{\sigma}}+\boldsymbol{A}^{\lambda}\cdot\Gamma^{\nu}_{\sigma\lambda}\right)$的变换规律和一阶协变一阶逆变的二阶张量是一致的，因此，它是二阶混合张量。

我们定义该量为逆变矢量的协变导数，用符号 $\nabla_{\sigma}\boldsymbol{A}^{\nu}$ 或 $\boldsymbol{A}^{\nu}_{;\sigma}$ 表示，即

$$\boldsymbol{A}^{\nu}_{;\sigma}=\frac{\partial \boldsymbol{A}^{\nu}}{\partial x^{\sigma}}+\boldsymbol{A}^{\lambda}\cdot\Gamma^{\nu}_{\sigma\lambda}\tag{6－7－8}$$

总之，对一阶张量求导，结果得到二阶张量。

6.7.2 张量的协变导数

用对矢量求协变导数的方法，可以定义任意阶张量的协变导数。设有二阶逆变一阶协变的张量场 $\boldsymbol{T}^{\mu\sigma}_{\lambda}$，其变换规律为

$$\boldsymbol{T}'^{\nu\eta}_{\rho}=\frac{\partial x'^{\nu}}{\partial x^{\mu}}\cdot\frac{\partial x'^{\eta}}{\partial x^{\sigma}}\cdot\frac{\partial x^{\lambda}}{\partial x'^{\rho}}\cdot\boldsymbol{T}^{\mu\sigma}_{\lambda}$$

将上式两端对 x' 坐标求导：

$$\begin{aligned}\frac{\partial \boldsymbol{T}'^{\nu\eta}_{\rho}}{\partial x'^{\beta}}=&\frac{\partial x'^{\nu}}{\partial x^{\mu}}\cdot\frac{\partial x'^{\eta}}{\partial x^{\sigma}}\cdot\frac{\partial x^{\lambda}}{\partial x'^{\rho}}\cdot\frac{\partial \boldsymbol{T}^{\mu\sigma}_{\lambda}}{\partial x^{\alpha}}\cdot\frac{\partial x^{\alpha}}{\partial x'^{\beta}}\\&+\frac{\partial x'^{\nu}}{\partial x^{\mu}}\cdot\frac{\partial x'^{\eta}}{\partial x^{\sigma}}\cdot\boldsymbol{T}^{\mu\sigma}_{\lambda}\cdot\frac{\partial^2 x^{\lambda}}{\partial x'^{\rho}\partial x'^{\beta}}\\&+\frac{\partial x'^{\nu}}{\partial x^{\mu}}\cdot\frac{\partial x^{\lambda}}{\partial x'^{\rho}}\cdot\boldsymbol{T}^{\mu\sigma}_{\lambda}\cdot\frac{\partial^2 x'^{\eta}}{\partial x^{\sigma}\partial x^{\gamma}}\cdot\frac{\partial x^{\gamma}}{\partial x'^{\beta}}\\&+\frac{\partial x'^{\eta}}{\partial x^{\sigma}}\cdot\frac{\partial x^{\lambda}}{\partial x'^{\rho}}\cdot\boldsymbol{T}^{\mu\sigma}_{\lambda}\cdot\frac{\partial^2 x'^{\nu}}{\partial x^{\mu}\partial x^{\tau}}\cdot\frac{\partial x^{\tau}}{\partial x'^{\beta}}\end{aligned}\tag{6－7－9}$$

采用和一阶张量的协变导数相同的方法，以 x 和 x'两个坐标系中的仿射联络表示二次项

$$\frac{\partial^2 x^\lambda}{\partial x'^\rho \partial x'^\beta},\ \frac{\partial^2 x'^\eta}{\partial x^\sigma \partial x^\gamma},\ \frac{\partial^2 x'^\nu}{\partial x^\sigma \partial x^\tau}$$

参阅式(6－7－2)和式(6－7－6)，则

$$\frac{\partial^2 x^\lambda}{\partial x'^\beta \partial x'^\rho}=\frac{\partial x^\lambda}{\partial x'^{\sigma_1}}\cdot \Gamma'^{\sigma_1}_{\rho\beta}-\frac{\partial x^{\sigma_2}}{\partial x'^\beta}\cdot\frac{\partial x^{\sigma_3}}{\partial x'^\rho}\cdot\Gamma^\lambda_{\sigma_3\sigma_2}$$

$$\frac{\partial^2 x'^\eta}{\partial x^\sigma \partial x^\gamma}=\frac{\partial x'^\eta}{\partial x^{\sigma_4}}\cdot \Gamma^{\sigma_4}_{\sigma\gamma}-\frac{\partial x'^{\sigma_5}}{\partial x^\sigma}\cdot\frac{\partial x'^{\sigma_6}}{\partial x^\gamma}\cdot\Gamma'^\eta_{\sigma_6\sigma_5}$$

$$\frac{\partial^2 x'^\nu}{\partial x^\mu \partial x^\tau}=\frac{\partial x'^\nu}{\partial x^{\sigma_7}}\cdot \Gamma^{\sigma_7}_{\mu\tau}-\frac{\partial x'^{\sigma_8}}{\partial x^\mu}\cdot\frac{\partial x'^{\sigma_9}}{\partial x^\tau}\cdot\Gamma'^\nu_{\sigma_9\sigma_8}$$

将上面三个式子代入式(6－7－9)中，经过整理，该式右端各项为

第一项：
$$\frac{\partial x'^\nu}{\partial x^\mu}\cdot\frac{\partial x'^\eta}{\partial x^\sigma}\cdot\frac{\partial x^\lambda}{\partial x'^\rho}\cdot\frac{\partial x^\alpha}{\partial x'^\beta}\cdot\frac{\partial \boldsymbol{T}^{\mu\sigma}_\lambda}{\partial x^\alpha}$$

第二项：
$$\frac{\partial x'^\nu}{\partial x^\mu}\cdot\frac{\partial x'^\eta}{\partial x^\sigma}\cdot\boldsymbol{T}^{\mu\sigma}_\lambda\cdot\left(\frac{\partial x^\lambda}{\partial x'^{\sigma_1}}\cdot\Gamma'^{\sigma_1}_{\rho\beta}-\frac{\partial x^{\sigma_2}}{\partial x'^\beta}\cdot\frac{\partial x^{\sigma_3}}{\partial x'^\rho}\cdot\Gamma^\lambda_{\sigma_3\sigma_2}\right)$$
$$=\boldsymbol{T}'^{\nu\eta}_{\sigma_1}\cdot\Gamma'^{\sigma_1}_{\rho\beta}-\frac{\partial x'^\nu}{\partial x^\mu}\cdot\frac{\partial x'^\eta}{\partial x^\sigma}\cdot\frac{\partial x^\alpha}{\partial x'^\beta}\cdot\frac{\partial x^\lambda}{\partial x'^\rho}\cdot\boldsymbol{T}^{\mu\sigma}_\gamma\cdot\Gamma^\gamma_{\lambda\alpha}$$

第三项：
$$\frac{\partial x'^\nu}{\partial x^\mu}\cdot\frac{\partial x^\lambda}{\partial x'^\rho}\cdot\frac{\partial x^\gamma}{\partial x'^\beta}\cdot\boldsymbol{T}^{\mu\sigma}_\lambda\cdot\left(\frac{\partial x'^\eta}{\partial x^{\sigma_4}}\cdot\Gamma^{\sigma_4}_{\sigma\gamma}-\frac{\partial x'^{\sigma_5}}{\partial x^\sigma}\cdot\frac{\partial x'^{\sigma_6}}{\partial x^\gamma}\cdot\Gamma'^\eta_{\sigma_6\sigma_5}\right)$$
$$=\frac{\partial x'^\nu}{\partial x^\mu}\cdot\frac{\partial x^\lambda}{\partial x'^\rho}\cdot\frac{\partial x^\gamma}{\partial x'^\beta}\cdot\boldsymbol{T}^{\mu\sigma}_\lambda\cdot\frac{\partial x'^\eta}{\partial x^{\sigma_4}}\cdot\Gamma^{\sigma_4}_{\sigma\gamma}$$
$$-\frac{\partial x'^\nu}{\partial x^\mu}\cdot\frac{\partial x^\lambda}{\partial x'^\rho}\cdot\frac{\partial x^\gamma}{\partial x'^\beta}\cdot\boldsymbol{T}^{\mu\sigma}_\lambda\cdot\frac{\partial x'^{\sigma_5}}{\partial x^\sigma}\cdot\frac{\partial x'^{\sigma_6}}{\partial x^\gamma}\cdot\Gamma'^\eta_{\sigma_6\sigma_5}$$
$$=\frac{\partial x'^\nu}{\partial x^\mu}\cdot\frac{\partial x^\lambda}{\partial x'^\rho}\cdot\frac{\partial x^\gamma}{\partial x'^\beta}\cdot\frac{\partial x'^\eta}{\partial x^{\sigma_4}}\cdot\boldsymbol{T}^{\mu\sigma}_\lambda\cdot\Gamma^{\sigma_4}_{\sigma\gamma}-\frac{\partial x'^\nu}{\partial x^\mu}\cdot\frac{\partial x^\lambda}{\partial x'^\rho}\cdot\frac{\partial x'^{\sigma_5}}{\partial x^\sigma}\cdot\boldsymbol{T}^{\mu\sigma}_\lambda\cdot\Gamma'^\eta_{\beta\sigma_5}$$
$$=-\boldsymbol{T}'^{\nu\sigma_5}_\rho\cdot\Gamma'^\eta_{\beta\sigma_5}+\frac{\partial x'^\nu}{\partial x^\mu}\cdot\frac{\partial x^\lambda}{\partial x'^\rho}\cdot\frac{\partial x^\alpha}{\partial x'^\beta}\cdot\frac{\partial x'^\eta}{\partial x^\sigma}\cdot\boldsymbol{T}^{\mu\kappa}_\lambda\cdot\Gamma^\sigma_{\kappa\alpha}$$

第四项：
$$\frac{\partial x'^\eta}{\partial x^\sigma}\cdot\frac{\partial x^\lambda}{\partial x'^\rho}\cdot\frac{\partial x^\tau}{\partial x'^\beta}\boldsymbol{T}^{\mu\sigma}_\lambda\cdot\left(\frac{\partial x'^\nu}{\partial x^{\sigma_7}}\cdot\Gamma^{\sigma_7}_{\mu\tau}-\frac{\partial x'^{\sigma_8}}{\partial x^\mu}\cdot\frac{\partial x'^{\sigma_9}}{\partial x^\tau}\cdot\Gamma'^\nu_{\sigma_9\sigma_8}\right)$$
$$=\frac{\partial x'^\eta}{\partial x^\sigma}\cdot\frac{\partial x^\lambda}{\partial x'^\rho}\cdot\frac{\partial x^\tau}{\partial x'^\beta}\cdot\frac{\partial x'^\nu}{\partial x^{\sigma_7}}\cdot\boldsymbol{T}^{\mu\sigma}_\lambda\cdot\Gamma^{\sigma_7}_{\mu\tau}$$
$$-\frac{\partial x'^\eta}{\partial x^\sigma}\cdot\frac{\partial x^\lambda}{\partial x'^\rho}\cdot\frac{\partial x^\tau}{\partial x'^\beta}\boldsymbol{T}^{\mu\sigma}_\lambda\cdot\frac{\partial x'^{\sigma_8}}{\partial x^\mu}\cdot\frac{\partial x'^{\sigma_9}}{\partial x^\tau}\cdot\Gamma'^\nu_{\sigma_9\sigma_8}$$
$$=\frac{\partial x'^\eta}{\partial x^\sigma}\cdot\frac{\partial x^\lambda}{\partial x'^\rho}\cdot\frac{\partial x^\tau}{\partial x'^\beta}\cdot\frac{\partial x'^\nu}{\partial x^{\sigma_7}}\cdot\boldsymbol{T}^{\mu\sigma}_\lambda\cdot\Gamma^{\sigma_7}_{\mu\tau}-\frac{\partial x'^\eta}{\partial x^\sigma}\cdot\frac{\partial x^\lambda}{\partial x'^\rho}\cdot\frac{\partial x'^{\sigma_8}}{\partial x^\mu}\cdot\boldsymbol{T}^{\mu\sigma}_\lambda\cdot\Gamma'^\nu_{\beta\sigma_8}$$
$$=-\boldsymbol{T}'^{\eta\sigma_8}_\rho\cdot\Gamma'^\nu_{\beta\sigma_8}+\frac{\partial x'^\eta}{\partial x^\sigma}\cdot\frac{\partial x^\lambda}{\partial x'^\rho}\cdot\frac{\partial x^\alpha}{\partial x'^\beta}\cdot\frac{\partial x'^\nu}{\partial x^\mu}\cdot\boldsymbol{T}^{\theta\sigma}_\lambda\cdot\Gamma^\mu_{\theta\alpha}$$

则式(6－7－9)为

$$\frac{\partial \boldsymbol{T}'^{\nu\eta}_{\ \ \rho}}{\partial x'^{\beta}}=\frac{\partial x'^{\nu}}{\partial x^{\mu}}\cdot\frac{\partial x'^{\eta}}{\partial x^{\sigma}}\cdot\frac{\partial x^{\lambda}}{\partial x'^{\rho}}\cdot\frac{\partial x^{\alpha}}{\partial x'^{\beta}}\left(\frac{\partial \boldsymbol{T}^{\mu\sigma}_{\lambda}}{\partial x^{\alpha}}-\boldsymbol{T}^{\mu\sigma}_{\gamma}\cdot\Gamma^{\gamma}_{\lambda\alpha}+\boldsymbol{T}^{\mu\kappa}_{\lambda}\cdot\Gamma^{\sigma}_{\kappa\alpha}+\boldsymbol{T}^{\theta\sigma}_{\lambda}\cdot\Gamma^{\mu}_{\theta\alpha}\right)$$
$$+\boldsymbol{T}'^{\nu\eta}_{\ \ \sigma_1}\cdot\Gamma'^{\sigma_1}_{\ \rho\beta}-\boldsymbol{T}'^{\nu\sigma_5}_{\ \ \rho}\cdot\Gamma'^{\eta}_{\ \beta\sigma_5}-\boldsymbol{T}'^{\eta\sigma_8}_{\ \ \rho}\cdot\Gamma'^{\nu}_{\ \beta\sigma_8}$$

移项后得

$$\frac{\partial \boldsymbol{T}'^{\nu\eta}_{\ \ \rho}}{\partial x'^{\beta}}-\boldsymbol{T}'^{\nu\eta}_{\ \ \sigma_1}\cdot\Gamma'^{\sigma_1}_{\ \rho\beta}+\boldsymbol{T}'^{\nu\sigma_5}_{\ \ \rho}\cdot\Gamma'^{\eta}_{\ \beta\sigma_5}+\boldsymbol{T}'^{\eta\sigma_8}_{\ \ \rho}\cdot\Gamma'^{\nu}_{\ \beta\sigma_8}$$
$$=\frac{\partial x'^{\nu}}{\partial x^{\mu}}\cdot\frac{\partial x'^{\eta}}{\partial x^{\sigma}}\cdot\frac{\partial x^{\lambda}}{\partial x'^{\rho}}\cdot\frac{\partial x^{\alpha}}{\partial x'^{\beta}}\left(\frac{\partial \boldsymbol{T}^{\mu\sigma}_{\lambda}}{\partial x^{\alpha}}-\boldsymbol{T}^{\mu\sigma}_{\gamma}\cdot\Gamma^{\gamma}_{\lambda\alpha}+\boldsymbol{T}^{\mu\kappa}_{\lambda}\cdot\Gamma^{\sigma}_{\kappa\alpha}+\boldsymbol{T}^{\theta\sigma}_{\lambda}\cdot\Gamma^{\mu}_{\theta\alpha}\right)$$

由此可见：

$$\frac{\partial \boldsymbol{T}^{\mu\sigma}_{\lambda}}{\partial x^{\alpha}}-\boldsymbol{T}^{\mu\sigma}_{\gamma}\cdot\Gamma^{\gamma}_{\lambda\alpha}+\boldsymbol{T}^{\mu\kappa}_{\lambda}\cdot\Gamma^{\sigma}_{\kappa\alpha}+\boldsymbol{T}^{\theta\sigma}_{\lambda}\cdot\Gamma^{\mu}_{\theta\alpha}$$

这一量的变换规律和二阶逆变二阶协变张量的变换规律相同，因此它为一四阶张量。我们定义它为三阶张量的协变导数，用符号$\nabla_{\alpha}\boldsymbol{T}^{\mu\sigma}_{\lambda}$或$\boldsymbol{T}^{\mu\sigma}_{\lambda;\alpha}$表示，即

$$\boldsymbol{T}^{\mu\sigma}_{\lambda;\alpha}=\frac{\partial \boldsymbol{T}^{\mu\sigma}_{\lambda}}{\partial x^{\alpha}}-\boldsymbol{T}^{\mu\sigma}_{\gamma}\cdot\Gamma^{\gamma}_{\lambda\alpha}+\boldsymbol{T}^{\mu\kappa}_{\lambda}\cdot\Gamma^{\sigma}_{\kappa\alpha}+\boldsymbol{T}^{\theta\sigma}_{\lambda}\cdot\Gamma^{\mu}_{\theta\alpha}\qquad(6-7-10)$$

以上构成协变导数的方法可推广到任意张量①。其构成法则为：任一张量的协变导数是取这一张量对坐标的导数，再对张量的每一指标补充进去有仿射联络参加的一项。其中，张量的协变指标补充项的符号为负，而逆变指标补充项的符号为正，协变指标与联络的上指标求和，而逆变指标与联络的下指标求和，补充项的数目与张量的阶数相同。

如此定义的协变导数，阶数都比原张量高一阶。我们定义张量的协变导数乘坐标微分$\mathrm{d}x^{\alpha}$为协变微分，用符号$D\boldsymbol{T}^{\mu\sigma}_{\lambda}$表示：

$$D\boldsymbol{T}^{\mu\sigma}_{\lambda}=\boldsymbol{T}^{\mu\sigma}_{\lambda;\alpha}\mathrm{d}x^{\alpha}=\mathrm{d}\boldsymbol{T}^{\mu\sigma}_{\lambda}-\Gamma^{\gamma}_{\lambda\alpha}\boldsymbol{T}^{\mu\sigma}_{\gamma}\mathrm{d}x^{\alpha}+\Gamma^{\sigma}_{\kappa\alpha}\boldsymbol{T}^{\mu\kappa}_{\lambda}\mathrm{d}x^{\alpha}+\Gamma^{\mu}_{\theta\alpha}\boldsymbol{T}^{\theta\sigma}_{\lambda}\mathrm{d}x^{\alpha}$$

式中，我们用了

$$\mathrm{d}\boldsymbol{T}^{\mu\sigma}_{\lambda}=\frac{\partial \boldsymbol{T}^{\mu\sigma}_{\lambda}}{\partial x^{\alpha}}\mathrm{d}x^{\alpha}$$

6.8 曲率张量与毕安基恒等式

1. 曲率张量

在引力场中，时空为四维弯曲时空，不同于平直的闵氏时空，为了描述引力场中各点的弯曲情况，我们将引入所谓的曲率张量。这是一个四阶张量，也正像曲线的曲率表示曲线上各点对直线偏离的程度，曲面的曲率表示曲面上各点对平面偏离的程度，而曲率张量表示弯曲时空对平直时空的偏离。

① 赵展岳．相对论导引．北京：清华大学出版社，2002：152.

设 $\boldsymbol{A}_\lambda$ 为四维弯曲时空中任一协变矢量，求对 x^μ 的协变导数可得

$$\boldsymbol{A}_{\lambda;\,\mu}=\frac{\partial \boldsymbol{A}_\lambda}{\partial x^\mu}-\Gamma^\sigma_{\lambda\mu}\cdot\boldsymbol{A}_\sigma$$

再求上式对 x^ν 的协变导数：

$$\begin{aligned}\boldsymbol{A}_{\lambda;\,\mu;\,\nu}&=\frac{\partial \boldsymbol{A}_{\lambda;\,\mu}}{\partial x^\nu}-\Gamma^\beta_{\lambda\nu}\cdot\boldsymbol{A}_{\beta;\,\mu}-\Gamma^\alpha_{\mu\nu}\boldsymbol{A}_{\lambda;\,\alpha}\\&=\frac{\partial}{\partial x^\nu}\left(\frac{\partial \boldsymbol{A}_\lambda}{\partial x^\mu}-\Gamma^\sigma_{\lambda\mu}\cdot\boldsymbol{A}_\sigma\right)-\Gamma^\beta_{\lambda\nu}\left(\frac{\partial \boldsymbol{A}_\beta}{\partial x^\mu}-\Gamma^\sigma_{\beta\mu}\boldsymbol{A}_\sigma\right)-\Gamma^\alpha_{\mu\nu}\left(\frac{\partial \boldsymbol{A}_\lambda}{\partial x^\alpha}-\Gamma^\sigma_{\lambda\alpha}\boldsymbol{A}_\sigma\right)\\&=\frac{\partial^2 \boldsymbol{A}_\lambda}{\partial x^\nu\partial x^\mu}-\Gamma^\sigma_{\lambda\mu}\cdot\frac{\partial \boldsymbol{A}_\sigma}{\partial x^\nu}-\boldsymbol{A}_\sigma\cdot\frac{\partial \Gamma^\sigma_{\lambda\mu}}{\partial x^\nu}-\Gamma^\beta_{\lambda\nu}\cdot\frac{\partial \boldsymbol{A}_\beta}{\partial x^\mu}+\Gamma^\beta_{\lambda\nu}\cdot\Gamma^\sigma_{\beta\mu}\cdot\boldsymbol{A}_\sigma\\&\quad-\Gamma^\alpha_{\mu\nu}\cdot\frac{\partial \boldsymbol{A}_\lambda}{\partial x^\alpha}+\Gamma^\alpha_{\mu\nu}\cdot\Gamma^\sigma_{\lambda\alpha}\cdot\boldsymbol{A}_\sigma\end{aligned}\tag{6-8-1}$$

现在求 $\boldsymbol{A}_{\lambda;\,\nu;\,\mu}$，仿上面的推导：

$$\begin{aligned}\boldsymbol{A}_{\lambda;\,\nu;\,\mu}&=\frac{\partial \boldsymbol{A}_{\lambda;\,\nu}}{\partial x^\mu}-\Gamma^\beta_{\lambda\mu}\cdot\boldsymbol{A}_{\beta;\,\nu}-\Gamma^\alpha_{\mu\nu}\boldsymbol{A}_{\lambda;\,\alpha}\\&=\frac{\partial}{\partial x^\mu}\left(\frac{\partial \boldsymbol{A}_\lambda}{\partial x^\nu}-\Gamma^\sigma_{\lambda\nu}\cdot\boldsymbol{A}_\sigma\right)-\Gamma^\beta_{\lambda\mu}\left(\frac{\partial \boldsymbol{A}_\beta}{\partial x^\nu}-\Gamma^\sigma_{\beta\nu}\boldsymbol{A}_\sigma\right)-\Gamma^\alpha_{\mu\nu}\left(\frac{\partial \boldsymbol{A}_\lambda}{\partial x^\alpha}-\Gamma^\sigma_{\lambda\alpha}\boldsymbol{A}_\sigma\right)\\&=\frac{\partial^2 \boldsymbol{A}_\lambda}{\partial x^\mu\partial x^\nu}-\Gamma^\sigma_{\lambda\nu}\cdot\frac{\partial \boldsymbol{A}_\sigma}{\partial x^\mu}-\boldsymbol{A}_\sigma\cdot\frac{\partial \Gamma^\sigma_{\lambda\nu}}{\partial x^\mu}-\Gamma^\beta_{\lambda\mu}\cdot\frac{\partial \boldsymbol{A}_\beta}{\partial x^\nu}+\Gamma^\beta_{\lambda\mu}\cdot\Gamma^\sigma_{\beta\nu}\cdot\boldsymbol{A}_\sigma\\&\quad-\Gamma^\alpha_{\mu\nu}\cdot\frac{\partial \boldsymbol{A}_\lambda}{\partial x^\alpha}+\Gamma^\alpha_{\mu\nu}\cdot\Gamma^\sigma_{\lambda\alpha}\cdot\boldsymbol{A}_\sigma\end{aligned}\tag{6-8-2}$$

式(6－8－1)减去式(6－8－2)：

$$\begin{aligned}\boldsymbol{A}_{\lambda;\,\mu;\,\nu}-\boldsymbol{A}_{\lambda;\,\nu;\,\mu}&=\boldsymbol{A}_\sigma\cdot\frac{\partial \Gamma^\sigma_{\lambda\nu}}{\partial x^\mu}-\boldsymbol{A}_\sigma\cdot\frac{\partial \Gamma^\sigma_{\lambda\mu}}{\partial x^\nu}+\Gamma^\beta_{\lambda\nu}\cdot\Gamma^\sigma_{\beta\mu}\cdot\boldsymbol{A}_\sigma-\Gamma^\beta_{\lambda\mu}\cdot\Gamma^\sigma_{\beta\nu}\cdot\boldsymbol{A}_\sigma\\&=\left(\frac{\partial \Gamma^\sigma_{\lambda\nu}}{\partial x^\mu}-\frac{\partial \Gamma^\sigma_{\lambda\mu}}{\partial x^\nu}+\Gamma^\beta_{\lambda\nu}\cdot\Gamma^\sigma_{\beta\mu}-\Gamma^\beta_{\lambda\mu}\cdot\Gamma^\sigma_{\beta\nu}\right)\cdot\boldsymbol{A}_\sigma\end{aligned}\tag{6-8-3}$$

可见协变求导是不对易的，即两次求协变导数其结果和求导的次序有关。

若令

$$\boldsymbol{R}^\sigma_{\lambda\mu\nu}=\frac{\partial \Gamma^\sigma_{\lambda\nu}}{\partial x^\mu}-\frac{\partial \Gamma^\sigma_{\lambda\mu}}{\partial x^\nu}+\Gamma^\beta_{\lambda\nu}\cdot\Gamma^\sigma_{\beta\mu}-\Gamma^\beta_{\lambda\mu}\cdot\Gamma^\sigma_{\beta\nu}\tag{6-8-4}$$

则式(6－8－3)可以写为

$$\boldsymbol{A}_{\lambda;\,\mu;\,\nu}-\boldsymbol{A}_{\lambda;\,\nu;\,\mu}=\boldsymbol{R}^\sigma_{\lambda\mu\nu}\cdot\boldsymbol{A}_\sigma\tag{6-8-5}$$

式(6－8－5)中，左端为三阶协变张量，而右端 $\boldsymbol{A}_\sigma$ 为协变矢量，根据张量判断法——商定则，可知 $R^\sigma_{\lambda\mu\nu}$ 应为一阶逆变三阶协变之四阶混合张量，称为曲率张量。在四维时空中，该量应有 4×4×4×4＝256 个分量。由于在弯曲时空各点的仿射联络均不相同，于是曲率张量也就随点而变(逆变矢量场同样可以引出曲率张量)。

对于曲率张量 $R^{\sigma}_{\lambda\mu\nu}$，我们可以用升降指标法将其上指标降下：

$$R_{\rho\lambda\mu\nu} = g_{\rho\sigma}R^{\sigma}_{\lambda\mu\nu} \tag{6-8-6}$$

成为一完全协变的四阶张量。这只不过是曲率张量的另一种形式而已。

现在来求 $R_{\beta\lambda\mu\nu}$ 的分量表达式。

由前面知识已知

$$g_{\sigma\rho}\Gamma^{\sigma}_{\nu\lambda} = \Gamma_{\rho,\ \nu\lambda} \qquad ①$$

同理：

$$g_{\sigma\rho}\Gamma^{\sigma}_{\mu\lambda} = \Gamma_{\rho,\ \mu\lambda} \qquad ②$$

$$\frac{\partial g_{\rho\sigma}}{\partial x^{\mu}} = g_{\alpha\sigma}\Gamma^{\alpha}_{\mu\rho} + g_{\rho\alpha}\Gamma^{\alpha}_{\mu\sigma} \qquad ③$$

同理：

$$\frac{\partial g_{\rho\sigma}}{\partial x^{\nu}} = g_{\alpha\sigma}\Gamma^{\alpha}_{\nu\rho} + g_{\rho\alpha}\Gamma^{\alpha}_{\nu\sigma} \qquad ④$$

当考虑式①、②、③、④后：

$$g_{\rho\sigma}R^{\sigma}_{\lambda\mu\nu} = g_{\rho\sigma}\left(\frac{\partial\Gamma^{\sigma}_{\lambda\nu}}{\partial x^{\mu}} - \frac{\partial\Gamma^{\sigma}_{\lambda\mu}}{\partial x^{\nu}} + \Gamma^{\beta}_{\lambda\nu}\cdot\Gamma^{\sigma}_{\beta\mu} - \Gamma^{\beta}_{\lambda\mu}\cdot\Gamma^{\sigma}_{\beta\nu}\right)$$

其中：

$$\begin{aligned}
& g_{\rho\sigma}\left(\frac{\partial\Gamma^{\sigma}_{\lambda\nu}}{\partial x^{\mu}} - \frac{\partial\Gamma^{\sigma}_{\lambda\mu}}{\partial x^{\nu}}\right) \\
&= \frac{\partial(g_{\rho\sigma}\Gamma^{\sigma}_{\lambda\nu})}{\partial x^{\mu}} - \frac{\partial(g_{\rho\sigma}\Gamma^{\sigma}_{\lambda\mu})}{\partial x^{\nu}} - \Gamma^{\sigma}_{\lambda\nu}\cdot\frac{\partial g_{\rho\sigma}}{\partial x^{\mu}} + \Gamma^{\sigma}_{\lambda\mu}\cdot\frac{\partial g_{\rho\sigma}}{\partial x^{\nu}} \\
&= \frac{\partial\Gamma_{\rho,\ \nu\lambda}}{\partial x^{\mu}} - \frac{\partial\Gamma_{\rho,\ \mu\lambda}}{\partial x^{\nu}} - \Gamma^{\sigma}_{\lambda\nu}\cdot(g_{\alpha\sigma}\Gamma^{\alpha}_{\mu\rho} + g_{\rho\alpha}\Gamma^{\alpha}_{\mu\sigma}) \\
&\quad + \Gamma^{\sigma}_{\lambda\mu}\cdot(g_{\alpha\sigma}\Gamma^{\alpha}_{\nu\rho} + g_{\rho\alpha}\Gamma^{\alpha}_{\nu\sigma})
\end{aligned}$$

则

$$\begin{aligned}
R_{\rho\lambda\mu\nu} &= g_{\rho\sigma}R^{\sigma}_{\lambda\mu\nu} \\
&= \frac{\partial\Gamma_{\rho,\ \nu\lambda}}{\partial x^{\mu}} - \frac{\partial\Gamma_{\rho,\ \mu\lambda}}{\partial x^{\nu}} \\
&\quad - \Gamma^{\sigma}_{\lambda\nu}\cdot(g_{\alpha\sigma}\Gamma^{\alpha}_{\mu\rho} + g_{\rho\alpha}\Gamma^{\alpha}_{\mu\sigma}) + \Gamma^{\sigma}_{\lambda\mu}\cdot(g_{\alpha\sigma}\Gamma^{\alpha}_{\nu\rho} + g_{\rho\alpha}\Gamma^{\alpha}_{\nu\sigma}) \\
&\quad + g_{\rho\sigma}(\Gamma^{\beta}_{\lambda\nu}\cdot\Gamma^{\sigma}_{\beta\mu} - \Gamma^{\beta}_{\lambda\mu}\cdot\Gamma^{\sigma}_{\beta\nu})
\end{aligned}$$

上式等号右端第四项和第七项相等，第六项和第八项相等，合并后为零，则

$$R_{\rho\lambda\mu\nu} = \frac{\partial\Gamma_{\rho,\ \nu\lambda}}{\partial x^{\mu}} - \frac{\partial\Gamma_{\rho,\ \mu\lambda}}{\partial x^{\nu}} + g_{\alpha\sigma}\cdot\Gamma^{\alpha}_{\nu\rho}\cdot\Gamma^{\sigma}_{\lambda\mu} - g_{\alpha\sigma}\cdot\Gamma^{\alpha}_{\lambda\nu}\cdot\Gamma^{\sigma}_{\rho\mu} \tag{6-8-7}$$

且

$$\Gamma_{\rho,\ \mu\lambda} = \frac{1}{2}(g_{\lambda\rho,\ \mu} + g_{\mu\rho,\ \lambda} - g_{\lambda\mu,\ \rho})$$

式(6－8－7)变为

$$\begin{aligned}\boldsymbol{R}_{\rho\lambda\mu\nu}&=\frac{1}{2}\left(\frac{\partial^2\boldsymbol{g}_{\lambda\rho}}{\partial x^\mu\partial x^\nu}+\frac{\partial^2\boldsymbol{g}_{\nu\rho}}{\partial x^\mu\partial x^\lambda}-\frac{\partial^2\boldsymbol{g}_{\lambda\nu}}{\partial x^\mu\partial x^\rho}\right)\\&\quad-\frac{1}{2}\left(\frac{\partial^2\boldsymbol{g}_{\lambda\rho}}{\partial x^\nu\partial x^\mu}+\frac{\partial^2\boldsymbol{g}_{\mu\rho}}{\partial x^\nu\partial x^\lambda}-\frac{\partial^2\boldsymbol{g}_{\lambda\mu}}{\partial x^\nu\partial x^\rho}\right)+\boldsymbol{g}_{\alpha\sigma}\cdot\Gamma^\alpha_{\nu\rho}\cdot\Gamma^\sigma_{\lambda\mu}-\boldsymbol{g}_{\alpha\sigma}\cdot\Gamma^\alpha_{\lambda\nu}\cdot\Gamma^\sigma_{\rho\mu}\\&=\frac{1}{2}\left(\frac{\partial^2\boldsymbol{g}_{\nu\rho}}{\partial x^\mu\partial x^\lambda}-\frac{\partial^2\boldsymbol{g}_{\lambda\nu}}{\partial x^\mu\partial x^\rho}-\frac{\partial^2\boldsymbol{g}_{\mu\rho}}{\partial x^\nu\partial x^\lambda}+\frac{\partial^2\boldsymbol{g}_{\lambda\mu}}{\partial x^\nu\partial x^\rho}\right)\\&\quad+\boldsymbol{g}_{\alpha\sigma}\cdot(\Gamma^\alpha_{\nu\rho}\cdot\Gamma^\sigma_{\lambda\mu}-\Gamma^\alpha_{\lambda\nu}\cdot\Gamma^\sigma_{\rho\mu})\end{aligned}\tag{6－8－8}$$

2. 曲率张量的性质

曲率张量在广义相对论中是一个很重要的量，因此有必要对它的特性作进一步的了解。

已知式(6－8－4)：

$$\boldsymbol{R}^\sigma_{\lambda\mu\nu}=\frac{\partial\Gamma^\sigma_{\lambda\nu}}{\partial x^\mu}-\frac{\partial\Gamma^\sigma_{\lambda\mu}}{\partial x^\nu}+\Gamma^\beta_{\lambda\nu}\cdot\Gamma^\sigma_{\beta\mu}-\Gamma^\beta_{\lambda\mu}\cdot\Gamma^\sigma_{\beta\nu}$$

和式(6－8－8)：

$$\begin{aligned}\boldsymbol{R}_{\rho\lambda\mu\nu}=&\frac{1}{2}\left(\frac{\partial^2\boldsymbol{g}_{\nu\rho}}{\partial x^\mu\partial x^\lambda}-\frac{\partial^2\boldsymbol{g}_{\lambda\nu}}{\partial x^\mu\partial x^\rho}-\frac{\partial^2\boldsymbol{g}_{\mu\rho}}{\partial x^\nu\partial x^\lambda}+\frac{\partial^2\boldsymbol{g}_{\lambda\mu}}{\partial x^\nu\partial x^\rho}\right)\\&+\boldsymbol{g}_{\alpha\sigma}\cdot(\Gamma^\alpha_{\nu\rho}\cdot\Gamma^\sigma_{\lambda\mu}-\Gamma^\alpha_{\lambda\nu}\cdot\Gamma^\sigma_{\rho\mu})\end{aligned}$$

变换指标得

$$\boldsymbol{R}^\alpha_{\beta\mu\nu}=\frac{\partial\Gamma^\alpha_{\beta\nu}}{\partial x^\mu}-\frac{\partial\Gamma^\alpha_{\beta\mu}}{\partial x^\nu}+\Gamma^\sigma_{\beta\nu}\cdot\Gamma^\alpha_{\sigma\mu}-\Gamma^\sigma_{\beta\mu}\cdot\Gamma^\alpha_{\sigma\nu}\tag{6－8－4}*$$

$$\begin{aligned}\boldsymbol{R}_{\alpha\beta\mu\nu}=&\frac{1}{2}\left(\frac{\partial^2\boldsymbol{g}_{\nu\alpha}}{\partial x^\mu\partial x^\beta}-\frac{\partial^2\boldsymbol{g}_{\beta\nu}}{\partial x^\mu\partial x^\alpha}-\frac{\partial^2\boldsymbol{g}_{\mu\alpha}}{\partial x^\nu\partial x^\beta}+\frac{\partial^2\boldsymbol{g}_{\beta\mu}}{\partial x^\nu\partial x^\alpha}\right)\\&+\boldsymbol{g}_{\rho\sigma}(\Gamma^\rho_{\nu\alpha}\cdot\Gamma^\sigma_{\beta\mu}-\Gamma^\rho_{\beta\nu}\cdot\Gamma^\sigma_{\mu\alpha})\end{aligned}\tag{6－8－8}*$$

① $\boldsymbol{R}^\alpha_{\beta\mu\nu}$ 对指标 μ 和 ν 是反对称的：

$$\boldsymbol{R}^\alpha_{\beta\mu\nu}=-\boldsymbol{R}^\alpha_{\beta\nu\mu}\tag{6－8－9}$$

这一特性可直接从式(6－8－4)中看出。由这一特性可知，对于那些 $\mu=\nu$ 的分量，应当为零。

② $\boldsymbol{R}^\alpha_{\beta\mu\nu}$ 有下列恒等式：

$$\boldsymbol{R}^\alpha_{\beta\mu\nu}+\boldsymbol{R}^\alpha_{\mu\nu\beta}+\boldsymbol{R}^\alpha_{\nu\beta\mu}=0\tag{6－8－10}$$

即曲率张量的上指标不动，将下指标循环置换，曲率张量的这样三个分量之和为零。证法很容易，只需将式(6－8－4)＊代入式(6－8－10)的各分量中即可证明。如果对式(6－8－10)进行指标下降：

$$\boldsymbol{g}_{\sigma\alpha}\cdot(\boldsymbol{R}^\alpha_{\beta\mu\nu}+\boldsymbol{R}^\alpha_{\mu\nu\beta}+\boldsymbol{R}^\alpha_{\nu\beta\mu})=0$$

$$\boldsymbol{g}_{\sigma\alpha}\cdot\boldsymbol{R}^\alpha_{\beta\mu\nu}+\boldsymbol{g}_{\sigma\alpha}\cdot\boldsymbol{R}^\alpha_{\mu\nu\beta}+\boldsymbol{g}_{\sigma\alpha}\cdot\boldsymbol{R}^\alpha_{\nu\beta\mu}=0$$

得

$$R_{\sigma\beta\mu\nu} + R_{\sigma\mu\nu\beta} + R_{\sigma\nu\beta\mu} = 0 \qquad (6-8-11)$$

当然也可将式(6－8－8)＊直接代入式(6－8－11)进行证明。

③ 协变形式的曲率张量 $R_{\alpha\beta\mu\nu}$，关于前两个指标 α 和 β 是反对称的：

$$R_{\alpha\beta\mu\nu} = -R_{\beta\alpha\mu\nu} \qquad (6-8-12)$$

此结果可以直接由式(6－8－8)看出，同样可知，对于那些 $\alpha=\beta$ 的分量，应当为零。

④ $R_{\alpha\beta\mu\nu}$ 的前两个指标对于后两个指标是对称的：

$$R_{\alpha\beta\mu\nu} = R_{\mu\nu\alpha\beta} \qquad (6-8-13)$$

可以直接由式(6－8－8)证明之。

由于以上几个特性，使得曲率张量的独立分量个数大为减少。在四维空间，它的分量数为 $4\times4\times4\times4=256$ 个，由上面的几个关系式，其独立分量个数将变为：

我们把指标 μ 和 ν 看做一组，μ 和 ν 分别可在 0～3 中取值，因此 μ 和 ν 可构成 $4\times4=16$ 组元，由于 $R_{\alpha\beta\mu\nu}$ 对于该两个指标是反对称的，所以由 μ 和 ν 构成的 16 个组元中，只有 6 个组元使得 $R_{\alpha\beta\mu\nu}$ 为不等于零的独立分量(其他 10 个组元或使得 $R_{\alpha\beta\mu\nu}$ 为零，或使 $R_{\alpha\beta\mu\nu}$ 为前 6 个组元确定的独立分量的负值)。同理将指标 α 和 β 看做一组，也有 16 个组元，也只有 6 个组元使得 $R_{\alpha\beta\mu\nu}$ 为不等于零之独立分量。于是，由上述两大组(每组 6 个组元)可得 $R_{\alpha\beta\mu\nu}$ 的 $6\times6=36$个分量。但是这 36 个分量中由于式(6－8－13)的对称性，只能有 21 个分量是独立的，并且还由式(6－8－11)再减少一个分量，最后的独立分量应为 20 个。在 256 个分量中，20 个分量是独立的，其他一部分分量为零，一部分则由 20 个独立分量求出。

下面再看曲率张量 $R^{\alpha}_{\beta\mu\nu}$ 的缩并。

当缩并 α 和 β 两个指标时，由于这两个指标为反对称，则

$$R^{\beta}_{\beta\mu\nu} = 0$$

当 α 和 μ 及 ν 缩并时，由于 μ 及 ν 是两个反对称指标，$R^{\alpha}_{\beta\mu\alpha} = -R^{\alpha}_{\beta\alpha\mu}$，所以只需研究 α 和 ν 的缩并即可，也就是

$$R^{\alpha}_{\beta\mu\alpha} = R_{\beta\mu}$$

由定义式 (6－8－4)有：

$$R_{\beta\mu} = \frac{\partial\Gamma^{\nu}_{\beta\nu}}{\partial x^{\mu}} - \frac{\partial\Gamma^{\nu}_{\beta\mu}}{\partial x^{\nu}} + \Gamma^{\sigma}_{\beta\nu}\cdot\Gamma^{\nu}_{\sigma\mu} - \Gamma^{\sigma}_{\beta\mu}\cdot\Gamma^{\nu}_{\sigma\nu} \qquad (6-8-14)$$

这一缩并后的二阶协变张量称为里奇张量。

由于曲率张量 $R_{\alpha\beta\mu\nu}$ 的前一对指标对于后一对指标是对称的，见式(6－8－13)，可知里奇张量是对称张量。

将里奇张量的一个指标升高：

$$R^{\sigma}_{\mu} = g^{\sigma\beta} R_{\beta\mu}$$

得混合形式的里奇张量，然后再进行一次指标缩并：

$$R_{\mu}^{\mu} = R = R_0^0 + R_1^1 + R_2^2 + R_3^3 \tag{6-8-15}$$

或写为

$$R = \boldsymbol{g}^{\mu\beta}\boldsymbol{R}_{\beta\mu}$$

R 称为弯曲空间在该点的标量曲率，它是空间点的函数，不同的点将有不同的 R 值。因为它是标量，在任何一个坐标系中，它的数值都不变。

3. 毕安基恒等式

作为曲率张量的另一特性，有下列关于协变导数的恒等式。

毕安基(Bianchi)恒等式的形式为

$$\boldsymbol{R}^{\alpha}_{\beta\mu\nu;\rho} + \boldsymbol{R}^{\alpha}_{\beta\nu\rho;\mu} + \boldsymbol{R}^{\alpha}_{\beta\rho\mu;\nu} = 0$$

由上式可以看出，其规律为将混合形式的曲率张量求协变导数，然后将协变指标的后三个作轮换，最后求和，则其和恒等于零。下面来证明。

由式(6－8－5)：

$$\boldsymbol{A}_{\lambda;\mu;\nu} - \boldsymbol{A}_{\lambda;\nu;\mu} = \boldsymbol{R}^{\sigma}_{\lambda\mu\nu} \cdot \boldsymbol{A}_{\sigma}$$

两端求协变导数，得

$$\boldsymbol{A}_{\lambda;\mu;\nu;\rho} - \boldsymbol{A}_{\lambda;\nu;\mu;\rho} = \boldsymbol{R}^{\sigma}_{\lambda\mu\nu;\rho} \cdot \boldsymbol{A}_{\sigma} + \boldsymbol{R}^{\sigma}_{\lambda\mu\nu} \cdot \boldsymbol{A}_{\sigma;\rho} \tag{①}$$

将式①中 μ、ν、ρ 三个指标轮换，则得到另两个相似的等式：

$$\boldsymbol{A}_{\lambda;\nu;\rho;\mu} - \boldsymbol{A}_{\lambda;\rho;\nu;\mu} = \boldsymbol{R}^{\sigma}_{\lambda\nu\rho;\mu} \cdot \boldsymbol{A}_{\sigma} + \boldsymbol{R}^{\sigma}_{\lambda\nu\rho} \cdot \boldsymbol{A}_{\sigma;\mu} \tag{②}$$

$$\boldsymbol{A}_{\lambda;\rho;\mu;\nu} - \boldsymbol{A}_{\lambda;\mu;\rho;\nu} = \boldsymbol{R}^{\sigma}_{\lambda\rho\mu;\nu} \cdot \boldsymbol{A}_{\sigma} + \boldsymbol{R}^{\sigma}_{\lambda\rho\mu} \cdot \boldsymbol{A}_{\sigma;\nu} \tag{③}$$

将①、②、③三式相加，可得

$$\begin{aligned}
&(\boldsymbol{A}_{\lambda;\mu;\nu;\rho} - \boldsymbol{A}_{\lambda;\nu;\mu;\rho}) + (\boldsymbol{A}_{\lambda;\nu;\rho;\mu} - \boldsymbol{A}_{\lambda;\rho;\nu;\mu}) + (\boldsymbol{A}_{\lambda;\rho;\mu;\nu} - \boldsymbol{A}_{\lambda;\mu;\rho;\nu}) \\
&= \boldsymbol{R}^{\sigma}_{\lambda\mu\nu;\rho} \cdot \boldsymbol{A}_{\sigma} + \boldsymbol{R}^{\sigma}_{\lambda\mu\nu} \cdot \boldsymbol{A}_{\sigma;\rho} + \boldsymbol{R}^{\sigma}_{\lambda\nu\rho;\mu} \cdot \boldsymbol{A}_{\sigma} + \boldsymbol{R}^{\sigma}_{\lambda\nu\rho} \cdot \boldsymbol{A}_{\sigma;\mu} + \boldsymbol{R}^{\sigma}_{\lambda\rho\mu;\nu} \cdot \boldsymbol{A}_{\sigma} + \boldsymbol{R}^{\sigma}_{\lambda\rho\mu} \cdot \boldsymbol{A}_{\sigma;\nu}
\end{aligned}$$

整理得

$$\begin{aligned}
&(\boldsymbol{A}_{\lambda;\mu;\nu;\rho} - \boldsymbol{A}_{\lambda;\mu;\rho;\nu}) + (\boldsymbol{A}_{\lambda;\nu;\rho;\mu} - \boldsymbol{A}_{\lambda;\nu;\mu;\rho}) + (\boldsymbol{A}_{\lambda;\rho;\mu;\nu} - \boldsymbol{A}_{\lambda;\rho;\nu;\mu}) \\
&= (\boldsymbol{R}^{\sigma}_{\lambda\mu\nu;\rho} + \boldsymbol{R}^{\sigma}_{\lambda\nu\rho;\mu} + \boldsymbol{R}^{\sigma}_{\lambda\rho\mu;\nu}) \cdot \boldsymbol{A}_{\sigma} \\
&\quad + \boldsymbol{R}^{\sigma}_{\lambda\mu\nu} \cdot \boldsymbol{A}_{\sigma;\rho} + \boldsymbol{R}^{\sigma}_{\lambda\nu\rho} \cdot \boldsymbol{A}_{\sigma;\mu} + \boldsymbol{R}^{\sigma}_{\lambda\rho\mu} \cdot \boldsymbol{A}_{\sigma;\nu}
\end{aligned} \tag{6-8-16}$$

式(6－8－16)左端第一括号项可以认为是二阶协变张量 $\boldsymbol{A}_{\lambda;\mu}$ 按不同顺序求两次协变导数之差，所以其结果是

$$(\boldsymbol{A}_{\lambda;\mu;\nu;\rho} - \boldsymbol{A}_{\lambda;\mu;\rho;\nu}) = \boldsymbol{R}^{\sigma}_{\mu\nu\rho} \cdot \boldsymbol{A}_{\lambda;\sigma} + \boldsymbol{R}^{\sigma}_{\lambda\nu\rho}\boldsymbol{A}_{\sigma;\mu}$$

也可证明如下：

设二阶协变张量

$$\boldsymbol{T}_{\kappa\theta} = \boldsymbol{C}_{\kappa}\boldsymbol{B}_{\theta}$$

则

$$\begin{aligned}
(\boldsymbol{C}_{\kappa}\boldsymbol{B}_{\theta})_{;\nu;\rho}\boldsymbol{B} &= (\boldsymbol{C}_{\kappa;\nu}\boldsymbol{B}_{\theta} + \boldsymbol{C}_{\kappa}\boldsymbol{B}_{\theta;\nu})_{;\rho} \\
&= \boldsymbol{C}_{\kappa;\nu;\rho}\boldsymbol{B}_{\theta} + \boldsymbol{C}_{\kappa;\nu}\boldsymbol{B}_{\theta;\rho} + \boldsymbol{C}_{\kappa;\rho}\boldsymbol{B}_{\theta;\nu} + \boldsymbol{C}_{\kappa}\boldsymbol{B}_{\theta;\nu;\rho}
\end{aligned}$$

$$\begin{aligned}(C_\kappa B_\theta)_{;\rho;\nu} &= (C_{\kappa;\rho}B_\theta + C_\kappa B_{\theta;\rho})_{;\nu} \\ &= C_{\kappa;\rho;\nu}B_\theta + C_{\kappa;\rho}B_{\theta;\nu} + C_{\kappa;\nu}B_{\theta;\rho} + C_\kappa B_{\theta;\rho;\nu}\end{aligned}$$

两式相减，得

$$\begin{aligned}(C_\kappa B_\theta)_{;\nu;\rho} - (C_\kappa B_\theta)_{;\rho;\nu} &= C_{\kappa;\nu;\rho}B_\theta + C_\kappa B_{\theta;\nu;\rho} - C_{\kappa;\rho;\nu}B_\theta - C_\kappa B_{\theta;\rho;\nu} \\ &= (C_{\kappa;\nu;\rho} - C_{\kappa;\rho;\nu})\cdot B_\theta + C_\kappa\cdot(B_{\theta;\nu;\rho} - B_{\theta;\rho;\nu}) \\ &= R^\sigma_{\kappa\nu\rho}\cdot C_\sigma\cdot B_\theta + C_\kappa\cdot R^\sigma_{\theta\nu\rho}\cdot B_\sigma \\ &= R^\sigma_{\theta\nu\rho}\cdot T_{\kappa\sigma} + R^\sigma_{\kappa\nu\rho}\cdot T_{\sigma\theta}\end{aligned}$$

令

$$T_{\kappa\sigma} = A_{\kappa;\sigma},\ T_{\sigma\theta} = A_{\sigma;\theta}$$

则

$$(C_\kappa B_\theta)_{;\nu;\rho} - (C_\kappa B_\theta)_{;\rho;\nu} = R^\sigma_{\theta\nu\rho}\cdot A_{\kappa;\sigma} + R^\sigma_{\kappa\nu\rho}\cdot A_{\sigma;\theta}$$

当把 $C_\kappa B_\theta$ 看做二阶协变张量 $A_{\lambda;\mu}$ 时，便可得出

$$(A_{\lambda;\mu;\nu;\rho} - A_{\lambda;\mu;\rho;\nu}) = R^\sigma_{\mu\nu\rho}\cdot A_{\lambda;\sigma} + R^\sigma_{\lambda\nu\rho}A_{\sigma;\mu} \tag{A}$$

同理可知第二括号项和第三括号项：

$$(A_{\lambda;\nu;\rho;\mu} - A_{\lambda;\nu;\mu;\rho}) = R^\sigma_{\nu\rho\mu}\cdot A_{\lambda;\sigma} + R^\sigma_{\lambda\rho\mu}A_{\sigma;\nu} \tag{B}$$

$$(A_{\lambda;\rho;\mu;\nu} - A_{\lambda;\rho;\nu;\mu}) = R^\sigma_{\rho\mu\nu}\cdot A_{\lambda;\sigma} + R^\sigma_{\lambda\mu\nu}A_{\sigma;\rho} \tag{C}$$

将(A)、(B)、(C)三式代入式(6-8-16)：

$$\begin{aligned}&(R^\sigma_{\mu\nu\rho}\cdot A_{\lambda;\sigma} + R^\sigma_{\lambda\nu\rho}A_{\sigma;\mu}) + (R^\sigma_{\nu\rho\mu}\cdot A_{\lambda;\sigma} + R^\sigma_{\lambda\rho\mu}A_{\sigma;\nu}) + (R^\sigma_{\rho\mu\nu}\cdot A_{\lambda;\sigma} + R^\sigma_{\lambda\mu\nu}A_{\sigma;\rho}) \\ &= (R^\sigma_{\lambda\mu\nu;\rho} + R^\sigma_{\lambda\nu\rho;\mu} + R^\sigma_{\lambda\rho\mu;\nu})\cdot A_\sigma + R^\sigma_{\lambda\mu\nu}\cdot A_{\sigma;\rho} + R^\sigma_{\lambda\nu\rho}\cdot A_{\sigma;\mu} + R^\sigma_{\lambda\rho\mu}\cdot A_{\sigma;\nu}\end{aligned}$$

整理合并：

$$(R^\sigma_{\mu\nu\rho} + R^\sigma_{\nu\rho\mu} + R^\sigma_{\rho\mu\nu})\cdot A_{\lambda;\sigma} = (R^\sigma_{\lambda\mu\nu;\rho} + R^\sigma_{\lambda\nu\rho;\mu} + R^\sigma_{\lambda\rho\mu;\nu})\cdot A_\sigma$$

且由式(6-8-10)知上式左端为零，而 A_σ 是任意矢量，于是：

$$R^\sigma_{\lambda\mu\nu;\rho} + R^\sigma_{\lambda\nu\rho;\mu} + R^\sigma_{\lambda\rho\mu;\nu} = 0$$

变换指标便可得到：

$$R^\alpha_{\beta\mu\nu;\rho} + R^\alpha_{\beta\nu\rho;\mu} + R^\alpha_{\beta\rho\mu;\nu} = 0 \tag{6-8-17}$$

该式称为毕安基(Bianchi)恒等式。此恒等式的重要性在于由它可推导出爱因斯坦张量。

将式(6-8-17)中的第三项写为

$$R^\alpha_{\beta\rho\mu;\nu} = -R^\alpha_{\beta\mu\rho;\nu}$$

进行 α 和 ρ 缩并，得

$$R^\rho_{\beta\mu\nu;\rho} + R_{\beta\nu;\mu} - R_{\beta\mu;\nu} = 0$$

提升指标 β：

$$R^{\beta\rho}_{\mu\nu;\rho} + R^\beta_{\nu;\mu} - R^\beta_{\mu;\nu} = 0$$

将 β 和 μ 进行缩并：

$$\boldsymbol{R}^{\rho}_{\nu;\,\rho}+\boldsymbol{R}^{\mu}_{\nu;\,\mu}-\boldsymbol{R}_{;\,\nu}=0$$

或

$$\boldsymbol{R}^{\mu}_{\nu;\,\mu}-\frac{1}{2}\boldsymbol{R}_{;\,\nu}=0$$

两端乘以 $\boldsymbol{g}^{\nu\lambda}$：

$$\boldsymbol{R}^{\mu\lambda}_{;\,\mu}-\frac{1}{2}\boldsymbol{g}^{\nu\lambda}\boldsymbol{R}_{;\,\nu}=0$$

将上式第二项的求和指标 ν 改为 μ，由于 $\boldsymbol{g}^{\mu\lambda}$ 的协变导数为零，上式可写成：

$$\left(\boldsymbol{R}^{\mu\lambda}-\frac{1}{2}\boldsymbol{g}^{\mu\lambda}R\right)_{;\,\mu}=0 \qquad (6-8-18)$$

上式乘以 $g_{\lambda\nu}$：

$$\boldsymbol{g}_{\lambda\nu}\cdot\left(\boldsymbol{R}^{\mu\lambda}-\frac{1}{2}\boldsymbol{g}^{\mu\lambda}R\right)_{;\,\mu}=0$$

即

$$\left(\boldsymbol{R}^{\mu}_{\nu}-\frac{1}{2}\boldsymbol{g}^{\mu}_{\nu}R\right)_{;\,\mu}=0 \qquad (6-8-19)$$

(6－8－18)和(6－8－19)两式是由 Bianchi 恒等式得来的，称为降秩形式的 Bianchi 恒等式。张量 $\left(\boldsymbol{R}^{\mu}_{\nu}-\frac{1}{2}\boldsymbol{g}^{\mu}_{\nu}R\right)$ 在广义相对论中具有重要的作用，特称为爱因斯坦张量。

6.9 引力场方程

6.9.1 引力场中运动方程的牛顿极限

由前面已知自由质点在引力场中的运动方程(6－5－6)为

$$\frac{\mathrm{d}^2x^\lambda}{\mathrm{d}S^2}+\Gamma^{\lambda}_{\nu\alpha}\frac{\mathrm{d}x^\nu}{\mathrm{d}S}\cdot\frac{\mathrm{d}x^\alpha}{\mathrm{d}S}=0$$

这一方程如果是正确的，那么它就应当能够将在弱场和静场中作慢速运动的质点过渡到牛顿运动方程。这是因为牛顿引力理论在通常条件下与观测比较符合，所以任何一个正确的引力理论都应当有牛顿极限。

如果引力场在弱场、静场，且运动质点在慢速的条件下，则可以认为：

(1) 时空结构和闵可夫斯基空间非常接近(弱场)，其度规张量为

$$\boldsymbol{g}_{\mu\nu}=\boldsymbol{\eta}_{\mu\nu}+\boldsymbol{h}_{\mu\nu} \qquad 且 \qquad |h_{\mu\nu}|\ll 1$$

其中，$\eta_{\mu\nu}$ 为前面提到的闵氏空间度规。

(2) 静场条件为引力不随时间而变化，即度规张量 $\boldsymbol{g}_{\mu\nu}$ 对 x^0 的偏导数为零。

(3) 慢速运动的条件为

$$\frac{dx^i}{dx^0}=\frac{dx^i}{c\,dt}\ll 1$$

或写为

$$\frac{dx^i}{dS}\ll\frac{dx^0}{dS}\qquad (i=1,\ 2,\ 3)$$

于是方程式(6－5－6)可写为

$$\frac{d^2x^\lambda}{dS^2}+\Gamma^\lambda_{00}\left(\frac{dx^0}{dS}\right)^2=0 \tag{6-9-1}$$

$$\left(\frac{dx^i}{dS}\approx 0\right)$$

其中，仿射联络

$$\Gamma^\lambda_{\nu\alpha}=\frac{1}{2}\boldsymbol{g}^{\mu\lambda}(\boldsymbol{g}_{\alpha\mu,\ \nu}+\boldsymbol{g}_{\nu\mu,\ \alpha}-\boldsymbol{g}_{\alpha\nu,\ \mu})$$

即

$$\Gamma^\lambda_{00}=\frac{1}{2}g^{\mu\lambda}\left(\frac{\partial g_{0\mu}}{\partial x^0}+\frac{\partial g_{0\mu}}{\partial x^0}-\frac{\partial g_{00}}{\partial x^\mu}\right)$$

由静场条件

$$\frac{\partial g_{0\mu}}{\partial x^0}=0$$

得

$$\Gamma^\lambda_{00}=-\frac{1}{2}\boldsymbol{g}^{\mu\lambda}\frac{\partial g_{00}}{\partial x^\mu}$$

再由弱场条件

$$\boldsymbol{g}^{\mu\lambda}=\boldsymbol{\eta}^{\mu\lambda}+\boldsymbol{h}^{\mu\lambda}\qquad |h^{\mu\lambda}|\ll 1$$

得

$$\Gamma^\lambda_{00}=-\frac{1}{2}\boldsymbol{\eta}^{\mu\lambda}\frac{\partial h_{00}}{\partial x^\mu}$$

代入式(6－9－1)，得

$$\begin{cases}\dfrac{d^2x^i}{dS^2}-\dfrac{1}{2}\left(\dfrac{dx^0}{dS}\right)^2\dfrac{\partial h_{00}}{\partial x^i}=0 & i=1,\ 2,\ 3\\[2ex] \dfrac{d^2x^0}{dS^2}=0\end{cases} \tag{6-9-2}$$

而

$$\frac{dx^0}{dS}=\frac{c\,dt}{c\,d\tau}=\frac{dt}{d\tau}$$

其中，dt 为坐标时微分，$d\tau$ 为固有时微分，在弱场条件下，

$$dt \approx d\tau$$

则

$$\frac{dx^0}{dS}=\frac{dt}{d\tau}=1$$

式(6－9－2)可写为

$$\frac{d^2 \boldsymbol{x}}{dS^2}-\frac{1}{2}\nabla h_{00}=0$$

或

$$\frac{d^2 \boldsymbol{x}}{dt^2}=-\frac{c^2}{2}\nabla h_{00} \tag{6－9－3}$$

根据牛顿引力定律：

$$\frac{d^2 \boldsymbol{x}}{dt^2}=-\nabla \varphi \quad (\varphi\text{为引力势}) \tag{6－9－4}$$

式(6－9－3)和式(6－9－4)在形式上完全相似。如果认为引力场中质点的运动方程在弱场、静场、低速的情况下可以过渡到牛顿运动方程，则

$$h_{00}=\frac{2\varphi}{c^2}+\text{const}$$

在无引力场时，$\varphi=0$，且 $h_{00}=0$，可知上式中的常数为零。

于是：

$$h_{00}=\frac{2\varphi}{c^2}$$

$$g_{00}=\eta_{00}+h_{00}=-1+\frac{2\varphi}{c^2}$$

弱场条件$|h_{00}|\ll 1$变为

$$\left|\frac{2\varphi}{c^2}\right|\ll 1$$

由球对称质量所产生的引力势为

$$|\varphi|=\frac{GM}{r}$$

对于地球，$M=6\times10^{24}$ kg，在地面，$r=6\times10^{6}$ m，因此

$$\left|\frac{\varphi}{c^2}\right|=10^{-9}$$

对于太阳，$M=2\times10^{30}$ kg，在太阳表面，$R=7\times10^{8}$ m，因此

$$\left|\frac{\varphi}{c^2}\right|=10^{-6}$$

对白矮星，其表面处的$\left|\frac{\varphi}{c^2}\right|=10^{-4}$；而对于中子星，表面处

$$\left|\frac{\varphi}{c^2}\right|=10^{-1}$$

6.9.2　引力场方程

1. 能量动量张量

狭义相对论在描述四维时空中的动量时，曾引入四维动量矢量式(5-5-11)：

$$P_\mu=m_0\boldsymbol{u}_\mu$$

式中，m_0为运动物体的固有质量，$\boldsymbol{u}_\mu$为其四维速度矢量。但是，当我们研究更为普遍的连续分布的物质时，将会出现动量流的概念，四维动量矢量不易解决这样的研究对象。为此，我们可以构造一个新的张量①

$$\boldsymbol{T}^{\mu\nu}=\rho_0\boldsymbol{U}^\mu\boldsymbol{U}^\nu \tag{6-9-5}$$

其中，ρ_0为空间各点的固有质量密度，是标量；$\boldsymbol{U}^\mu$为四维速度，是一阶逆变矢量，则$\boldsymbol{T}^{\mu\nu}$为二阶逆变张量，它表达了物质的能量、动量以及空间各点的质量变化(动量流)，被称为能量动量张量。由式(6-9-5)可看出它是对称张量，$\boldsymbol{T}^{\mu\nu}=\boldsymbol{T}^{\nu\mu}$。

这样，在引力场空间中，首先写出局部惯性系中的张量$\widetilde{\boldsymbol{T}}^{\alpha\beta}$，然后经过坐标变换可以变换到任意曲线坐标系中，即得引力场空间中的能量动量张量：

$$\boldsymbol{T}^{\mu\nu}=\frac{\partial x^\mu}{\partial X^\alpha}\cdot\frac{\partial x^\nu}{dX^\beta}\widetilde{\boldsymbol{T}}^{\alpha\beta} \tag{6-9-6}$$

利用指标升降，可得它的混合形式和协变形式：

$$\boldsymbol{T}^\mu_\nu=\boldsymbol{g}_{\nu\sigma}\boldsymbol{T}^{\sigma\mu} \tag{6-9-7}$$

$$\boldsymbol{T}_{\mu\nu}=\boldsymbol{g}_{\nu\sigma}\boldsymbol{g}_{\mu\rho}\boldsymbol{T}^{\sigma\rho} \tag{6-9-8}$$

此外，在无引力场空间，能量动量守恒的表达式应为

$$\frac{\partial\boldsymbol{T}^\nu_\mu}{\partial x^\nu}=0 \tag{6-9-9}$$

而在引力空间，此张量应该满足：

$$\boldsymbol{T}^\nu_{\mu;\nu}=0 \tag{6-9-10}$$

2. 引力场方程

在前面各章中陆续介绍了引力场的描述以及物质在引力场中的运动规律，并没有涉及引力场的产生。引力场是由物质所产生的，因此，我们必须找出引力场和产生它的物质之间的关系，或者找出引力场的微分方程。

根据等效原理，引力场和时空的几何性质等效，引力场相当于一弯曲空间。研究弯曲空间所得的结果也就是引力场的作用结果。弯曲空间的几何特性是由度规张量体现的，即

① 赵展岳．相对论导引．北京：清华大学出版社，2002:171.

引力场和度规场等效。所以，时空的几何性质应该决定于物质分布及其运动，引力场方程也就是关于度规的微分方程。根据广义协变性原理，这些微分方程在任意坐标变换中必须保持协变性，因此这些方程必然是张量方程，它们应当含由度规 $g_{\mu\nu}$ 所构成的张量，也包括与物质分布有关的张量。描述物质的分布及其运动的张量是能量动量张量 $\boldsymbol{T}_{\mu\nu}$。

在牛顿力学中，引力势 φ 满足泊松方程：

$$\nabla^2\varphi = 4\pi G\rho \tag{6-9-11}$$

其中，G 为引力常数，在 SI 单位制中，它的数值是 $6.67\times10^{-11}\ \mathrm{N\cdot m^2/kg^2}$，$\rho$ 为物质的密度。经典的引力方程应当是相对论引力方程的近似形式，所以式(6-9-11)给我们提供了一条寻找相对论引力方程的线索。

在式(6-9-11)的右端出现物质密度 ρ，在相对论中，ρ 和能量动量张量的分量 T^{00} 有关。这就使我们想到相对论引力方程的右端应当出现能量动量张量 $\boldsymbol{T}_{\mu\nu}$。于是引力方程应有下列形式：

$$\boldsymbol{G}_{\mu\nu} = \kappa\boldsymbol{T}_{\mu\nu} \tag{6-9-12}$$

其中，κ 为比例系数。$\boldsymbol{G}_{\mu\nu}$ 是时空几何性质所决定的二阶张量。

由前面的知识知：

$$g_{00} = -1 + \frac{2\varphi}{c^2}$$

或

$$\varphi = \frac{1}{2}c^2(g_{00}+1)$$

可见在牛顿近似下，式(6-9-5)左端为 g_{00} 的二阶导数。所以，可以简单地认为 $\boldsymbol{G}_{\mu\nu}$ 最高只能包含度规的二阶导数，不能高于二阶导数。为了保证方程解的唯一性，$\boldsymbol{G}_{\mu\nu}$ 只能包含 $\boldsymbol{g}_{\mu\nu}$ 的二阶导数的线性项。也就是说，$\boldsymbol{G}_{\mu\nu}$ 应当是由 $\boldsymbol{g}_{\mu\nu}$ 和它的一阶导数、二阶导数所组成的，且二阶导数只能是线性项。能满足上述要求的张量只有曲率张量 $\boldsymbol{R}^{\alpha}_{\beta\mu\nu}$，这一点可由曲率张量的展开式看出。因为方程的右端 $\boldsymbol{T}_{\mu\nu}$ 是二阶协变张量，$\boldsymbol{G}_{\mu\nu}$ 也应该是二阶协变张量，这样缩并后的曲率张量 $\boldsymbol{R}_{\mu\nu}$、$g_{\mu\nu}R$ 可以满足这些条件。

我们推断出 $\boldsymbol{G}_{\mu\nu}$ 的具体形式可能是

$$\boldsymbol{G}_{\mu\nu} = a\boldsymbol{R}_{\mu\nu} + b\boldsymbol{g}_{\mu\nu}R + c\boldsymbol{g}_{\mu\nu} \tag{6-9-13}$$

其中，a、b、c 均为待定常数，并且是对称张量。

于是，场方程应有如下形式：

$$a\boldsymbol{R}_{\mu\nu} + b\boldsymbol{g}_{\mu\nu}R + c\boldsymbol{g}_{\mu\nu} = \kappa\boldsymbol{T}_{\mu\nu} \tag{6-9-14}$$

其中，κ 为一个物理常数，相当于引力常数 G。

利用升降指标，式(6-9-14)可写为

$$a\boldsymbol{R}_{\mu}^{\nu} + b\boldsymbol{g}_{\mu}^{\nu}R + c\boldsymbol{g}_{\mu}^{\nu} = \kappa\boldsymbol{T}_{\mu}^{\nu}$$

将该式对 x^{ν} 求协变导数，由于能量动量守恒，即

$$\boldsymbol{T}^{\nu}_{\mu;\,\nu}=0$$

则

$$(a\boldsymbol{R}^{\nu}_{\mu}+b\boldsymbol{g}^{\nu}_{\mu}R)_{;\,\nu}=0 \tag{6-9-15}$$

对比降秩 Bianchi 恒等式：

$$\left(\boldsymbol{R}^{\mu}_{\nu}-\frac{1}{2}\boldsymbol{g}^{\mu}_{\nu}R\right)_{;\,\mu}=0$$

可以看出：

$$b=-\frac{1}{2}a$$

则

$$\boldsymbol{R}_{\mu\nu}-\frac{1}{2}\boldsymbol{g}_{\mu\nu}R+\Lambda\boldsymbol{g}_{\mu\nu}=K\boldsymbol{T}_{\mu\nu} \tag{6-9-16}$$

其中：

$$\Lambda=\frac{c}{a}$$

$$K=\frac{\kappa}{a}$$

将上式指标 ν 升上，然后缩并，可得

$$\boldsymbol{R}^{\mu}_{\mu}-\frac{1}{2}\boldsymbol{g}^{\mu}_{\mu}R+\Lambda\boldsymbol{g}^{\mu}_{\mu}=K\boldsymbol{T}^{\mu}_{\mu}$$

由于

$$\boldsymbol{R}^{\mu}_{\mu}=R,\ \boldsymbol{g}^{\mu}_{\mu}=4,\ \boldsymbol{T}^{\mu}_{\mu}=T$$

则

$$-R+4\Lambda=KT$$

将 $\boldsymbol{R}=4\Lambda-KT$ 代入式(6-9-16)，得

$$\boldsymbol{R}_{\mu\nu}-\Lambda\boldsymbol{g}_{\mu\nu}=K\left(\boldsymbol{T}_{\mu\nu}-\frac{1}{2}\boldsymbol{g}_{\mu\nu}T\right)$$

在无场源的空间，

$$\boldsymbol{T}_{\mu\nu}=0,\ T=0$$

上式成为

$$\boldsymbol{R}_{\mu\nu}-\Lambda\boldsymbol{g}_{\mu\nu}=0 \tag{6-9-17}$$

在弱场条件下，空间近似为平直空间，曲率张量 $\boldsymbol{R}^{\alpha}_{\mu\nu\alpha}=0$，从而 $\boldsymbol{R}_{\mu\nu}=0$，而 $g_{\mu\nu}\neq0$，由式(6-9-17)，必须 $\Lambda=0$。

于是，对于通常的无源区域，场方程(6-9-17)为

$$\boldsymbol{R}_{\mu\nu}=0 \tag{6-9-18}$$

实践证明，在数以十万光年计的“小范围”空间内，式(6－9－18)是相当正确的。而在更小范围内，如太阳系，方程式(6－9－18)和实测结果的符合程度更令人满意。

对于更为辽阔的空间是否能用平直空间的概念？是否需要考虑 $\Lambda \boldsymbol{g}_{\mu\nu}$ 一项？所以，常数 Λ 是关系到大空间范围的一个常数，也称宇宙论常数。

当选择 $\Lambda=0$ 后，普遍的引力方程(6－9－16)变成

$$\boldsymbol{R}_{\mu\nu}-\frac{1}{2}\boldsymbol{g}_{\mu\nu}R=K\boldsymbol{T}_{\mu\nu} \tag{6-9-19}$$

或

$$\boldsymbol{R}_{\mu}^{\nu}-\frac{1}{2}\boldsymbol{g}_{\mu}^{\nu}R=K\boldsymbol{T}_{\mu}^{\nu} \tag{6-9-20}$$

虽然引力场方程对度规场的二阶导数是线性的，但对度规场 $\boldsymbol{g}_{\mu\nu}$ 是非线性的。方程的左端包含着 $\boldsymbol{g}_{\mu\nu}$ 的逆变形式 $\boldsymbol{g}^{\mu\nu}$。而 $\boldsymbol{g}_{\mu\nu}$ 与 $\boldsymbol{g}^{\mu\nu}$ 之间的函数关系是相当复杂的。因此，整个方程关于 $\boldsymbol{g}_{\mu\nu}$ 是非常复杂的。由于方程对 $\boldsymbol{g}_{\mu\nu}$ 是非线性的，因而线性叠加原理不适用于引力场。

方程的右端 $\boldsymbol{T}_{\mu\nu}$，是不包括引力场的物质的能量动量。

由于 $\boldsymbol{G}_{\mu\nu}$ 的对称性。在四维空间中，可把方程式(6－9－19)中的指标分别取 0～3 的各个数，于是可以得到 10 个方程。从表面上看，由这 10 个方程可以求解出度规张量的 10 个分量。但度规张量是和坐标系的选择有关的，一旦度规张量确定了，坐标系也就选定了。而坐标系的选择有一定的自由，不应当由解方程求度规而定坐标。因此，必然存在关于 $\boldsymbol{g}_{\mu\nu}$ 的 4 个恒等式，这 4 个恒等式是 $\boldsymbol{G}_{\mu;\nu}^{\nu}=0$。所以 10 个方程中，只有 6 个是独立的，不足以决定度规张量 $\boldsymbol{g}_{\mu\nu}$ 的 10 个分量，应加上 4 个坐标条件去确定出 $\boldsymbol{g}_{\mu\nu}$。

常用的坐标条件有谐和条件：

$$\boldsymbol{g}^{\mu\nu}\Gamma_{\mu\nu}^{\alpha}=0 \tag{6-9-21}$$

也就是说我们应当选择这样一种坐标系，在这种坐标系中，式(6－9－21)成立。α 取 0～3的数，故式(6－9－21)是 4 个等式，这样方可求解出 10 个独立的度规张量。

6.9.3 弱场线性近似

前面曾经提及，普遍的引力场方程(6－9－19)，是关于度规场 $\boldsymbol{g}_{\mu\nu}$ 的非线性微分方程，非常复杂。在弱场的情况下，可以将方程简化，使方程成为关于度规的线性方程。

对于弱场，度规 $\boldsymbol{g}_{\mu\nu}$ 可以写为

$$\boldsymbol{g}_{\mu\nu}=\boldsymbol{\eta}_{\mu\nu}+\boldsymbol{h}_{\mu\nu} \qquad |h_{\mu\nu}|\ll 1 \tag{6-9-22}$$

式中，$\eta_{\mu\nu}$ 为闵氏空间的度规。弱引力空间趋近于闵氏空间，故其度规也和闵氏空间度规相差不多，$|h_{\mu\nu}|\ll 1$。

我们将引力方程(6－9－20)写成 $R=-KT$，并将其代入式(6－9－19)，得

$$\boldsymbol{R}_{\mu\nu} = K\left(\boldsymbol{T}_{\mu\nu} - \frac{1}{2}\boldsymbol{g}_{\mu\nu} T\right) \tag{6-9-23}$$

下面先来求在弱场近似下，$\boldsymbol{R}_{\mu\nu}$的表达式。如果忽略二阶小量($h_{\mu\nu}$和它的各阶导数都是一阶小量)。由于仿射联络在这种近似下为

$$\Gamma^{\alpha}_{\beta\mu} = \frac{1}{2}\boldsymbol{g}^{\alpha\sigma}\left(\frac{\partial \boldsymbol{g}_{\mu\sigma}}{\partial x^{\beta}} + \frac{\partial \boldsymbol{g}_{\beta\sigma}}{\partial x^{\mu}} - \frac{\partial \boldsymbol{g}_{\mu\beta}}{\partial x^{\sigma}}\right) \approx \frac{1}{2}\boldsymbol{\eta}^{\alpha\sigma}\left(\frac{\partial \boldsymbol{h}_{\mu\sigma}}{\partial x^{\beta}} + \frac{\partial \boldsymbol{h}_{\beta\sigma}}{\partial x^{\mu}} - \frac{\partial \boldsymbol{h}_{\mu\beta}}{\partial x^{\sigma}}\right)$$

同理：

$$\Gamma^{\alpha}_{\beta\nu} = \frac{1}{2}\boldsymbol{g}^{\alpha\sigma}\left(\frac{\partial \boldsymbol{g}_{\nu\sigma}}{\partial x^{\beta}} + \frac{\partial \boldsymbol{g}_{\beta\sigma}}{\partial x^{\nu}} - \frac{\partial \boldsymbol{g}_{\nu\beta}}{\partial x^{\sigma}}\right) \approx \frac{1}{2}\boldsymbol{\eta}^{\alpha\sigma}\left(\frac{\partial \boldsymbol{h}_{\nu\sigma}}{\partial x^{\beta}} + \frac{\partial \boldsymbol{h}_{\beta\sigma}}{\partial x^{\nu}} - \frac{\partial \boldsymbol{h}_{\nu\beta}}{\partial x^{\sigma}}\right)$$

($\Gamma^{\sigma}_{\beta\nu}\cdot\Gamma^{\alpha}_{\sigma\mu}$和$\Gamma^{\sigma}_{\beta\mu}\cdot\Gamma^{\alpha}_{\sigma\nu}$为二阶小量，可忽略)于是曲率张量为

$$\begin{aligned}
\boldsymbol{R}^{\alpha}_{\beta\mu\nu} &\approx \frac{\partial \Gamma^{\alpha}_{\beta\nu}}{\partial x^{\mu}} - \frac{\partial \Gamma^{\alpha}_{\beta\mu}}{\partial x^{\nu}} \\
&= \frac{1}{2}\boldsymbol{\eta}^{\alpha\sigma}\left(\frac{\partial^2 h_{\nu\sigma}}{\partial x^{\beta}\partial x^{\mu}} - \frac{\partial^2 h_{\nu\beta}}{\partial x^{\sigma}\partial x^{\mu}}\right) - \frac{1}{2}\boldsymbol{\eta}^{\alpha\sigma}\left(\frac{\partial^2 h_{\mu\sigma}}{\partial x^{\beta}\partial x^{\nu}} - \frac{\partial^2 h_{\mu\beta}}{\partial x^{\sigma}\partial x^{\nu}}\right) \\
&= \frac{1}{2}\boldsymbol{\eta}^{\alpha\sigma}\frac{\partial^2 h_{\nu\sigma}}{\partial x^{\beta}\partial x^{\mu}} - \frac{1}{2}\boldsymbol{\eta}^{\alpha\sigma}\frac{\partial^2 h_{\mu\sigma}}{\partial x^{\beta}\partial x^{\nu}} - \frac{1}{2}\boldsymbol{\eta}^{\alpha\sigma}\frac{\partial^2 h_{\nu\beta}}{\partial x^{\sigma}\partial x^{\mu}} + \frac{1}{2}\boldsymbol{\eta}^{\alpha\sigma}\frac{\partial^2 h_{\mu\beta}}{\partial x^{\sigma}\partial x^{\nu}} \\
&= \frac{1}{2}\left(\frac{\partial^2 h^{\alpha}_{\nu}}{\partial x^{\beta}\partial x^{\mu}} - \frac{\partial^2 h^{\alpha}_{\mu}}{\partial x^{\beta}\partial x^{\nu}} + \boldsymbol{\eta}^{\alpha\sigma}\frac{\partial^2 h_{\mu\beta}}{\partial x^{\sigma}\partial x^{\nu}} - \boldsymbol{\eta}^{\alpha\sigma}\frac{\partial^2 h_{\nu\beta}}{\partial x^{\sigma}\partial x^{\mu}}\right)
\end{aligned}$$

将上式指标α和ν缩并后得：

$$\boldsymbol{R}_{\beta\mu} = \frac{1}{2}\left(\frac{\partial^2 h}{\partial x^{\beta}\partial x^{\mu}} - \frac{\partial^2 h^{\alpha}_{\mu}}{\partial x^{\beta}\partial x^{\alpha}} + \boldsymbol{\eta}^{\alpha\sigma}\frac{\partial^2 h_{\mu\beta}}{\partial x^{\sigma}\partial x^{\alpha}} - \frac{\partial^2 h^{\sigma}_{\beta}}{\partial x^{\sigma}\partial x^{\mu}}\right) \tag{6-9-24}$$

式(6-9-24)中使用了$\boldsymbol{\eta}^{\alpha\sigma}\boldsymbol{h}_{\alpha\beta} = \boldsymbol{h}^{\sigma}_{\beta}$，$\boldsymbol{\eta}^{\alpha\beta}\boldsymbol{h}_{\alpha\beta} = \boldsymbol{h}^{\beta}_{\beta} = h$。

在弱场近似下，谐和条件(6-9-21)为

$$\begin{aligned}
\boldsymbol{g}^{\mu\nu}\Gamma^{\alpha}_{\mu\nu} &= \frac{1}{2}\boldsymbol{\eta}^{\mu\nu}\boldsymbol{\eta}^{\alpha\sigma}\left(\frac{\partial h_{\nu\sigma}}{\partial x^{\mu}} + \frac{\partial h_{\mu\sigma}}{\partial x^{\nu}} - \frac{\partial h_{\mu\nu}}{\partial x^{\sigma}}\right) \\
&= \frac{1}{2}\boldsymbol{\eta}^{\mu\nu}\left(\frac{\partial h^{\alpha}_{\nu}}{\partial x^{\mu}} + \frac{\partial h^{\alpha}_{\mu}}{\partial x^{\nu}} - \boldsymbol{\eta}^{\alpha\sigma}\frac{\partial h_{\mu\nu}}{\partial x^{\sigma}}\right) \\
&= \frac{1}{2}\left(\boldsymbol{\eta}^{\mu\nu}\frac{\partial h^{\alpha}_{\nu}}{\partial x^{\mu}} + \boldsymbol{\eta}^{\mu\nu}\frac{\partial h^{\alpha}_{\mu}}{\partial x^{\nu}} - \boldsymbol{\eta}^{\alpha\sigma}\frac{\partial h}{\partial x^{\sigma}}\right) \\
&= \frac{1}{2}\left(\frac{\partial h^{\alpha\mu}}{\partial x^{\mu}} + \frac{\partial h^{\alpha\nu}}{\partial x^{\nu}} - \boldsymbol{\eta}^{\alpha\sigma}\frac{\partial h}{\partial x^{\sigma}}\right)
\end{aligned}$$

由于谐和条件

$$\boldsymbol{g}^{\mu\nu}\Gamma^{\alpha}_{\mu\nu} = 0$$

得

$$\frac{1}{2}\left(\frac{\partial h^{\alpha\mu}}{\partial x^{\mu}} + \frac{\partial h^{\alpha\nu}}{\partial x^{\nu}} - \boldsymbol{\eta}^{\alpha\sigma}\frac{\partial h}{\partial x^{\sigma}}\right) = 0$$

将上式中哑指标μ、ν均换为σ：

$$2\cdot\frac{\partial \boldsymbol{h}^{\alpha\sigma}}{\partial x^{\sigma}}=\boldsymbol{\eta}^{\alpha\sigma}\frac{\partial h}{\partial x^{\sigma}}$$

下降指标 α：

$$2\cdot\boldsymbol{\eta}_{\alpha\nu}\frac{\partial \boldsymbol{h}^{\alpha\sigma}}{\partial x^{\sigma}}=\boldsymbol{\eta}_{\alpha\nu}\boldsymbol{\eta}^{\alpha\sigma}\frac{\partial h}{\partial x^{\sigma}}$$

$$2\cdot\frac{\partial \boldsymbol{h}_{\nu}^{\sigma}}{\partial x^{\sigma}}=\boldsymbol{\eta}_{\nu}^{\sigma}\frac{\partial h}{\partial x^{\sigma}}$$

或

$$\frac{\partial \boldsymbol{h}_{\nu}^{\mu}}{\partial x^{\mu}}=\frac{1}{2}\frac{\partial h}{\partial x^{\nu}} \tag{6-9-25}$$

这就是弱场近似下的谐和条件。

式(6－9－25)两端对 x^{β}求偏导，并将 μ 换成 α，ν 换成 μ：

$$\frac{\partial^2 \boldsymbol{h}_{\mu}^{\alpha}}{\partial x^{\alpha}\partial x^{\beta}}=\frac{1}{2}\frac{\partial^2 h}{\partial x^{\mu}\partial x^{\beta}}$$

同理

$$\frac{\partial^2 \boldsymbol{h}_{\beta}^{\sigma}}{\partial x^{\sigma}\partial x^{\mu}}=\frac{1}{2}\frac{\partial^2 h}{\partial x^{\mu}\partial x^{\beta}}$$

将上面两式代入式(6－9－24)：

$$\boldsymbol{R}_{\beta\mu}=\frac{1}{2}\boldsymbol{\eta}^{\alpha\sigma}\frac{\partial^2 \boldsymbol{h}_{\mu\beta}}{\partial x^{\sigma}\partial x^{\alpha}}$$

或写为

$$\boldsymbol{R}_{\beta\mu}=\frac{1}{2}\left(\frac{\partial^2 \boldsymbol{h}_{\mu\beta}}{\partial x^0\partial x^0}-\frac{\partial^2 \boldsymbol{h}_{\mu\beta}}{\partial x^1\partial x^1}-\frac{\partial^2 \boldsymbol{h}_{\mu\beta}}{\partial x^2\partial x^2}-\frac{\partial^2 \boldsymbol{h}_{\mu\beta}}{\partial x^3\partial x^3}\right)=-\frac{1}{2}\Box\boldsymbol{h}_{\beta\mu} \tag{6-9-26}$$

其中，

$$\Box=-\left(\frac{\partial^2}{\partial x^0\partial x^0}-\frac{\partial^2}{\partial x^1\partial x^1}-\frac{\partial^2}{\partial x^2\partial x^2}-\frac{\partial^2}{\partial x^3\partial x^3}\right)$$

称为达朗贝尔算符，式(6－9－26)即弱场近似情况下满足条件的 $\boldsymbol{R}_{\beta\mu}$。

现在看能量动量张量 $\boldsymbol{T}^{\mu\nu}$。

对于忽略相互作用的物质体系，能量动量张量为

$$\boldsymbol{T}^{\mu\nu}=\rho_0\boldsymbol{U}^{\mu}\boldsymbol{U}^{\nu}$$

而

$$T=\rho_0 c^2$$

$$\boldsymbol{T}_{\mu\nu}=\boldsymbol{g}_{\mu\alpha}\boldsymbol{g}_{\nu\beta}\boldsymbol{T}^{\alpha\beta}=\rho_0\boldsymbol{g}_{\mu\alpha}\boldsymbol{g}_{\nu\beta}\boldsymbol{U}^{\alpha}\boldsymbol{U}^{\beta}$$

$$=\rho_0\boldsymbol{g}_{\mu\alpha}\boldsymbol{g}_{\nu\beta}\frac{\mathrm{d}x^{\alpha}}{\mathrm{d}\tau}\cdot\frac{\mathrm{d}x^{\beta}}{\mathrm{d}\tau}$$

其中，$\mathrm{d}\tau=\frac{1}{c}\sqrt{g_{00}}\,\mathrm{d}x^0$。

并且在慢速条件下

$$\frac{\mathrm{d}x^1}{\mathrm{d}x^0}\ll 1,\ \frac{\mathrm{d}x^2}{\mathrm{d}x^0}\ll 1,\ \frac{\mathrm{d}x^3}{\mathrm{d}x^0}\ll 1$$

于是

$$\begin{aligned}\boldsymbol{T}_{\mu\nu}&=\rho_0\boldsymbol{g}_{\mu 0}\boldsymbol{g}_{\nu 0}c^2\frac{\mathrm{d}x^0}{\sqrt{g_{00}}\,\mathrm{d}x^0}\cdot\frac{\mathrm{d}x^0}{\sqrt{g_{00}}\,\mathrm{d}x^0}\\&=\rho_0\boldsymbol{g}_{\mu 0}\boldsymbol{g}_{\nu 0}c^2\frac{1}{g_{00}}\end{aligned}$$

加上弱场近似条件 $\boldsymbol{g}_{\mu\nu}=\boldsymbol{\eta}_{\mu\nu}+\boldsymbol{h}_{\mu\nu}$。

$$\boldsymbol{T}_{\mu\nu}=\rho_0\boldsymbol{g}_{\mu 0}\boldsymbol{g}_{\nu 0}c^2\frac{\boldsymbol{\eta}_{\mu 0}\boldsymbol{\eta}_{\nu 0}+\boldsymbol{\eta}_{\mu 0}\boldsymbol{h}_{\nu 0}+\boldsymbol{\eta}_{\nu 0}\boldsymbol{h}_{\mu 0}}{\eta_{00}+h_{00}} \tag{6-9-27}$$

求得 $T_{00}=\rho_0c^2$，$T_{\mu\nu}$的其余分量都近似为零。

再来求 R，由式(6-9-26)得：

$$\boldsymbol{R}_{\mu\nu}=\frac{1}{2}\boldsymbol{\eta}^{\alpha\sigma}\frac{\partial^2\boldsymbol{h}_{\mu\nu}}{\partial x^\sigma\partial x^\alpha}$$

上升指标 ν：

$$\boldsymbol{R}_\mu^\nu=\frac{1}{2}\boldsymbol{\eta}^{\alpha\sigma}\frac{\partial^2\boldsymbol{h}_\mu^\nu}{\partial x^\sigma\partial x^\alpha}$$

缩并：

$$R=R_\mu^\mu=\frac{1}{2}\boldsymbol{\eta}^{\alpha\sigma}\frac{\partial^2 h}{\partial x^\sigma\partial x^\alpha}$$

其中，$h=h_\mu^\mu$，则场方程(6-9-19)在弱场近似下化为

$$\frac{1}{2}\boldsymbol{\eta}^{\alpha\sigma}\frac{\partial^2\boldsymbol{h}_{\mu\nu}}{\partial x^\sigma\partial x^\alpha}-\frac{1}{2}(\boldsymbol{\eta}_{\mu\nu}+\boldsymbol{h}_{\mu\nu})\cdot\frac{1}{2}\boldsymbol{\eta}^{\alpha\sigma}\frac{\partial^2 h}{\partial x^\sigma\partial x^\alpha}=K\boldsymbol{T}_{\mu\nu}$$

$$\Box\left(\boldsymbol{h}_{\mu\nu}-\frac{1}{2}\boldsymbol{\eta}_{\mu\nu}h\right)=-2K\boldsymbol{T}_{\mu\nu}$$

将指标上升：

$$\Box\left(\boldsymbol{h}^{\mu\nu}-\frac{1}{2}\boldsymbol{\eta}^{\mu\nu}h\right)=-2K\boldsymbol{T}^{\mu\nu}$$

令

$$\boldsymbol{h}^{\mu\nu}-\frac{1}{2}\boldsymbol{\eta}^{\mu\nu}h=\boldsymbol{\psi}^{\mu\nu}$$

场方程变为

$$\Box\boldsymbol{\psi}^{\mu\nu}=-2K\boldsymbol{T}^{\mu\nu} \tag{6-9-28}$$

而坐标条件 (6-9-25)可化为

$$\frac{\partial\boldsymbol{h}_\nu^\mu}{\partial x^\mu}-\frac{1}{2}\boldsymbol{\eta}_\nu^\mu\frac{\partial h}{\partial x^\mu}=0$$

$$\frac{\partial\left(\boldsymbol{h}_{\nu}^{\mu}-\dfrac{1}{2}\boldsymbol{\eta}_{\nu}^{\mu}h\right)}{\partial x^{\mu}}=0$$

令

$$\boldsymbol{h}_{\nu}^{\mu}-\frac{1}{2}\boldsymbol{\eta}_{\nu}^{\mu}h=\boldsymbol{\psi}_{\nu}^{\mu}$$

坐标条件为

$$\boldsymbol{\psi}_{\nu;\mu}^{\mu}=0 \qquad \text{或者} \qquad \boldsymbol{\psi}_{;\mu}^{\mu\nu}=0 \tag{6-9-29}$$

式中，

$$\boldsymbol{\psi}^{\mu\nu}=\boldsymbol{h}^{\mu\nu}-\frac{1}{2}\boldsymbol{\eta}^{\mu\nu}h$$

通过式(6-9-28)和式(6-9-29)，可以求出弱场近似条件下的 $\boldsymbol{h}^{\mu\nu}$。

因此，我们可以在弱场近似情况下，由场方程导出牛顿引力方程。

牛顿力学中的引力场方程是泊松方程的形式，即 $\nabla\varphi=4\pi G\rho$，由前面的内容还知道，弱静场中低速运动的质点：

$$h_{00}=\frac{2\varphi}{c^{2}}$$

由式(6-9-26)，取 $\beta=\mu=0$，并考虑在静场中，得

$$R_{00}=-\frac{1}{2}\Box h_{00}=-\frac{1}{2}\nabla^{2}h_{00}$$

而由场方程(6-9-23)得

$$R_{00}=K\left(T_{00}-\frac{1}{2}\eta_{00}T\right)$$

将 $T_{00}\approx\rho_0c^2$，$T=\rho_0c^2$ 代入上式：

$$R_{00}=K\left(\rho_0c^2-\frac{1}{2}\rho_0c^2\right)=\frac{1}{2}K\rho_0c^2$$

于是

$$-\nabla^{2}h_{00}=K\rho_0c^2$$

即

$$\nabla^{2}\frac{2\varphi}{c^{2}}=-K\rho_0c^2$$

$$\nabla^{2}\varphi=-\frac{1}{2}Kc^{4}\rho_0$$

与泊松方程比较，得

$$K=-8\pi\frac{G}{c^{4}}$$

该式表示了系数 K 和引力常数 G 之间的关系。

例 6.3 求牛顿引力场的黎曼曲率张量，并用里奇张量表示牛顿引力场方程。

解 设牛顿引力势为 φ，则质点在牛顿场中的运动方程可表示成如下形式：

$$\frac{d^2x^i}{dt^2}=-\frac{\partial\varphi}{\partial x^i}\qquad (i=1,\ 2,\ 3)$$

引入轨道参数 $\lambda=at+b$(其中 a、b 为常数)，并将轨道方程表示为 $x^i=x^i(\lambda)$，$t=t(\lambda)$，因此上式变为

$$\frac{d\lambda}{dt}\frac{d\lambda}{dt}\frac{d^2x^i}{d\lambda^2}=-\frac{\partial\varphi}{\partial x^i}$$

写成四度形式，有

$$\frac{d^2t}{d\lambda^2}=0,\ \frac{d^2x^i}{d\lambda^2}+\frac{\partial\varphi}{\partial x^i}\left(\frac{dt}{d\lambda}\right)^2=0$$

与式(6-5-6)进行比较，可得

$$\Gamma^i_{00}=\frac{\partial\varphi}{\partial x^i}，其余各分量为零$$

因此，由式(6-8-4)很容易计算出黎曼曲率张量的非零分量为

$$R^i_{0k0}=-R^i_{00k}=\frac{\partial^2\varphi}{\partial x^i\partial x^k}$$

而里奇张量 $R_{\alpha\beta}=R^{\mu}_{\alpha\mu\beta}$，故有

$$R_{00}=R^i_{0i0}=\frac{\partial^2\varphi}{\partial x^i\partial x^k}=\nabla^2\varphi，其余分量为零$$

由泊松方程 $\nabla^2\varphi=4\pi\rho$，就可以得到用 $R_{\mu\nu}$ 表示的牛顿引力场方程：

$$R_{00}=4\pi\rho$$

6.10 球对称引力场中场方程的解——Schwarzschild 解(施瓦西解)

由于引力场方程是关于度规 $g_{\mu\nu}$ 的非线性方程组，其解非常复杂，在通常情况下无法由数学解法求出它的精确解，仅在一些特殊情况下，可求出其准确解。当引力空间具有球对称性时，计算可以得到简化，其精确解由 Schwarzschild 在 1916 年求得，通常称为 Schwarzschild 解。如果是球对称分布的静止质量产生的引力场，即属于此种场。

1. 球对称静止质量度规的表达式

静场的特征是场与时间无关和具有时间对称性，于是在四维空间，间隔 dS^2 的表达式中，时间微分 dt 只能以 dt^2 形式出现，不存在 $dx\cdot dt$，$dy\cdot dt$，$dz\cdot dt$ 这样的交叉项，如果出现这样的交叉项，就将破坏时间的对称性，也就是 dS^2 不随 dt 取正或负号而变化。

我们再来分析球对称场的空间。对于通常的无引力三维空间，如果我们采用球坐标系，则三维空间的弧元 $dl^2=dr^2+r^2\sin^2\theta d\varphi^2+r^2d\theta^2$，而且无论怎样在空间转动坐标系，弧元 dl^2 的表达式总是不变。在球对称引力场的情况下，四维时空中的间隔 dS^2，也应当在空间坐标系的转动下保持不变。为达到这一要求，在间隔 dS^2 的表达式中，空间坐标的微分，只能以 dl^2、dr^2 和 r 三种方式出现。

由以上对时空坐标的分析可知 dS^2 应有下列形式：

$$dS^2 = c^2A(r)dt^2+B(r)dl^2+C(r)dr^2 \tag{6-10-1}$$

式中，$A(r)$、$B(r)$、$C(r)$是一些只和 r 有关的待定函数。即

$$dS^2 =-c^2A'(r)dt^2+B'(r)dr^2+r^2d\theta^2+r^2\sin^2\theta d\varphi^2 \tag{6-10-2}$$

为方便起见，可将上式中的待定函数写成指数函数的形式：

$$dS^2 =-e^{N(r)}c^2dt^2+e^{L(r)}dr^2+r^2d\theta^2+r^2\sin^2\theta d\varphi^2 \tag{6-10-3}$$

该式即球对称静止场四维时空中间隔的一般表达式。按照通常惯例，令 $x^0=ct$，$x^1=r$，$x^2=\theta$，$x^3=\varphi$，上式成为

$$dS^2=-e^{N(x^1)}(dx^0)^2+e^{L(x^1)}(dx^1)^2+(x^1)^2(dx^2)^2+(x^1)^2\sin^2x^2(dx^3)^2$$

于是度规张量为

$$[g_{\mu\nu}]=\begin{bmatrix}-e^{N(r)} & 0 & 0 & 0\\ 0 & e^{L(r)} & 0 & 0\\ 0 & 0 & r^2 & 0\\ 0 & 0 & 0 & r^2\sin^2\theta\end{bmatrix} \tag{6-10-4}$$

2. 两个待定函数 $N(r)$、$L(r)$的讨论

克里斯托菲符号

$$\Gamma^{\sigma}_{\lambda\mu}=\frac{1}{2}\boldsymbol{g}^{\sigma\nu}\left(\frac{\partial\boldsymbol{g}_{\mu\nu}}{\partial x^{\lambda}}+\frac{\partial\boldsymbol{g}_{\lambda\nu}}{\partial x^{\mu}}-\frac{\partial\boldsymbol{g}_{\mu\lambda}}{\partial x^{\nu}}\right)$$

由于

$$\boldsymbol{g}^{\sigma\nu}=\frac{\boldsymbol{G}_{\sigma\nu}}{g}$$

$$g=|g_{\mu\nu}|=-e^{N+L}r^4\sin^2\theta$$

则

$$g^{\sigma\sigma}=\frac{1}{g_{\sigma\sigma}}\qquad（此处重复指标 \sigma 不作求和）$$

$$g^{\sigma\beta}=0\qquad(\sigma\neq\beta)$$

于是

$$\Gamma^{\sigma}_{\lambda\mu}=\frac{1}{2\boldsymbol{g}_{\sigma\sigma}}\left(\frac{\partial\boldsymbol{g}_{\mu\sigma}}{\partial x^{\lambda}}+\frac{\partial\boldsymbol{g}_{\lambda\sigma}}{\partial x^{\mu}}-\frac{\partial\boldsymbol{g}_{\mu\lambda}}{\partial x^{\sigma}}\right)\qquad（对 \sigma 不求和）$$

三个指标 σ、λ、μ 均不相等时，由上式

$$\Gamma^{\sigma}_{\lambda\mu}=0$$

若其中任两指标相等，可得不等于零的 $\Gamma^{\sigma}_{\lambda\mu}$ 如下：

$$\Gamma^0_{01}=\Gamma^0_{10}=\frac{1}{2g_{00}}\left(\frac{\partial g_{00}}{\partial x^1}\right)=\frac{1}{2}N'$$

$$\Gamma^1_{00}=\frac{1}{2g_{11}}\left(-\frac{\partial g_{00}}{\partial x^1}\right)=\frac{1}{2}N'\mathrm{e}^{N-L}$$

$$\Gamma^1_{11}=\frac{1}{2g_{11}}\left(\frac{\partial g_{11}}{\partial x^1}\right)=\frac{1}{2}L'$$

$$\Gamma^1_{22}=\frac{1}{2g_{11}}\left(-\frac{\partial g_{22}}{\partial x^1}\right)=-r\mathrm{e}^{-L}$$

$$\Gamma^1_{33}=\frac{1}{2g_{11}}\left(-\frac{\partial g_{33}}{\partial x^1}\right)=-r\mathrm{e}^{-L}\sin^2\theta$$

$$\Gamma^2_{12}=\Gamma^2_{21}=\frac{1}{2g_{22}}\left(\frac{\partial g_{22}}{\partial x^1}\right)=\frac{1}{r}$$

$$\Gamma^2_{33}=\frac{1}{2g_{22}}\left(-\frac{\partial g_{33}}{\partial x^2}\right)=-\sin\theta\cdot\cos\theta$$

$$\Gamma^3_{13}=\Gamma^3_{31}=\frac{1}{2g_{33}}\left(\frac{\partial g_{33}}{\partial x^1}\right)=\frac{1}{r}$$

$$\Gamma^3_{23}=\Gamma^3_{32}=\frac{1}{2g_{33}}\left(\frac{\partial g_{33}}{\partial x^2}\right)=\mathrm{arctan}\theta$$

式中，N' 和 L' 分别表示 $\frac{\mathrm{d}N}{\mathrm{d}r}$ 和 $\frac{\mathrm{d}L}{\mathrm{d}r}$。

3. 引力场方程

我们不打算求球对称质量的内部解，只求球体质量以外空间的度规场，在这些空间点没有“物质”分布，这里的“物质”是指场以外的物质(不包括场质)。在这些空间点，能量动量张量 $\boldsymbol{T}_{\mu\nu}$ 等于零。

由场方程得

$$\boldsymbol{R}_{\mu\nu}=0 \tag{6-10-5}$$

已知里奇张量 $\boldsymbol{R}_{\beta\mu}$ 的具体形式：

$$\boldsymbol{R}_{\beta\mu}=\frac{\partial\Gamma^{\nu}_{\beta\nu}}{\partial x^{\mu}}-\frac{\partial\Gamma^{\nu}_{\beta\mu}}{\partial x^{\nu}}+\Gamma^{\sigma}_{\beta\nu}\cdot\Gamma^{\nu}_{\sigma\mu}-\Gamma^{\sigma}_{\beta\mu}\cdot\Gamma^{\nu}_{\sigma\nu}$$

上式中对那些 $\mu\neq\beta$ 的分量，可求得

$$\boldsymbol{R}_{\beta\mu}\equiv0$$

只剩下四个分量：

$$R_{00}=\frac{\partial\Gamma^{\nu}_{0\nu}}{\partial x^{0}}-\frac{\partial\Gamma^{\nu}_{00}}{\partial x^{\nu}}+\Gamma^{\sigma}_{0\nu}\cdot\Gamma^{\nu}_{\sigma 0}-\Gamma^{\sigma}_{00}\cdot\Gamma^{\nu}_{\sigma\nu}$$

$$=-\frac{1}{2}N''\mathrm{e}^{N-L}-\frac{1}{2}N'\mathrm{e}^{N-L}(N'-L')+\frac{1}{2}N'^{2}\mathrm{e}^{N-L}$$

$$-\frac{1}{2}N'\mathrm{e}^{N-L}\left(\frac{1}{2}N'+\frac{1}{2}L'+\frac{2}{r}\right)$$

$$=\mathrm{e}^{N-L}\left(-\frac{1}{2}N''+\frac{1}{4}N'L'-\frac{1}{4}N'^{2}-\frac{N'}{r}\right)$$

$$R_{11}=\frac{1}{2}N''-\frac{1}{4}N'L'+\frac{1}{4}N'^{2}-\frac{L'}{r}$$

$$R_{22}=\mathrm{e}^{-L}\left[1+\frac{1}{2}r(N'-L')\right]-1$$

$$R_{33}=\sin^{2}\theta\mathrm{e}^{-L}\left[1+\frac{1}{2}r(N'-L')\right]-\sin^{2}\theta$$

将此方程代入式(6－10－5)，得引力场的一组方程：

$$\left.\begin{aligned}&\mathrm{e}^{N-L}\left(-\frac{1}{2}N''+\frac{1}{4}N'L'-\frac{1}{4}N'^{2}-\frac{N'}{r}\right)=0\\&\frac{1}{2}N''-\frac{1}{4}N'L'+\frac{1}{4}N'^{2}-\frac{L'}{r}=0\\&\mathrm{e}^{-L}\left[1+\frac{1}{2}r(N'-L')\right]-1=0\\&\sin^{2}\theta e^{-L}\left[1+\frac{1}{2}r(N'-L')\right]-\sin^{2}\theta=0\end{aligned}\right\}$$

由方程组中第一和第二方程解得

$$N'=-L'$$

积分得

$$N=-L+\mathrm{const}$$

考虑到当 $r\to\infty$ 时，空间应为闵氏空间，即

$$g_{\mu\nu}\to\eta_{\mu\nu}$$

因此，$r\to\infty$ 时，$L\to 0$，$N\to 0$，得

$$N=-L \tag{6-10-6}$$

将此结果代入方程组中的后两个方程，均能得到

$$\mathrm{e}^{N}(1+rN')=1$$

$$\mathrm{e}^{N}+r\frac{\partial\mathrm{e}^{N}}{\partial r}=1$$

积分得

$$e^N = 1 - \frac{A}{r} \qquad (A\text{ 为积分常数})$$

即

$$g_{00} = -e^N = -1 + \frac{A}{r}$$

在弱场近似条件下：

$$g_{00} = -1 + \frac{2\varphi}{c^2} \qquad \left(\varphi = -\frac{GM}{r}\text{为引力势}\right)$$

常数

$$A = \frac{2GM}{c^2}$$

于是求得

$$g_{00} = -e^N = -\left(1 - \frac{2GM}{c^2 r}\right)$$

$$g_{11} = e^{-N} = \left(1 - \frac{2GM}{c^2 r}\right)^{-1}$$

$$g_{22} = r^2$$

$$g_{33} = r^2 \sin^2\theta$$

间隔

$$dS^2 = -\left(1 - \frac{2GM}{c^2 r}\right)c^2 dt^2 + \left(1 - \frac{2GM}{c^2 r}\right)^{-1} dr^2 + r^2 d\theta^2 + r^2 \sin^2\theta d\varphi^2$$

这就是球对称静止质量的外部解，即所谓的 Schwarzschild 解。此解的求得比广义相对论理论的建立仅晚一年。

6.11　广义相对论观测结果的理论证明

1. 水星近日点的进动

太阳系中的行星在太阳的引力场中运动，而太阳的引力场正是对称场，其解在上节已经求得。

20 世纪人们就已经知道水星近日点进动的观测值与理论计算值有偏差，观测值为每百年 1°33′20″，根据牛顿的引力理论，其值为每百年 1°22′37″，但仍有 43″的值理论难以说明。这一偏差已是观测允许误差的几百倍。为了解释这一偏差，最初，人们假设在水星轨道内部有一新的行星，这一新行星曾被命名为 Vulcan。于是，有许多理论工作者计算这一行星的位置。但是，计算的结果都未能由观测所证实。直到 1915 年爱因斯坦以他的广义相对论为根据来解释这一现象，取得了惊人的成功，新行星假说才为人们所抛弃。

1）中心力场中质点的运动

设运动质点质量很小，致使原场不发生显著的变化。质点在引力场中的运动方程是：

$$\frac{\mathrm{d}^2 x^\lambda}{\mathrm{d}S^2}+\Gamma^\lambda_{\nu\alpha}\frac{\mathrm{d}x^\nu}{\mathrm{d}S}\cdot\frac{\mathrm{d}x^\alpha}{\mathrm{d}S}=0$$

分别把球对称场中的克里斯托菲符号和度规代入上式，可得下列四个方程：

当 $\lambda=0$ 时，得

$$\frac{\mathrm{d}^2 x^0}{\mathrm{d}S^2}+N'\frac{\mathrm{d}r}{\mathrm{d}S}\cdot\frac{\mathrm{d}x^0}{\mathrm{d}S}=0 \tag{6-11-1}$$

当 $\lambda=1$ 时，得

$$\frac{\mathrm{d}^2 r}{\mathrm{d}S^2}+\frac{1}{2}\mathrm{e}^{N-L}N'\left(\frac{\mathrm{d}x^0}{\mathrm{d}S}\right)^2+\frac{1}{2}L'\left(\frac{\mathrm{d}r}{\mathrm{d}S}\right)^2-r\mathrm{e}^{-L}\sin^2\theta\left(\frac{\mathrm{d}\theta}{\mathrm{d}S}\right)^2-r\mathrm{e}^{-L}\left(\frac{\mathrm{d}\varphi}{\mathrm{d}S}\right)^2=0 \tag{6-11-2}$$

当 $\lambda=2$ 时，得

$$\frac{\mathrm{d}^2\theta}{\mathrm{d}S^2}+\frac{2}{r}\frac{\mathrm{d}r}{\mathrm{d}S}\cdot\frac{\mathrm{d}\theta}{\mathrm{d}S}-\sin\theta\cdot\cos\theta\cdot\left(\frac{\mathrm{d}\varphi}{\mathrm{d}S}\right)^2=0 \tag{6-11-3}$$

如果选择这样的坐标系，使得在初始时刻由质点的初速和场源点 o 所决定之平面为 $\theta=\frac{\pi}{2}$，由于 $\frac{\mathrm{d}\theta}{\mathrm{d}S}=0$，$\cos\theta=0$，式(6-11-3)变为

$$\frac{\mathrm{d}^2\theta}{\mathrm{d}S^2}=0$$

表示质点坐标 θ 将永为 $\frac{\pi}{2}$，即轨道面垂直于 y 轴，如图 6-8 所示。

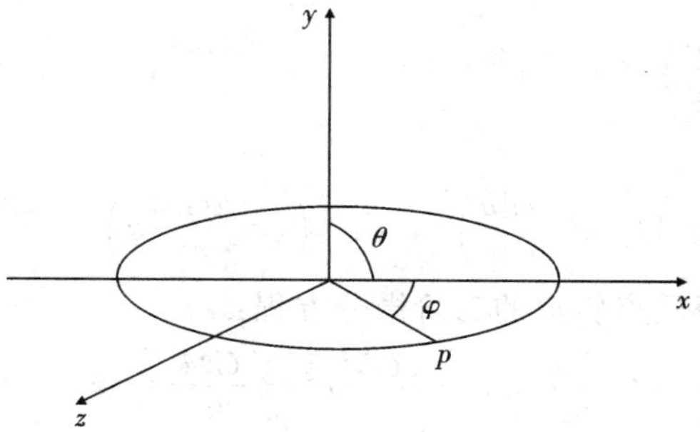

图 6-8　中心力场中质点的运动

当 $\lambda=3$ 时，得

$$\frac{\mathrm{d}^2\varphi}{\mathrm{d}S^2}+\frac{2}{r}\frac{\mathrm{d}r}{\mathrm{d}S}\cdot\frac{\mathrm{d}\varphi}{\mathrm{d}S}=0 \tag{6-11-4}$$

积分式(6-11-1)和式(6-11-4)：

$$\frac{\mathrm{d}x^0}{\mathrm{d}S} = K\mathrm{e}^{-N} = \frac{K}{1-\dfrac{2GM}{c^2 r}} \qquad (6-11-5)$$

$$\frac{\mathrm{d}\varphi}{\mathrm{d}S} = \frac{c'}{r^2} \qquad (6-11-6)$$

式中，K 和 c' 为积分常数。

现在来看式(6-11-2)，由于$\dfrac{\mathrm{d}\theta}{\mathrm{d}S}=0$，此式变成：

$$\frac{\mathrm{d}^2 r}{\mathrm{d}S^2} + \frac{1}{2}\mathrm{e}^{N-L}N'\left(\frac{\mathrm{d}x^0}{\mathrm{d}S}\right)^2 + \frac{1}{2}L'\left(\frac{\mathrm{d}r}{\mathrm{d}S}\right)^2 - r\mathrm{e}^{-L}\left(\frac{\mathrm{d}\varphi}{\mathrm{d}S}\right)^2 = 0 \qquad (6-11-7)$$

直接求解困难较大，可用 $\mathrm{d}S^2$ 的表达式来代替它：

$$\mathrm{d}S^2 = \left(1-\frac{2GM}{c^2 r}\right)\mathrm{d}(x^0)^2 - \left(1-\frac{2GM}{c^2 r}\right)^{-1}\mathrm{d}r^2 - r^2\mathrm{d}\varphi^2$$

即

$$1 = \left(1-\frac{2GM}{c^2 r}\right)\left(\frac{\mathrm{d}x^0}{\mathrm{d}S}\right)^2 - \left(1-\frac{2GM}{c^2 r}\right)^{-1}\left(\frac{\mathrm{d}r}{\mathrm{d}S}\right)^2 - r^2\left(\frac{\mathrm{d}\varphi}{\mathrm{d}S}\right)^2$$

将式(6-11-5)和(6-11-6)代入上式，整理后得

$$\left(\frac{\mathrm{d}r}{\mathrm{d}S}\right)^2 + r^2\cdot\left(\frac{\mathrm{d}\varphi}{\mathrm{d}S}\right)^2 = (K^2-1) + \frac{2GM}{c^2 r} + \frac{2GM}{c^2}\cdot\frac{c'^2}{r^3} \qquad (6-11-8)$$

若令 $u=\dfrac{1}{r}$，得

$$\frac{\mathrm{d}r}{\mathrm{d}S} = \frac{\mathrm{d}r}{\mathrm{d}\varphi}\cdot\frac{\mathrm{d}\varphi}{\mathrm{d}S} = -\frac{1}{u^2}\frac{\mathrm{d}u}{\mathrm{d}\varphi}\cdot\frac{c'}{r^2} = -\frac{\mathrm{d}u}{\mathrm{d}\varphi}c'$$

代入式(6-11-8)得

$$c'^2\left(\frac{\mathrm{d}u}{\mathrm{d}\varphi}\right)^2 + u^2\cdot c'^2 = (K^2-1) + \frac{2GM}{c^2}u + \frac{2GM}{c^2}\cdot c'^2 u^3$$

即

$$(K^2-1) - c'^2\left(\frac{\mathrm{d}u}{\mathrm{d}\varphi}\right)^2 - u^2 c'^2\left(1-\frac{2GM}{c^2}u\right) = -\frac{2GM}{c^2}u$$

将上式对 φ 求微商，可得质点轨道的二阶微分方程：

$$\frac{\mathrm{d}^2 u}{\mathrm{d}\varphi^2} + u - \frac{3GM}{c^2}u^2 - \frac{GM}{c^2 c'^2} = 0 \qquad (6-11-9)$$

2) 水星近日点的进动

公式(6-11-9)是相对论的对称场中质点的轨道方程，它比经典力学中的对应 Binet 公式多了一项$\dfrac{3GM}{c^2}u^2$，也正是由于这一项的存在，使得行星轨道近日点的进动发生了变化。由于 $u^2=\dfrac{1}{r^2}$，对于那些远离太阳的行星，这一项的影响可以略而不计，只有那些距离

太阳较近的行星，才能显示出进动的变化。即使对于那些 r 较小的行星，$\frac{3GM}{c^2}u^2$一项比起$\frac{GM}{c^2c'^2}$项来，也是小得多。

我们不妨看一下它们的比值：

$$\frac{\frac{3GM}{c^2}u^2}{\frac{GM}{c^2c'^2}}=3u^2c'^2$$

由式(6-11-6)得

$$c'=\frac{\mathrm{d}\varphi}{\mathrm{d}S}r^2$$

则

$$3u^2c'^2=3r^4\left(\frac{\mathrm{d}\varphi}{\mathrm{d}S}\right)^2u^2=3r^2\cdot\frac{1}{c^2}\cdot\left(\frac{\mathrm{d}\varphi}{\mathrm{d}t}\right)^2$$

而 $r\cdot\left(\frac{\mathrm{d}\varphi}{\mathrm{d}t}\right)$是行星的运动速度，它远比光速小得多，因此，$\frac{3GM}{c^2}u^2$一项可作为微扰处理，应用微扰论的方法解方程(6-11-9)。

首先略去微扰项，得方程解为

$$u=\frac{GM}{c^2c'^2}[1+e\cdot\cos(\varphi-\varphi_0)] \tag{6-11-10}$$

这是离心率为 e、近日点位于 $\varphi=\varphi_0$ 的椭圆轨道曲线。

将式(6-11-10)代回到式(6-11-9)中：

$$\begin{aligned}\frac{\mathrm{d}^2u}{\mathrm{d}\varphi^2}+u=&\frac{GM}{c^2c'^2}+\frac{3G^3M^3}{c^6c'^4}+\frac{6G^3M^3}{c^6c'^4}\cdot e\cdot\cos(\varphi-\varphi_0)\\&+\frac{3G^3M^3e^2}{2c^6c'^4}[1+\cos2(\varphi-\varphi_0)]\end{aligned} \tag{6-11-11}$$

由于和圆相近的轨道，离心率 e 很小，可略去 e^2一项；常数项$\frac{3G^3M^3}{c^6c'^4}$与$\frac{GM}{c^2c'^2}$相比，也可略去，于是，式(6-11-11)化为

$$\frac{\mathrm{d}^2u}{\mathrm{d}\varphi^2}+u-\frac{GM}{c^2c'^2}-\frac{6G^3M^3}{c^6c'^4}\cdot e\cdot\cos(\varphi-\varphi_0)=0 \tag{6-11-12}$$

其解为

$$u=\frac{GM}{c^2c'^2}[1+e\cos(\varphi-\varphi_0)]+\frac{3eG^3M^3}{c^6c'^4}\cdot\varphi\cdot\sin(\varphi-\varphi_0) \tag{6-11-13}$$

因$\frac{G^2M^2\varphi}{c^4c'^2}=(GM)^2\varphi\cdot\frac{1}{c^2r^4\left(\frac{\mathrm{d}\varphi}{\mathrm{d}t}\right)^2}$很小，式(6-8-13)可近似地写为

$$u=\frac{GM}{c^2c'^2}\left\{1+e\cos\left[(\varphi-\varphi_0)-\frac{3G^2M^2\varphi}{c^4c'^2}\right]\right\} \tag{6-11-14}$$

这就是考虑了相对论效应的质点轨道，它表示作进动的椭圆轨道。由于 G、M、c、c'、e、φ_0 各量均为常数，φ 的变化将引起 u 的变化。余弦函数的宗量变化 2π 时，u 将回到原值。设 φ 变化 $\Delta\varphi$ 使得余弦函数的宗量变化 2π，用下列数学式子表示：

$$(\varphi+\Delta\varphi)-\varphi_0-\frac{3G^2M^2}{c^4c'^2}(\varphi-\Delta\varphi)=\varphi-\varphi_0-\frac{3G^2M^2}{c^4c'^2}\varphi+2\pi$$

求得

$$\Delta\varphi=2\pi\left[1-\frac{3G^2M^2}{c^4c'^2}\right]^{-1}\approx 2\pi\left(1+\frac{3G^2M^2}{c^4c'^2}\right) \tag{6-11-15}$$

从上式可以看出，对水星来说，其转动周期为 88 日，将各个常数值代入，其中 M 为太阳质量。可求得水星每百年的渐进角度为 42″9，与观测值基本相符。对其他行星，进动的数值都很小，过去没有引起人们的重视。

在对广义相对论的验证中，行星近日点的进动是可达到高度精密的验证方法。自 1943 年以来，一些天文工作者已经在外行星的轨道计算中加入了相对论修正，并载入天文年历中。1947 年起，对内行星和地球的轨道正在作仔细的修正计算。对于水星和地球，精确的测定是每百年近日点各前进 42″56 和 4″6。而根据公式 $\frac{6\pi G^2M^2}{c^4c'^2}$，用更精密的天文常数计算，各得 43″03 和 3″84。

2. 光线的偏转

在几何光学中，光线在均匀介质中传播的路径为一直线。但在引力场中光线的路径发生弯曲，下面来看球对称场中光线的弯曲。

上一节曾导出质点在球对称场中运动的轨道方程(6-11-9)为

$$\frac{d^2u}{d\varphi^2}+u-\frac{3GM}{c^2}u^2-\frac{GM}{c^2c'^2}=0$$

经此方程运用到光线的传播上，对光的传播来说，间隔 $dS=0$，且 $c'=\frac{d\varphi}{dS}r^2$，当 $dS\to 0$ 时，$c'\to\infty$，于是轨道方程的最后一项将趋于零，方程变为

$$\frac{d^2u}{d\varphi^2}+u-\frac{3GM}{c^2}u^2=0 \tag{6-11-16}$$

因 $\frac{3GM}{c^2}u^2$ 与 u 相比很小，可以用微扰法来求解。

略去 $\frac{3GM}{c^2}u^2$ 一项，方程变为

$$\frac{d^2u}{d\varphi^2}+u=0$$

其解为

$$u=\frac{\cos\varphi}{R} \tag{6-11-17}$$

其中，R 为一积分常数。将 $u=\frac{1}{r}$ 代入，得 $R=r\cos\varphi$，为一直线方程。R 为由原点到直线的垂直距离。如图 6-9 所示，直线在 xOy 平面上，以 Ox 轴作为 $\varphi=0$，直线垂直于 Ox 轴且距原点 O 为 R。

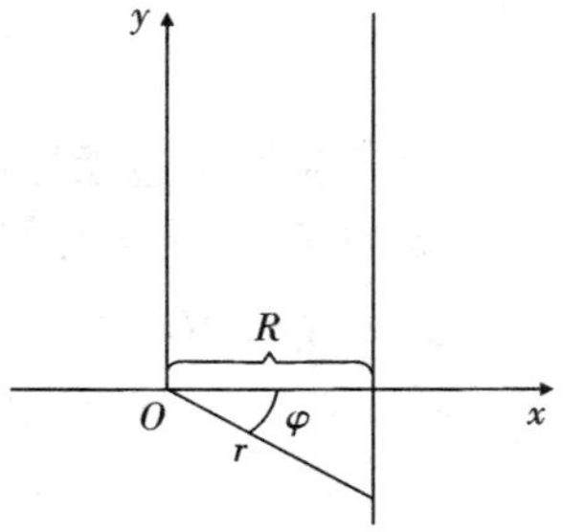

图 6-9　光的直线传播

将 $u=\frac{\cos\varphi}{R}$ 代入方程(6-11-16)中的第三项，可得

$$\frac{\mathrm{d}^2u}{\mathrm{d}\varphi^2}+u-\frac{3GM}{c^2R^2}\cos^2\varphi=0 \tag{6-11-18}$$

该方程有特解：

$$u_1=\frac{GM}{c^2R^2}(\cos^2\varphi+2\sin^2\varphi)$$

于是式(6-11-18)的一般解为

$$u=\frac{\cos\varphi}{R}+\frac{GM}{c^2R^2}(\cos^2\varphi+2\sin^2\varphi) \tag{6-11-19}$$

代入 $u=\frac{1}{r}$，上式可写为

$$R=r\cos\varphi+\frac{GM}{c^2R}(r\cos^2\varphi+2r\sin^2\varphi)$$

将极坐标改为直角坐标：

$$x=r\cos\varphi$$
$$y=r\sin\varphi$$

得

$$x=R-\frac{GM}{c^2R}\frac{x^2+2y^2}{\sqrt{x^2+y^2}} \tag{6-11-20}$$

前面曾提到，在没有引力场时，光线方程为 $x=R$ 的直线。在引力场空间中，光传播的轨道方程为(6-11-20)所示，多出了后面的一项，使得轨道成为曲线。

光由 $y=-\infty$ 射过来，当 $|y|\gg|x|$ 时，式(6-11-20)变为

$$x=R+\frac{GM}{c^2R}\cdot 2y$$

这是光线在远处的渐近线方程，为直线。同样，当光线经过场源点 O，射向 $y=\infty$ 时，渐近线方程为

$$x=R-\frac{GM}{c^2R}\cdot 2y$$

如图 6－10 所示，光线由 $y=-\infty$ 经场源点 O 向 $y=\infty$ 传播，图中带箭头的线是两渐近线，也就是光传播的近似轨道。两渐近线的夹角 α 即光的偏转角。显然，这一偏转角应当为

$$\alpha=4\frac{GM}{c^2R} \tag{6-11-21}$$

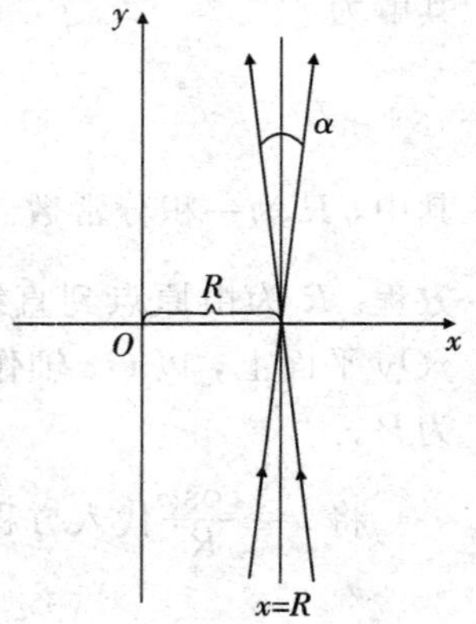

图 6－10　光线偏转

对于从太阳边缘掠过的恒星光线，采用下列数据：

太阳质量 $M_s=1.97\times10^{33}$ g

太阳半径 $R_s=6.95\times10^{10}$ cm

$$G=6.67\times10^{-8}\ \text{dyn}\cdot\text{cm}^2\cdot\text{g}^{-2}$$
$$=6.67\times10^{-11}\ \text{N}\cdot\text{m}^2\cdot\text{kg}^{-2}$$
$$c=3\times10^{10}\ \text{cm}\cdot\text{s}^{-1}$$

求得 $\alpha=1.75''$。

1915 年 5 月 29 日正当日食的时候，Eddington 和 Dyson 组织了两个观测队分别到巴西和非洲西部普林西比岛观测星光的偏转，求得的数据平均值分别为 1.98″和 1.61″，和爱因斯坦理论值 1.75″非常接近，当时轰动世界。

3. 恒星光谱的引力红移

设在引力场中任两个不同的点 A 和 B，如某种元素的原子在 A 点发出频率为 ν_1 的光，则在 B 点接收到的光的频率为 ν_2，即频率发生变化。下面将用广义相对论来解释这一现象。

在引力场中，各点的固有时均不相同。我们知道：

$$\mathrm{d}\tau=\frac{1}{c}\sqrt{g_{00}}\,\mathrm{d}x^0=\sqrt{g_{00}}\,\mathrm{d}t$$

在弱场静场近似下：

$$g_{00}=1+\frac{2\varphi}{c^2}$$

于是：

$$\mathrm{d}\tau=\sqrt{1+\frac{2\varphi}{c^2}}\mathrm{d}t$$

设原子在 A 点于 $\Delta\tau_A$ 固有时间隔内，发出 n 次振动的一列波，则其频率应为

$$\nu_A=\frac{n}{\Delta\tau_A}=\frac{n}{\sqrt{1+\frac{2\varphi_A}{c^2}}\Delta t}$$

在静场中，可以有统一的时间，以坐标时作为场的统一时间，在 Δt 时间间隔，B 点接收到的光振动应当是 n 次。于是，B 点接收到的光频率为

$$\nu_B=\frac{n}{\Delta\tau_B}=\frac{n}{\sqrt{1+\frac{2\varphi_B}{c^2}}\Delta t}$$

由以上两式得接收频率与发射频率之比为

$$\frac{\nu_B}{\nu_A}=\frac{\sqrt{1+\frac{2\varphi_A}{c^2}}}{\sqrt{1+\frac{2\varphi_B}{c^2}}}$$

因$\frac{2\varphi}{c^2}$很小，于是

$$\left(1+\frac{2\varphi}{c^2}\right)^{\frac{1}{2}}\approx 1+\frac{\varphi}{c^2}$$

代入上式：

$$\frac{\nu_B}{\nu_A}=\frac{1+\frac{\varphi_A}{c^2}}{1+\frac{\varphi_B}{c^2}}$$

即

$$\frac{\nu_B-\nu_A}{\nu_A}=\frac{\frac{\varphi_A}{c^2}-\frac{\varphi_B}{c^2}}{1+\frac{\varphi_B}{c^2}}$$

而$\frac{\varphi_B}{c^2}\ll 1$，上式可写为

$$\frac{\Delta\nu}{\nu_A}=\frac{\varphi_A-\varphi_B}{c^2} \qquad (6-11-22)$$

该式表示在弱场静场情况下，两地频率之差取决于两地引力势差。

在地球上观测恒星光谱时，取 $\varphi_A=-\frac{GM}{R}$，其中 M 表示恒星质量。而地球本身引力场很弱，将 φ_B取零。由式(6-11-22)有

$$\frac{\Delta\nu}{\nu_A}=-\frac{GM}{c^2R} \qquad (6-11-23)$$

负号说明在地球上接收到的频率比恒星上发射的频率要小(这里我们需要说明的是如果将恒星上发光的物质拿到地球上使之发光，其频率仍然是 ν_A)，因此光谱线向长波方向移动一些。这一现象称为恒星光谱的引力红移。这是爱因斯坦引力理论所得的论断，也是时间在引力场中变慢的直接结论。

由于红移量非常微小，加之压力效应以及多普勒效应所引起的频率变化，很不容易得到红移的精确数值。对于在地面上接收到的太阳光，$\frac{\Delta\nu}{\nu}\approx 2\times 10^{-6}$。对于天狼星的伴星，红移值约大 30 倍，也是很微弱的。所以这种测量是很困难的。由已完成的测量说明观测值与

理论值是符合的。

1961 年，Pound 和 Rebka 利用穆斯堡尔效应测量地球引力场所引起的红移，在相差 $h=22.5\ \mathrm{m}$ 的塔顶和塔底两处，求得

$$\frac{\Delta\nu}{\nu}=\frac{gh}{c^2}\approx 2.5\times 10^{-5}$$

实验结果与理论计算值相差千分之三。

思　考　题

1. 狭义相对论中，为什么没有区分逆变张量和协变张量？
2. 有引力场时，狭义相对论中的光速不变原理是否还有效？
3. 引力场中给定的所有局部惯性系，其固有时是否都一样？
4. 光子的惯性质量如果表示为 $h\nu/c^2$，那么，它也具有引力质量吗？
5. 完全均匀的引力场，它所对应的是一种平坦时空还是弯曲时空？
6. 某人携带一时钟至引力场某固定点，他自己是否能发现他的时钟已经变慢了？
7. 试证明 $g^{\mu\nu}$ 是二阶逆变张量。
8. 施瓦西场中给定点临近的固有体积元应如何表示？

参考文献

[1] [英]丹皮尔 W C. 科学史：上册. 李珩，译. 北京：商务印书馆馆，2009.
[2] 陈美东. 中国科学技术史·天文学卷. 北京：科学出版社，2003.
[3] [英]沃尔夫. 世界简史. 盛文悦，都建颖，译. 北京：当代世界出版社，2010.
[4] 杜石然，等. 中国科学技术史稿(上). 北京：科学出版社，1982.
[5] 沈长云，李晶. 春秋官制与《周礼》比较研究. 历史研究，2004.
[6] 蔡宾牟，袁运开. 物理学史讲义：中国古代部分. 北京：高等教育出版社，1985.
[7] 陈晓红，毛锐. 失落的文明：巴比伦. 上海：华东师范大学出版社，2001.
[8] 彭树智，黄民兴. 中东国家通史·伊拉克卷. 北京：商务印书馆，2002.
[9] [德]汉尼希. 人类早期文明的"木乃伊"：古埃及文化求实. 朱威烈，等，译. 杭州：浙江人民出版社，1988.
[10] [日]山田真一. 世界发明发现史话. 王国文，王之夫，肖云龙，等，译. 北京：专利文献出版社，1989.
[11] 仓孝和. 自然科学史简编. 北京：北京出版社，1988.
[12] 王鸿生. 科学技术史. 北京：中国人民大学出版社，2011.
[13] [美]詹姆斯·E·麦克莱伦第三，哈罗德·多恩. 世界科学技术通史. 王鸣阳，译. 上海：上海科技教育出版社，2007.
[14] 亚里士多德. 物理学(古希腊). 张竹明，译. 北京：商务印书馆，2011.
[15] 恩格斯. 自然辩证法. 于光远，译. 北京：人民出版社，1984.
[16] 苗力田. 古希腊哲学(原著选编). 北京：中国人民大学出版社，1989.
[17] 刘志一. 科学技术史新论. 沈阳：辽宁教育出版社，1988.
[18] 怀特海. 科学与近代世界. 何钦，译. 北京：商务印书馆，1959.
[19] 马克思. 机器、自然力和科学的应用. 北京：人民出版社，1978.
[20] [俄]鲍·格·库兹涅佐夫. 伽利略传. 陈太先，马世元，译. 北京：商务印书馆，2001.
[21] [法]柯依列. 伽利略研究. 李艳平，张昌芳，李萍萍，译. 南昌：江西教育出版社，2002.
[22] 李艳平，申先甲. 物理学史教程. 北京：科学出版社，2003.
[23] 王福山. 近代物理学史研究(二). 上海：复旦大学出版社，1986.
[24] 俞允强. 广义相对论引论. 北京：北京大学出版社，1997.

[25] 赵展岳．相对论导引．北京：清华大学出版社，2002．
[26] 阿尔伯特·爱因斯坦．相对论的意义．上海：上海科技教育出版社，1954．
[27] 须重明，吴雪君．广义相对论与现代宇宙学．南京：南京师范大学出版社，1999．
[28] 爱因斯坦．狭义与广义相对论浅说．北京：北京大学出版社，2006．
[29] 吴大猷．相对论．北京：科学出版社，1983．
[30] 张家铝，曹烈兆，陈兆甲．相对论物理 热力学 统计物理．合肥：中国科学技术大学出版社，1990．
[31] 斯蒂芬·霍金．站在巨人的肩上．沈阳：辽宁教育出版社，2005．
[32] 李醒民．爱因斯坦．北京：商务印书馆，2005．
[33] 魏凤文．时空物理纵横．北京：北京出版社，1988．
[34] 普瓦德万 P L．四维旅行．湖南：湖南科学技术出版社，2005．
[35] 马青平．相对论逻辑自洽性探疑．上海：上海科学技术文献出版社，2004．
[36] 爱因斯坦．相对论．易洪波，李智谋，译．南京：江苏人民出版社，2011．
[37] 林德宏．时空的跨越：爱因斯坦的相对论．南昌：江西科学技术出版社，2002．
[38] 胡宁．广义相对论和引力场理论．北京：科学出版社，2000．
[39] 肖巍．宇宙的观念．北京：中国社会科学出版社，1996．
[40] 史蒂芬·霍金．时间简史(插图版)．许明贤，吴忠超，译．长沙：湖南科学技术出版社，2009．
[41] 李耳．老子．西安：陕西旅游出版社，2002．
[42] 东南大学等七所工科院校．物理学：下册．马文蔚，等，改编．北京：高等教育出版社，2005．
[43] 赵近芳．大学物理学：上册．北京：北京邮电大学出版社，2002．

XDUP 398200

封面设计：佳易传播
WWW.SXJYCB.COM

时空与相对论

TIME AND SPACE WITH THE THEORY OF RELATIVITY

本书是一本有关相对论的通俗读物。全书分为上、下两篇，上篇阐述了时空观念演变的历史过程以及相对论的基本概念和基本原理；下篇通过严密的数学推导，揭示了相对论原理的合理性，论证了相对论理论的正确性。

本书既能满足文、理各科学生对相对论基本知识（第一、二、三章）初步了解的要求，又能满足理科学生对相对论基本理论（第四、五、六章）掌握的要求，其中所用到的数学推导，只需读者具备一般的微积分知识即可读懂。

ISBN 978-7-5606-3690-0

定价：28.00元

高等学校数学教材系列丛书

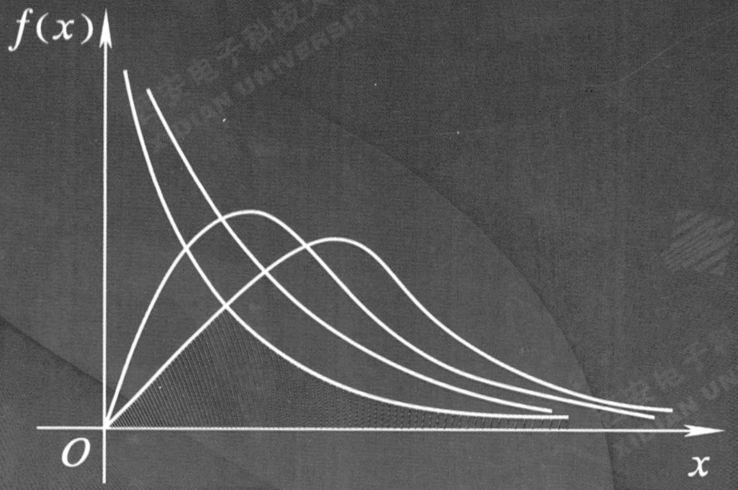

复变函数与积分变换

主编　贾君霞

西安电子科技大学出版社
http://www.xduph.com